普通高等教育"十三五"规划教材

电工与电子技术

于宝琦　于桂君　陈亚光　主编

王　静　李　玲　副主编

化学工业出版社

·北京·

本书对传统电工与电子技术的内容进行了调整和拓宽，突出了实践技能与实际应用，以及相关的创新技术；正确处理理论与实践的关系，使学生在电工与电子技术方面获得基本知识和基本技能，同时，为以后学习各专业课程打下良好的基础。

本书共11章，主要内容包括：电路的基本概念和分析方法，单相正弦交流电路，三相正弦交流电路，电路的暂态过程，磁路及变压器，三相异步电动机及其控制，常用半导体器件，基本放大电路，集成运算放大器，门电路和组合逻辑电路，触发器和时序逻辑电路。为了使读者更好地掌握和理解课程内容，书中各章有应用举例、实验及习题，本书的最后还附有部分习题的参考答案。

本书可作为高等学校工科非电类专业本科生、专科生的教材或参考书，也可供有关工程技术人员学习使用。

图书在版编目（CIP）数据

电工与电子技术/于宝琦，于桂君，陈亚光主编.
北京：化学工业出版社，2017.1（2018.7重印）
普通高等教育"十三五"规划教材
ISBN 978-7-122-28389-4

Ⅰ.①电⋯ Ⅱ.①于⋯②于⋯③陈⋯ Ⅲ.①电工技术-高等学校-教材②电子技术-高等学校-教材 Ⅳ.①TM②TN

中国版本图书馆CIP数据核字（2016）第259778号

责任编辑：王听讲　　　　　　　　　　　文字编辑：张绪瑞
责任校对：陈　静　　　　　　　　　　　装帧设计：关　飞

出版发行：化学工业出版社（北京市东城区青年湖南街13号　邮政编码100011）
印　　刷：北京京华铭诚工贸有限公司
装　　订：三河市瞰发装订厂
787mm×1092mm　1/16　印张17½　字数467千字　2018年7月北京第1版第2次印刷

购书咨询：010-64518888（传真：010-64519686） 售后服务：010-64518899
网　　址：http://www.cip.com.cn
凡购买本书，如有缺损质量问题，本社销售中心负责调换。

定　价：36.00元　　　　　　　　　　　　　　　　　　　版权所有　违者必究

前　言

　　电工与电子技术是高等学校工科非电专业的一门重要的技术基础课程。为了更好地促进应用型本科的教育教学改革，培养应用型专门人才，本书在内容编排上以"必需、够用、实用、好用"为原则，克服理论课内容偏深、偏难的弊端，对传统电工与电子技术的内容进行了调整和拓宽，注重实践技能与实际应用，突出创新技术；正确处理理论与实践的关系，使学生在电工与电子技术方面获得基本知识和基本技能，并为以后学习各专业课程和接受更高层次的学习打下良好的基础。

　　本书共11章，主要内容包括：电路的基本概念与分析方法，单相正弦交流电路，三相正弦交流电路，电路的暂态过程，磁路与变压器，三相异步电动机及其控制，常用半导体器件，基本放大电路，集成运算放大器，门电路和组合逻辑电路，触发器和时序逻辑电路。为了使读者更好地掌握和理解课程内容，书中各章有应用举例、实验及习题，本书的最后还附有部分习题的参考答案。

　　本书内容简明、语言流畅、通俗易懂，可作为高等学校工科非电类专业本科生、专科生的教材或参考书，也可供有关工程技术人员学习使用。我们还将为使用本书的教师免费提供电子教案等教学资源，需要者可以到化学工业出版社教学资源网站 http://www.cipedu.com.cn 免费下载使用。

　　本书由辽宁科技学院于宝琦、于桂君、陈亚光担任主编，共同负责全书内容的组织和定稿，辽宁科技学院王静、李玲担任副主编，辽宁科技学院李响参与编写。第1、4、11章由于桂君编写；第2、3、7章由于宝琦编写；第5、6章由陈亚光编写；第8、10章由王静编写；第9章由李响编写；实验部分由李玲编写。

　　辽宁科技学院符永刚和辽东学院的王殿学老师审阅了全书，并对全书的内容提出许多宝贵意见。此外，本书在编写过程中得到了辽宁科技学院和辽东学院领导及相关老师的支持和帮助，在此一并表示感谢。

　　编者虽然在主观上力求严谨，但由于水平有限，书中难免有疏漏之处，恳请使用本书的师生和广大读者给予批评指正，以便帮助我们不断改进和提高。

编　者

目 录

第1章　电路的基本概念和分析方法 … 1
　1.1　电路的基本概念 … 1
　　1.1.1　电路的组成与作用 … 1
　　1.1.2　电路模型 … 1
　　1.1.3　电路的主要物理量及参考方向 … 2
　　1.1.4　电路中常用元件 … 5
　　1.1.5　实际电源模型及其等效变换 … 10
　1.2　基尔霍夫定律 … 12
　　1.2.1　基尔霍夫电流定律 … 12
　　1.2.2　基尔霍夫电压定律 … 13
　1.3　电路的分析方法 … 14
　　1.3.1　支路电流法 … 14
　　1.3.2　节点电压法 … 16
　　1.3.3　叠加定理 … 17
　　1.3.4　戴维南定理和诺顿定理 … 18
　1.4　应用举例 … 21
　实验项目一　叠加定理 … 22
　实验项目二　戴维南定理 … 24
　本章小结 … 26
　习题1 … 27

第2章　单相正弦交流电路 … 31
　2.1　正弦交流电的基本概念 … 31
　　2.1.1　正弦量的三要素 … 31
　　2.1.2　正弦量的相量表示法 … 34
　2.2　单一参数电路元件的正弦交流电路 … 37
　　2.2.1　电阻元件的交流电路 … 37
　　2.2.2　电感元件的交流电路 … 38
　　2.2.3　电容元件的交流电路 … 40
　2.3　RLC 串联电路 … 42
　　2.3.1　正弦电压与电流的关系 … 42
　　2.3.2　RLC 串联电路的功率 … 44
　2.4　阻抗的串联和并联 … 45
　　2.4.1　阻抗的串联 … 45
　　2.4.2　阻抗的并联 … 46
　2.5　正弦交流电路的分析 … 47
　　2.5.1　基尔霍夫定律的相量形式 … 47
　　2.5.2　正弦交流电路的分析 … 48
　2.6　功率因数的提高 … 50
　　2.6.1　提高功率因数的意义 … 50
　　2.6.2　提高功率因数的方法 … 50
　2.7　电路中的谐振 … 51
　　2.7.1　串联谐振 … 52
　　2.7.2　并联谐振 … 53
　2.8　应用举例 … 54
　实验项目三　交流参数的测定 … 54
　实验项目四　感性负载功率因数的提高 … 57
　本章小结 … 58
　习题2 … 59

第3章　三相正弦交流电路 … 62
　3.1　三相电源 … 62
　　3.1.1　三相电源的产生及特点 … 62
　　3.1.2　三相电源的连接 … 63
　3.2　三相电路的分析 … 66
　　3.2.1　三相负载的星形连接 … 66
　　3.2.2　三相负载的三角形连接 … 67
　3.3　三相电路的功率与测量 … 68
　　3.3.1　三相功率的计算 … 68
　　3.3.2　三相功率的测量 … 70
　3.4　应用举例 … 71
　本章小结 … 72
　习题3 … 72

第4章　电路的暂态过程 … 76
　4.1　换路定律及初始值的计算 … 76
　　4.1.1　换路定律 … 76
　　4.1.2　初始值的计算 … 77
　4.2　一阶 RC 电路的暂态分析 … 77
　　4.2.1　RC 电路的零输入响应 … 78
　　4.2.2　RC 电路的零状态响应 … 79
　　4.2.3　RC 电路的全响应 … 81
　4.3　一阶 RL 电路的暂态分析 … 83
　　4.3.1　RL 电路的零输入响应 … 83
　　4.3.2　RL 电路的零状态响应 … 84
　　4.3.3　RL 电路的全响应 … 86
　4.4　一阶电路的三要素法 … 86
　4.5　应用举例 … 87

本章小结 ·· 89
习题 4 ·· 90

第 5 章　磁路及变压器 ················ 93
5.1　磁路 ···································· 93
　5.1.1　磁路的基本概念 ················ 93
　5.1.2　磁路的主要物理量 ············ 93
　5.1.3　磁路欧姆定律 ···················· 94
　5.1.4　交流铁芯线圈电路 ············ 95
5.2　变压器 ································ 96
　5.2.1　变压器的基本结构 ············ 97
　5.2.2　变压器的工作原理 ············ 97
　5.2.3　变压器的外特性 ················ 99
　5.2.4　变压器的额定值 ·············· 100
5.3　其他用途变压器 ··············· 100
　5.3.1　自耦变压器 ···················· 100
　5.3.2　仪用互感器 ···················· 101
5.4　应用举例 ·························· 102
本章小结 ·· 103
习题 5 ·· 104

第 6 章　三相异步电动机及其控制 ··· 105
6.1　三相异步电动机的结构 ···· 105
　6.1.1　定子 ································ 105
　6.1.2　转子 ································ 105
6.2　三相异步电动机的工作原理 ··· 106
　6.2.1　定子的旋转磁场 ·············· 107
　6.2.2　转差率 ···························· 108
　6.2.3　三相异步电动机的电量 ··· 109
6.3　三相异步电动机的机械特性 ··· 110
　6.3.1　三相异步电动机的电磁转矩 ··· 110
　6.3.2　三相异步电动机的机械特性 ··· 111
6.4　三相异步电动机的使用 ···· 112
　6.4.1　三相异步电动机的启动 ··· 112
　6.4.2　三相异步电动机的调速 ··· 116
　6.4.3　三相异步电动机的制动 ··· 117
6.5　三相异步电动机的铭牌数据 ··· 119
6.6　继电-接触器控制系统 ······ 121
　6.6.1　常用低压电器 ················ 122
　6.6.2　三相异步电动机常用控制电路 ··· 128
6.7　应用举例 ·························· 131
　6.7.1　顺序控制电路 ················ 132
　6.7.2　多地控制电路 ················ 133
实验项目五　异步电动机实验 ········ 133
本章小结 ·· 136
习题 6 ·· 137

第 7 章　常用半导体器件 ·············· 139
7.1　半导体器件的基础知识 ···· 139
　7.1.1　半导体的特点 ················ 139
　7.1.2　本征半导体 ···················· 139
　7.1.3　N 型半导体和 P 型半导体 ··· 140
　7.1.4　PN 结及其单向导电性 ··· 141
7.2　半导体二极管 ··················· 142
　7.2.1　二极管的结构和特性 ······ 142
　7.2.2　二极管的主要参数 ·········· 143
　7.2.3　二极管的应用 ················ 143
7.3　稳压二极管 ······················ 145
　7.3.1　稳压二极管的伏安特性 ··· 145
　7.3.2　稳压二极管的主要参数 ··· 146
7.4　半导体三极管 ··················· 146
　7.4.1　三极管的结构 ················ 147
　7.4.2　三极管的电流放大作用 ··· 147
　7.4.3　三极管的特性曲线 ·········· 148
　7.4.4　三极管的主要参数 ·········· 149
7.5　场效应管 ·························· 150
　7.5.1　场效应管的特性曲线 ······ 150
　7.5.2　场效应管的主要参数 ······ 151
7.6　应用举例 ·························· 152
实验项目六　常用电子仪器的使用 ··· 152
实验项目七　二极管应用电路调试与
　　　　　　分析 ·························· 154
本章小结 ·· 156
习题 7 ·· 157

第 8 章　基本放大电路 ·················· 159
8.1　放大电路的概念和主要性能指标 ··· 159
　8.1.1　放大的概念 ···················· 159
　8.1.2　放大电路的性能指标 ······ 159
8.2　共射极放大电路 ··············· 161
　8.2.1　共射极放大电路的组成和工作原理 ·························· 161
　8.2.2　静态分析 ························ 162
　8.2.3　动态分析 ························ 164
8.3　静态工作点稳定的放大电路 ··· 166
　8.3.1　稳定静态工作点的必要性及条件 ································ 166
　8.3.2　分压式偏置放大电路的分析 ··· 167
8.4　射极输出器 ······················ 170
8.5　多级放大电路 ··················· 172
　8.5.1　多级放大电路的耦合方式 ··· 172
　8.5.2　多级放大电路的性能指标 ··· 173
8.6　应用举例 ·························· 174

本章小结 …………………………… 175
　习题 8 ……………………………… 175

第 9 章　集成运算放大器 …………… 178
9.1　集成运算放大器概述 …………… 178
　9.1.1　集成运放电路的基本知识…… 178
　9.1.2　集成运算放大器的组成 …… 179
　9.1.3　集成运算放大器的参数 …… 179
　9.1.4　集成运算的理想化及分析方法 … 180
9.2　放大电路中的负反馈 …………… 181
　9.2.1　反馈的基本概念 …………… 181
　9.2.2　负反馈的四种组态 ………… 182
　9.2.3　负反馈对放大电路性能的影响 … 184
9.3　集成运放在信号运算方面的应用 … 186
　9.3.1　比例运算 …………………… 186
　9.3.2　加法运算 …………………… 188
　9.3.3　减法运算 …………………… 190
　9.3.4　积分运算 …………………… 191
　9.3.5　微分运算 …………………… 192
9.4　集成运放在信号处理方面的应用 … 193
　9.4.1　有源滤波器 ………………… 193
　9.4.2　电压比较器 ………………… 195
9.5　应用举例 …………………………… 198
　实验项目八　集成运算放大电路设计与
　　　　　　　测试 ………………… 199
　本章小结 …………………………… 202
　习题 9 ……………………………… 202

第 10 章　门电路和组合逻辑电路 … 208
10.1　数字电路基础知识 ……………… 208
　10.1.1　数字电路的特点 ………… 208
　10.1.2　常用数制和码制 ………… 208
10.2　基本的逻辑关系及逻辑门电路 … 211
　10.2.1　与逻辑和与门电路 ……… 211
　10.2.2　或逻辑和或门电路 ……… 212
　10.2.3　非逻辑和非门电路 ……… 213
　10.2.4　复合逻辑和复合逻辑门电路 … 214
10.3　逻辑代数基础 …………………… 216
　10.3.1　逻辑代数的公式、定理和
　　　　　规则 ………………………… 216
　10.3.2　逻辑函数的表示方法 …… 217
　10.3.3　逻辑函数的化简 ………… 219
10.4　组合逻辑电路的分析与设计 …… 222
　10.4.1　组合逻辑电路的分析 …… 223
　10.4.2　组合逻辑电路的设计 …… 223
10.5　集成组合逻辑电路 ……………… 224
　10.5.1　加法器 …………………… 224
　10.5.2　编码器 …………………… 226
　10.5.3　译码器 …………………… 228
　10.5.4　数据选择器 ……………… 232
10.6　应用举例 ………………………… 235
　实验项目九　译码器测试及应用 …… 236
　本章小结 …………………………… 237
　习题 10 …………………………… 237

第 11 章　触发器和时序逻辑电路 … 239
11.1　触发器 …………………………… 239
　11.1.1　基本 RS 触发器 ………… 239
　11.1.2　同步 RS 触发器 ………… 240
　11.1.3　JK 触发器 ……………… 242
　11.1.4　D 触发器 ………………… 243
　11.1.5　T 触发器 ………………… 245
11.2　时序逻辑电路分析 ……………… 245
　11.2.1　时序逻辑电路的组成及分类 … 245
　11.2.2　时序逻辑电路的分析 …… 246
11.3　常用时序逻辑电路 ……………… 247
　11.3.1　寄存器 …………………… 247
　11.3.2　计数器 …………………… 250
11.4　应用举例 ………………………… 259
　本章小结 …………………………… 260
　实验项目十　集成计数器测试及应用 … 260
　习题 11 …………………………… 261

部分习题参考答案 …………………… 266

参考文献 ……………………………… 272

第1章 电路的基本概念和分析方法

1.1 电路的基本概念

1.1.1 电路的组成与作用

电路是由一些电气设备和电路元件按一定方式连接而成的,能够实现一定功能的电流通过的闭合路径。电路一般包括电源、负载、中间环节三个部分。

电路中将其他形式的能转换为电能的装置称为电源,如电池、发电机等,它们向外电路提供能量。电路中将电能转换为其他形式能的装置称为负载,如电灯、电动机等,它们在电路中消耗电能。连接电源和负载的部分称为中间环节,如导线、开关、保护装置等,它们在电路中起传输电能、分配电能、保护或传递信息的作用。

电路根据功能不同,可以分为两大类。一类是实现电能的传输、转换和分配,如电力系统中,发电机将其他形式的能转换为电能,经变压器及传输线进行传输和分配给负载,负载将电能转化为光能、热能、机械能等其他形式的能,如图1-1所示。由于这类电路电压较高、电流较大,所以常称为"强电"电路。另一类是实现信号的传递和处理,如无线电通信电路和测控电路。这类电路电压较低,电流、功率较小,常称为"弱电"电路。

图 1-1 电力系统电路示意图

1.1.2 电路模型

实际电路元器件的电磁性质是比较复杂的。例如,给一个实际电感线圈通入交流电时,线圈将电能转换为磁场能量储存,同时又会发热,线圈匝间还存在电容,即线圈不仅具有电感性质,而且具有电阻、电容性质。为了简化对实际电路的分析和计算,在一定条件下,必须突出实际器件的主要电磁性质,忽略次要性质,将其用理想电路元件来代替。例如,电路消耗电能的电磁性质用电阻元件来表征;电路储存磁场能量的电磁性质用电感元件来表征;电路储存电场能量的电磁性质用电容元件来表征;用电源元件(电压源和电流源)来反映电能量,这些元件分别如图1-2所示。

由理想电路元件相互连接组成的电路称为电路模型。电路模型是实际电路的抽象和近似,模型取得恰当,对电路的分析和计算的结果与实际情况越接近。理想电路元件及其组合虽然与实际电路元件的性能不完全一致,但在一定条件下,工程允许的近似范围内,实际电

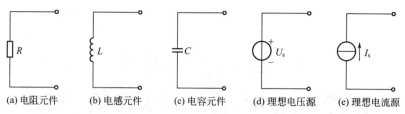

(a) 电阻元件　(b) 电感元件　(c) 电容元件　(d) 理想电压源　(e) 理想电流源

图 1-2　理想电路元件的电路模型

路完全可以用理想电路元件组成的电路代替，从而使电路的分析和计算得到简化。若无特殊说明，本书中所提到的元件均为理想电路元件，电路即为电路模型。

1.1.3　电路的主要物理量及参考方向

电路中的基本物理量包括电流、电位、电压和电功率等，下面分别讨论它们的定义及参考方向等问题。

1）电流

电荷的定向移动形成电流。通常用电流强度来衡量其大小，其定义为单位时间内通过导体横截面的电荷量 Q。电流强度简称电流。若电流的大小和方向都不随时间变化，则称为直流电流（DC），用大写字母 I 来表示，即

$$I = \frac{Q}{t} \tag{1-1}$$

式(1-1)中，电荷量 Q 的单位为（库仑）（C），时间的单位为秒（s）；电流 I 的单位为（安培）（A）。在 1 秒内通过导体横截面的电荷为 1C（库仑）时，其电流则为 1A。

若电流大小和方向随时间变化，则称为交流电流（AC），用小写字母 i 来表示，即

$$i = \frac{\mathrm{d}q}{\mathrm{d}t}$$

在国际单位制（SI）中，电流的单位是安培（A），简称安。计算微小电流时，以毫安（mA）或微安（μA）为单位，其换算关系为 $1\mathrm{A} = 10^3 \mathrm{mA} = 10^6 \mu\mathrm{A}$。

习惯上规定正电荷的运动方向或负电荷运动的反方向为电流的实际方向。在分析与计算复杂电路时，电流的实际方向有时难于事先确定，为了分析和计算方便，常常任意假定一个方向为电流的方向，称为电流的参考方向，也称为正方向。当电流的参考方向与实际方向一致时电流为正值，如图 1-3(a) 所示；当电流的参考方向与实际方向相反时电流为负值，如图 1-3(b) 所示。

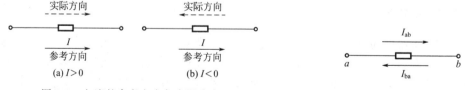

图 1-3　电流的参考方向与实际方向　　　图 1-4　电流的表示方法

在分析电路时，首先要假定电流的参考方向，然后根据参考方向进行电路的分析和计算。今后，本书电路图上所标的电流方向都是指参考方向。

电流的参考方向可以用箭头表示，也可以用双下标表示。如图 1-4 所示，I_{ab} 表示参考方向是由 a 指向 b，I_{ba} 表示参考方向是由 b 指向 a，且 I_{ab} 与 I_{ba} 的关系为 $I_{ab} = -I_{ba}$。

2）电位、电压及电动势

(1) 电位。电场力把单位正电荷从电场中某点移动到参考点所做的功，称为该点的电

位，用 V 来表示，单位是（伏特）。工程上常选与大地相连的部件（如机壳等）作为参考点。没有与大地相连部分的电路，则选许多导线的公共点为参考点，并称为"地"。在电路分析中，可选任一点作为各电位的参考点，用"⊥"表示。参考点的电位为零。电路中 A 点电位记为 V_A。

电位是对某一参考点而言的，具有相对性，即对同一电路，参考点选择不同，各点电位值不同。

（2）电压。电场力把单位正电荷从电场中点 A 移到点 B 所做的功 W_{AB} 称为 A、B 间的电压，用 U_{AB} 表示，即

$$U_{AB}=\frac{W_{AB}}{Q} \tag{1-2}$$

在国际单位制（SI）中，电压的单位为（伏特）（V），简称伏。如果电场力把1C电量从点 A 移到点 B 所做的功是1J（焦耳），则 A 与 B 两点间的电压就是1V。

计算较大的电压时用千伏（kV），计算较小的电压时用 mV（毫伏），其换算关系为：

$$1kV=10^3V \quad 1V=10^3mV$$

电压的实际方向为从高电位点指向低电位点，即电位降的方向。

电路中任意两点之间的电压等于这两点之间的电位差。即：

$$U_{AB}=V_A-V_B \tag{1-3}$$

与电位值不同，电压值具有绝对性，任意两点间的电压值与参考点的选择无关。

在分析复杂电路时，电压的实际方向很难判断，为便于分析计算，常任意假定某一方向作为电压的方向，称为电压的参考方向。当电压的参考方向与实际方向一致时，电压为正值（$U>0$）；当电压的参考方向与实际方向相反时，电压为负值（$U<0$）。如图1-5所示。

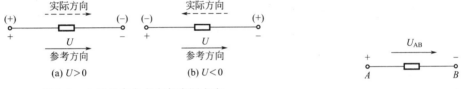

图1-5 电压的参考方向与实际方向　　　　图1-6 电压的表示方法

电压的参考方向可用箭头表示（外箭头），由假定的高电位指向假定的低电位；可用双极性表示，"+"表示假定的高电位，"−"表示假定的低电位；可用双下标表示，前一个下标表示假定的高电位，后一个下标表示假定的低电位，如图1-6所示。

若 $U_{AB}>0$，则表示 A 点实际电位高于 B 点实际电位；反之，$U_{AB}<0$，表示 A 点实际电位低于 B 点实际电位。

一个元件的电流、电压的参考方向可以独立地任意假定，如果流过元件的电流参考方向与电压的参考方向一致，则称电流、电压取了关联参考方向，否则为非关联参考方向，如图1-7所示。对于电阻、电感、电容等无源元件的电压电流通常取关联参考方向；对于电压源、电流源这样的有源元件习惯取非关联参考方向。

(a) U、I 为关联参考方向　　(b) U、I 为非关联参考方向

图1-7 关联参考方向与非关联参考方向

电流和电压的参考方向是电路分析中一个十分重要的概念，在对电路进行分析和计算之前，必须先在电路中标出参考方向。没有参考方向的情况下，电流和电压数值的正负没有任

何意义。

（3）电动势。在电源内部电源力（非电场力）将单位正电荷从电源负极（低电位）移动到电源正极（高电位）所做的功，称为电动势，用字母 E 表示，单位为伏特。

电动势的实际方向在电源内部由从低电位指向高电位，即电位上升的方向。由"－"极指向"＋"极。对于一个电源设备，若 E 与 U 的参考方向相反，如图1-8(a)所示，当电源内部没有其他能量转换（如不计内阻）时，应有 $U=E$；若参考方向相同，如图1-8(b)所示，则 $U=-E$。本书在以后论及电源时，一般用其端电压 U 来表示。

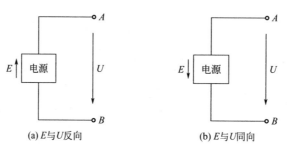

(a) E 与 U 反向　　　　(b) E 与 U 同向

图1-8　电源的电动势 E 与端电压

3）电功率

电流通过负载时，电场力在单位时间内对电荷所做的功，称为电功率，简称功率，用字母 $p(P)$ 表示。在直流电路中，根据电压的定义，电场力所做的功是 $W=QU$。则有

$$P=\frac{W}{t}=\frac{QU}{t}=UI$$

在 SI 中，功率的单位是瓦特，简称瓦，用字母 W 表示。对于大功率，采用 kW（千瓦）作单位；对于小功率，则用 mW（毫瓦）作单位。

$$1\mathrm{kW}=10^3\mathrm{W}　　1\mathrm{W}=10^3\mathrm{mW}$$

在电路分析中，不仅要计算功率的大小，有时还要判断功率的性质，即该元件是产生功率还是消耗功率。对功率计算公式做如下规定。

当电流、电压取关联参考方向时，

$$P=UI \tag{1-4}$$

当电流、电压取非关联参考方向时，

$$P=-UI \tag{1-5}$$

不论是上述哪种情况，当计算结果 $P>0$ 时，表示元件吸收（消耗）功率，该元件为负载性；反之，当 $P<0$ 时，表示元件发出（产生）功率，该元件为电源性。在一个电路中，根据能量守恒定律，整个电路的功率代数和为零，或者说发出的功率和吸收的功率是相等的，即功率平衡。

当已知设备的功率为 P 时，在 t 秒内消耗的电能为 $W=Pt$，电能就等于电场力所做的功，单位是 J（焦耳）。在电工技术中，往往直接用 W·s（瓦特秒）作单位，实际上则用 kW·h（千瓦时）作单位，俗称1度电。$1\mathrm{kW\cdot h}=3.6\times10^6\mathrm{W\cdot s}$。

【例1-1】 如图1-9所示电路，求各元件的功率，并说明哪些元件是电源性，哪些元件是负载性，电源发出的功率和负载吸收的功率是否平衡。

解：A 元件 $P_A=60\times(-2)=-120(\mathrm{W})$，$P<0$，是电源，发出功率；

B 元件 $P_B=-20\times(-2)=40(\mathrm{W})$，$P>0$，是负载，消耗功率；

C 元件 $P_C=-40\times(-2)=80(\mathrm{W})$，$P>0$，是负载，消耗功率；

$P_A+P_B+P_C=-120+40+80=0$，电源发出的功率等于负载取用的功率，整个电路

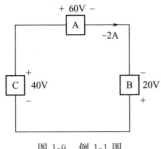
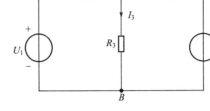

图 1-9　例 1-1 图　　　　　　　图 1-10　例 1-2 图

功率是平衡的。

【例 1-2】 在图 1-10 所示电路中，若 $R_1=5\Omega$，$R_2=10\Omega$，$R_3=15\Omega$，$U_1=180V$，$U_2=80V$，$I_1=12A$，$I_2=-4A$，$I_3=8A$。若以点 B 为参考点，试求 A、B、C、D 四点的电位 V_A、V_B、V_C、V_D，同时求出 C、D 两点之间的电压 U_{CD}，若改用点 D 作为参考点再求 V_A、V_B、V_C、V_D 和 U_{CD}。

解：若以点 B 为参考点，则 $V_B=0V$

$V_A=I_3R_3=8\times15=120(V)$　　　　　$V_C=U_1=180V$
$V_D=U_2=80V$　　　　　　　　　　　　$U_{CD}=V_C-V_D=180-80=100(V)$

若以点 D 为参考点，则 $V_D=0V$

$V_A=-I_2R_2=-(-4)\times10=40(V)$　　　$V_B=-U_2=-80V$
$V_C=I_1R_1-I_2R_2=12\times5-(-4)\times10=100(V)$　　$U_{CD}=V_C-V_D=100-0=100(V)$

综上所述，可得出如下两点结论：

① 电路中任意一点的电位等于该点与参考点之间的电压。

② 参考点选得不同，电路中各点的电位值不同，但是任意两点间的电压是不变的。所以各点电位的高低是相对的，而两点间的电压是绝对的。

1.1.4　电路中常用元件

电路元件是电路的基本组成单元，按元件与外部连接的端子数目可分为二端、三端、四端元件等，按其可否向电路提供能量分为有源元件和无源元件。各元件电压、电流间的关系称为伏安关系特性，是本节讨论的重点。

1) 电阻元件

(1) 电阻元件的基本概念。用于反映电能消耗特性的理想元件称为电阻元件，它是从实际电阻器抽象出来的理想模型，像电灯泡、电阻炉、电烙铁等这类实际电阻器件，当忽略其电感、电容作用时，可将它们抽象为只具有消耗电能性质的电阻元件。电阻元件的符号为 "R"，图形如图 1-11(a) 所示。电阻元件的伏安关系遵从欧姆定律，在关联参考方向下，表达式为

$$u=iR \tag{1-6}$$

在非关联参考方向下，表达式为

$$u=-iR \tag{1-7}$$

如果电阻元件的伏安特性曲线是一条通过坐标原点的直线，如图 1-11(b) 所示，则称为线性电阻，否则为非线性电阻。习惯上称电阻元件为电阻，故电阻即表示电路元件，又表示元件的参数。

在 SI 中，电阻单位是欧姆（Ω），较大的单位有千欧（$k\Omega$）、兆欧（$M\Omega$），其换算关系为 $1M\Omega=10^3 k\Omega=10^6 \Omega$。

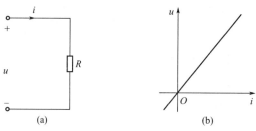

图 1-11 电阻元件

电阻元件也可用电导参数来表征，它是电阻 R 的倒数，用字母 G 表示，即

$$G=\frac{1}{R}$$

电导的单位是西门子（S）。电阻元件消耗的功率为

$$p=\pm ui=Ri^2=\frac{u^2}{R} \tag{1-8}$$

式(1-8)中的负号对应于非关联参考方向。该式表明：无论是关联参考方向，还是非关联参考方向，电阻元件的功率 p 总是正值，所以电阻元件总是吸收功率，因此电阻元件是一种耗能元件和无源元件。

在实际应用时，所选电阻的额定功率必须大于所要消耗的最大功率，否则电阻会因为过热而损坏，导致电阻开路或发生大幅度阻值变化。一般情况下电阻额定功率应该为其实际可能消耗功率的两倍。

（2）电阻元件的串并联

① 电阻的串联。多个电阻首尾顺次相连，则称为电阻的串联，如图 1-12(a) 所示。串联电路各电阻中通过同一电流，其端电压是各电阻元件电压之和。串联电路的等效电阻 R 等于各串联电阻之和，如图 1-12(b) 所示。即

$$R=R_1+R_2+\cdots+R_n=\sum_{k=1}^{n}R_k \tag{1-9}$$

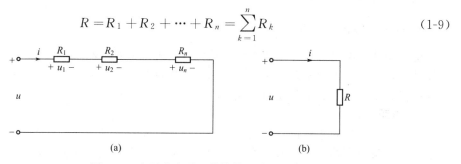

图 1-12 电阻的串联及其等效电路

第 k 个电阻元件的端电压为（元件的电压电流取关联参考方向）

$$u_k=R_k i=R_k\frac{u}{R}=\frac{R_k}{R}u \tag{1-10}$$

式(1-10)说明串联电阻上的电压与电阻成正比。当某个电阻较其他电阻小很多时，其上分配的电压也低很多，因此，在工程估算中，小电阻的分压作用可以忽略不计。

当两个电阻串联时，有

$$\begin{cases} u_1=\dfrac{R_1}{R_1+R_2}u \\ u_2=\dfrac{R_2}{R_1+R_2}u \end{cases} \tag{1-11}$$

② 电阻的并联。两个或多个电阻连接在两个公共的结点之间的连接方式，称为电阻的并联，如图 1-13(a) 所示。并联电路中，各并联电阻承受同一电压作用，总电流是各支路电流之和。并联电路的等效电阻 R 的倒数等于各并联电阻倒数之和，如图 1-13(b) 所示，即

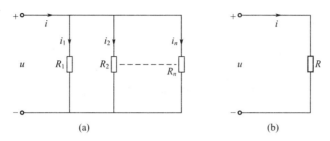

图 1-13　电阻的并联及其等效电路

$$\frac{1}{R}=\frac{1}{R_1}+\frac{1}{R_2}+\cdots+\frac{1}{R_n}=\sum_{k=1}^{n}\frac{1}{R_k} \tag{1-12}$$

若用电导表示，则为

$$G=G_1+G_2+\cdots+G_n=\sum_{k=1}^{n}G_k \tag{1-13}$$

流过第 k 个电阻的电流为

$$i_k=\frac{u}{R_k}=G_k u=\frac{G_k}{G}i \tag{1-14}$$

式(1-14) 说明并联电阻上电流的分配与电阻的大小成反比。当其中的某个电阻较其他电阻大很多时，通过它的电流就较其他电阻上的电流小很多，在工程估算中，大分流电阻的分流作用可以忽略不计。

当两个电阻并联时，有

$$\begin{cases} i_1=\dfrac{R_2}{R_1+R_2}i \\ i_2=\dfrac{R_1}{R_1+R_2}i \end{cases} \tag{1-15}$$

一般负载都是并联使用的。由于并联负载同处于一个电压下，任何一个负载的工作情况基本不受其他负载的影响。

2) 电感元件

用于反映磁场储能特性的理想化元件称为电感元件。它是从实际电感线圈抽象出来的理想化模型。当电感线圈中通以电流后，将产生磁通，在其内部及周围建立磁场，储存能量，当忽略导线电阻及线圈匝与匝之间的电容时，可将其抽象为只具有储存磁场能性质的电感元件。电感元件的书写符号为"L"，图形如图 1-14(a) 所示。

当电感的电流 i 的参考方向与它产生的磁通 ϕ 的参考方向符合右手螺旋定则时，电感元件的韦安关系为

$$\psi=Li \tag{1-16}$$

如果电感元件的韦安曲线是一条通过坐标原点的直线，如图 1-14(b) 所示，则该电感称为线性电感，此时电感 L 为一个常数。如果线圈中的电流 i 所产生的磁通 ϕ 与线圈的匝数 N 全部交链，则有

$$\psi=N\phi \tag{1-17}$$

电压和电流取关联参考方向、电流和磁通的参考方向符合右手螺旋法则，根据电磁感应

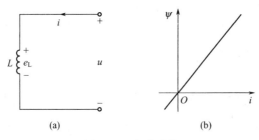

图 1-14 电感元件

定律有

$$u = -e = N\frac{d\phi}{dt} = \frac{d\psi}{dt} \tag{1-18}$$

将式(1-16)代入式(1-18)可得,电感元件的伏安关系为

$$u = L\frac{di}{dt} \tag{1-19}$$

式(1-19)表明,电感元件的端电压在任意瞬间与电流对时间的变化率成正比。在直流电路中,由于电流不随时间变化,故电感元件的端电压为 0,所以电感元件相当于短路。

在 SI 中,电感单位是亨利(H)。常用的还有毫亨(mH)和微亨（μH），其换算关系为 $1H = 10^3 mH = 10^6 \mu H$。

习惯上称电感元件为电感,它既表示电路元件,又表示元件参数。

电感是一个储存磁场能量的元件,当通过电感元件的电流为 i 时,它所储存的磁场能量为

$$W_L = \frac{1}{2}Li^2 \tag{1-20}$$

式(1-20)表明,电感元件在某时刻的储能与该时刻流过电感的电流平方成正比,而与电流的过去变化进程无关。

3) 电容元件

用于反映电场储能特性的理想元件称为电容元件。它是从实际电容器中抽象出来的理想化模型。实际电容器加上电压后,两块极板上将出现等量异号电荷,并在两极间形成电场,储存电磁场。当忽略电容器的漏电阻和电感时,可将其抽象为只具有储存电磁能性质的电容元件。电容元件的书写符号为 C,图形如图 1-15(a) 所示。

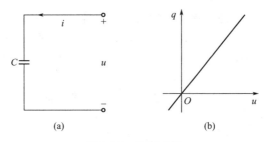

图 1-15 电容元件

电容器极板上储存的电量 q 与两端的电压 u 之间有以下关系

$$q = Cu$$

如果电容元件的库伏曲线是一条通过坐标原点的直线,如图 1-15(b) 所示,则该电容称为线性电容,此时电容 C 为一个常数。当电压、电流的参考方向为关联参考方向时,有

$$i = \frac{dq}{dt} = C\frac{du}{dt} \tag{1-21}$$

式(1-21)表明，电容的电流在任意瞬间与电压对时间的变化率成正比。在直流电路中，由于电压不随时间变化，故电容的电流为0，所以电容元件相当于开路。

在 SI 中，电容单位是法拉（F）。常用的还有微法（μF）和皮法（pF），它们之间的换算关系为：$1F = 10^6 \mu F = 10^{12} pF$。

习惯上称电容元件为电容，它既表示电路元件，又表示元件参数。

和电感类似，电容也是一个储能元件，当电容元件两端的电压为 u 时，它所储存的电场能量为

$$W_C = \frac{1}{2}Cu^2 \tag{1-22}$$

式(1-22)表明：电容元件在某时刻储存的电场能量与元件在该时刻所承受的电压的平方成正比，而与电压的过去变化进程无关。

4）理想电压源

能够向外电路提供恒定或按规律变化电压的元件称为理想电压源。符号及其参数如图1-16(a)所示。其中"+""-"号表示电压源电压的参考极性，u_S 称为电压源的参数，即电压源的数值。当电压源的电压为恒定值时，称为恒压源或直流电压源，直流电压源也可采用图 1-16(b) 所示符号，其伏安特性如图 1-16(c) 所示，为平行于 i 轴的直线。

理想电压源具有以下两个基本性质：

① 电压源的电压恒定或是一定的时间函数，而与通过它的电流无关；
② 电压源的电流由与它连接的外电路决定。

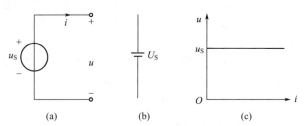

图 1-16 理想电压源符号与外特性

5）理想电流源

能够向外电路提供恒定或按规律变化电流的元件称为理想电流源，其符号及其参数如图1-17(a)所示。其中箭头表示电流源电流的参考极性，i_S 称为电流源的参数，即电流源的数值。当电流源的电流为恒定值时，则称为恒流源或直流电流源，其伏安特性如图1-17(b)所示，为平行于 u 轴的直线。

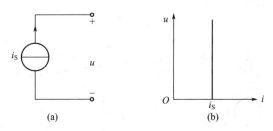

图 1-17 理想电流源符号与外特性

理想电流源具有以下两个基本性质：

① 电流源的电流恒定或是一定的时间函数,而与其两端的电压无关;
② 电流源的电压由与它所连接的外电路决定。

6) 受控源

在其他支路电压或电流的控制下,能够向外电路提供电压或电流的元件,称为受控源。为了区别于独立源,受控源用菱形符号表示。受控源的符号及其参数如图 1-18 所示。其中 μ、r、g 和 β 称为受控源的控制系数,u_1、i_1 称为受控源的控制量,控制系数和控制量的乘积称为受控源的参数,即受控源的数值。

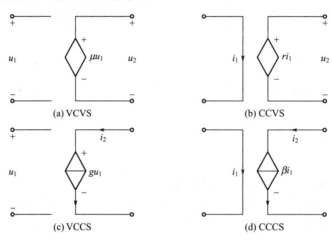

图 1-18 受控源的符号及其参数

根据控制变量是电压、电流,受控的是电压源还是电流源,受控电源可分为四种:电压控制的电压源(VCVS);电流控制的电压源(CCVS);电压控制的电流源(VCCS);电流控制的电流源(CCCS)。

控制系数 μ 和 β 无量纲,r 和 g 分别具有电阻和电导的量纲。控制系数为常数的受控源称为线性受控源,简称为受控源。受控源与独立源不同,当控制量消失或等于 0 时,受控源的电压或电流也将为零,即受控源不能脱离控制量而独立存在。

1.1.5 实际电源模型及其等效变换

理想电源实际并不存在。实际电源不仅对负载产生电能,而且在能量转换过程中有功率损耗,即存在内阻。因此实际电源的电路模型应由理想电源和内阻两部分组成,因为理想电源有两种,故实际电源模型也有两种,即电压源模型和电流源模型。

1) 实际电压源模型

实际电压源的电路模型可用一个理想电压源 u_S 和电阻 R_0 的串联组合来表示。如图 1-19(a)所示,此时端口的伏安关系为

$$u = u_S - R_0 i \tag{1-23}$$

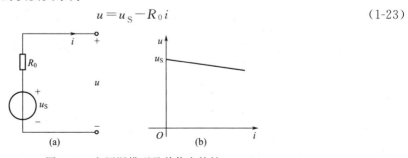

图 1-19 电压源模型及其伏安特性

实际电压源的伏安特性曲线如图 1-19(b) 所示。伏安特性表明，实际电压源的输出电压随着输出电流的增大而减小。当 $i=0$，即电压源开路时，开路电压 $u=u_S$；当 $u=0$，即电压源短路时，短路电流 $i=\dfrac{u_S}{R_0}$。由于发电机和蓄电池这种实际电压源的内阻 R_0 很小，所以短路电流会很大，可能会烧坏电源，因此实际电压源不能短路。当内阻 $R_0=0$ 时，$u=u_S$，电压源就是理想电压源。

2）实际电流源模型

实际电流源的电路模型可用一个理想电流源 i_S 和电阻 R_0' 的并联组合来表示。如图 1-20(a) 所示，此时端口的伏安关系为

$$i=i_S-\dfrac{u}{R_0'} \tag{1-24}$$

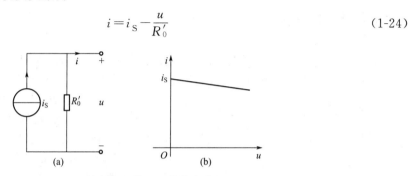

图 1-20　电流源模型及其伏安特性

实际电流源的伏安特性曲线如图 1-20(b) 所示，伏安特性表明，电流源的输出电流随着输出电压的增大而减小。当 $u=0$，即电流源短路时，短路电流 $i=i_S$；当 $i=0$，即电流源开路时，开路电压 $u=i_S R_0'$。由于光电池和晶体管恒流源这种实际电流源的内阻 R_0' 很大，所以开路电压很大，可能会导致其损坏，因此实际电流源不能开路。当内阻 $R_0'=\infty$ 时，$i=i_S$，电流源就是理想电流源。

3）实际电源模型的等效变换

一个实际电源既可表示成电压源（u_S 和 R_0 串联），又可以表示成电流源（i_S 和 R_0 并联）。对电源外部的负载而言，两种形式是等效的。为了计算的需要，电压源和电流源可以等效变换。它们等效变换的条件是

$$\begin{cases} i_S=\dfrac{u_S}{R_0} \\ R_0'=R_0 \end{cases} \quad 或 \quad \begin{cases} u_S=i_S R_0' \\ R_0=R_0' \end{cases} \tag{1-25}$$

需要注意的是：

① 等效变换过程中，电压源的正极性端与电流源电流流出端一致。

② 理想电压源与理想电流源是不能进行等效变换的。

应用电压源与电流源等效变换的方法，能够简化一些复杂电路的计算。

【例 1-3】　在图 1-21(a) 所示电路中，已知 $I_S=6A$，$U_S=30V$，$R_1=R_2=10\Omega$，$R_3=5\Omega$，试用电源模型等效变换的方法求电流 I_3。

解：（1）利用电源模型等效变换，可将 30V 电压源和 10Ω 电阻串联的电压源模型互换成电流源模型，如图 1-21(b) 所示。

（2）将两个电流源和两个并联的 10Ω 电阻分别合并，得到图 1-21(c)。

（3）由分流公式可得

$$I_3=\dfrac{5}{5+5}\times 9=4.5(A)$$

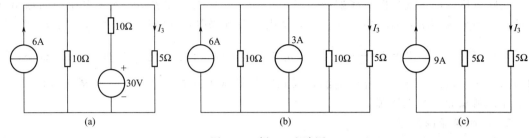

图 1-21 例 1-3 电路图

1.2 基尔霍夫定律

分析与计算电路的基本定律除了欧姆定律以外，还有基尔霍夫定律，它是研究电路中各支路电流、电压约束关系的基本定律，包括基尔霍夫电流定律和基尔霍夫电压定律。在叙述两个定律之前，先介绍几个电路中常用的名词。

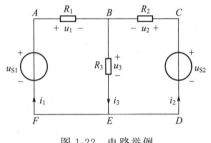

图 1-22 电路举例

支路：一个二端元件或多个元件的串联组合，称为支路。图 1-22 所示的电路中有 BAF、BCD、BE 三条支路。同一支路上的各元件流过相同的电流，即支路电流。

节点：三条或三条以上支路的连接点，称为节点。图 1-22 所示的电路中有 B、E 两个节点。

回路：由支路构成的闭合路径，称为回路。图1-22 所示的电路中有 $ABEFA$、$BCDEB$、$ABCDEFA$ 三个回路。

网孔：内部不含其他支路的回路，称为网孔。图 1-22 所示的电路中有 $ABEFA$、$BCDEB$ 两个网孔。

1.2.1 基尔霍夫电流定律

基尔霍夫电流定律描述的是连接在同一节点的各支路电流之间的关系，它的实质是电荷守恒定律和电流连续性在电路中任意节点处的具体反映。该定律内容为：任一时刻，流经任一节点的电流的代数和恒为零，其数学表示式为

$$\sum_{k=1}^{n} i_k = 0 \tag{1-26}$$

式(1-26) 称为节点电流方程或 KCL 方程。建立 KCL 方程时，首先要设定各支路电流的参考方向，根据参考方向取符号，若流入节点的电流取正，则流出该节点的电流取负，反之亦然，然后即可列写 KCL 方程。

例如图 1-21 所示的电路中，对节点 B，列写 KCL 方程为

$$i_1 + i_2 - i_3 = 0$$

上式又可改写成 $i_1 + i_2 = i_3$，所以基尔霍夫电流定律又可表述为：在任一时刻，流入节点的电流之和等于流出该节点的电流之和，即 $\sum i_\mathrm{i} = \sum i_\mathrm{o}$。

对于节点 E 也可以写出 $i_1 + i_2 = i_3$，显然此方程与节点 B 完全相同。因此，在对该电路进行分析计算时，只需对其中的一个节点列电流方程，这个节点即为独立节点。可以证明，若电路具有 n 个节点，则有 $n-1$ 个独立节点。

基尔霍夫电流定律不仅适用于节点，也适用于电路中任何一个假定的闭合面，这种封闭面称为广义节点。例如在图1-23(a)所示三极管中，对虚线所示的闭合面来说，3个电极电流关系满足 $I_B+I_C-I_E=0$；再如图1-23(b)所示，对于封闭面（图中虚线框），有 $I_1+I_2+I_3=0$。

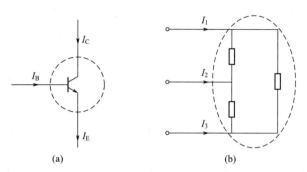

图 1-23　KCL 的推广应用

1.2.2　基尔霍夫电压定律

基尔霍夫电压定律描述的是电路的任意回路中各支路电压之间的约束关系，它的实质反映了电路遵从能量守恒定律。该定律内容为：任一时刻，沿任一回路绕行一周，回路中所有支路电压的代数和恒为零，数学表示式为：

$$\sum_{k=1}^{n} u_k = 0 \tag{1-27}$$

式(1-27)称为回路电压方程或 KVL 方程。建立 KVL 方程时，首先要设定各支路或元件的电压的参考方向，然后规定回路的绕行方向（顺时针或逆时针），在绕行方向上，若电位升取"＋"，则电位降取"－"，反之亦然，最后列写 KVL 方程。

如图 1-22 所示电路的 $ABCDEFA$ 回路中

$$u_1 - u_2 + u_{S2} - u_{S1} = 0 \tag{1-28}$$

式(1-28)又可改写成 $u_1+u_{S2}=u_2+u_{S1}$，所以基尔霍夫电压定律又可描述为：任一时刻，沿任一回路绕行一周，所有元件电位升之和等于电位降之和，即 $\sum u_升 = \sum u_降$。

如果用电阻与电流的乘积表示电阻元件两端的电压，则式(1-28)可写为

$$i_1 R_1 - i_2 R_2 = -u_{S2} + u_{S1}$$

即

$$\sum iR = u_{SK} \tag{1-29}$$

这是基尔霍夫电压定律的另一种表达形式：即任一时刻，沿任一回路绕行一周，回路中的所有电阻电压降的代数和等于电源电压的代数和。若电流的方向与回路循行方向一致，则 RI 取"＋"号，否则取"－"号；若电源电压的方向与回路循行方向一致，则其取"－"号，否则取"＋"号。

由基尔霍夫电压定律，可得网孔 $ABEFA$ 和网孔 $BCDEB$ 的电压方程分别为

$$u_1 + u_3 - u_{S1} = 0 \tag{1-30}$$
$$u_2 + u_3 - u_{S2} = 0 \tag{1-31}$$

由式(1-30)和式(1-31)可得式(1-28)，所以3个回路只有2个独立的 KVL 方程。可以证明，当电路中有 b 条支路，n 个节点时，可以列出 $(b-n+1)$ 个独立的 KVL 方程。

基尔霍夫电压定律不仅适用于闭合电路，也可以推广应用于开口电路（虚拟回路）。即电路中任一虚拟回路各电压的代数和恒等于零。

例如图 1-24 所示电路不是闭合回路，但在电路的开口端存在电压 u_{AB}，可以假想它是一个闭合回路，如按顺时针方向绕行此开口电路一周，根据 KVL，则有

$$u_S - u_1 - u_{AB} = 0$$

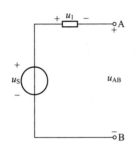
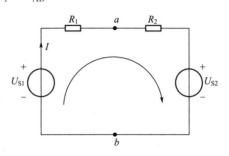

图 1-24　KVL 的推广应用　　　　　图 1-25　例 1-4 图

【例 1-4】 如图 1-25 所示，已知 $U_{S1} = 12V$，$U_{S2} = 6V$，$R_1 = 3.5\Omega$，$R_2 = 2.5\Omega$，求电流 I 及 U_{ab}，并计算 U_{S1}、U_{S2} 的功率。

解：设电流的参考方向如图 1-25 所示，从 a 点出发，按顺时针方向绕行一周，列回路的 KVL 可得

$$IR_2 + U_{S2} - U_{S1} + IR_1 = 0$$

所以

$$I = \frac{U_{S1} - U_{S2}}{R_1 + R_2} = \frac{12 - 6}{3.5 + 2.5} = 1(A)$$

电流为正值说明电流的实际方向与参考方向一致。

循着右边路径计算可得

$$U_{ab} = U_{S2} + IR_2 = 6 + 1 \times 2.5 = 8.5(V)$$

如循着左边的路径计算可得

$$U_{ab} = -IR_1 + U_{S1} = 12 - 1 \times 3.5 = 8.5(V)$$

由此可见，沿两条路径计算的结果是一样的。

U_{S1} 的功率：$P_{U_{S1}} = -IU_{S1} = -1 \times 12 = -12(W)$（发出功率——电源性）

U_{S2} 的功率：$P_{U_{S2}} = IU_{S2} = 1 \times 6 = 6(W)$（吸收功率——负载性）

1.3　电路的分析方法

电路分析是指在给定电路结构和元件参数的情况下，确定电路中的电压和电流。对于较简单的电路，可以根据 KCL、KVL 和电阻的伏安关系直接列写方程求解，或者利用等效变换规则先对原电路进行化简，然后再列写方程求解。当电路结构较为复杂时，上述方法不再适用，此时通常采用以下几种方法。

1.3.1　支路电流法

支路电流法是指以支路电流为未知量，通过列写电路的独立的 KCL 和 KVL 方程来求解电路的方法。

以图 1-26 为例，介绍支路电流法分析电路的步骤。

（1）确定支路数目 b 和节点数目 n，标出各支路待求电流的参考方向。若有 b 个待求支路电流，则需要列出 b 个独立方程，图 1-26 中，$b = 3$，须列 3 个独立方程式。

（2）列 KCL 方程。若有 n 个节点，则可列出 $n - 1$ 个独立的 KCL 方程。图 1-26 中，

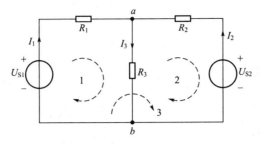

图 1-26 支路电流法举例

$n=2$，只能列出一个独立的 KCL 方程，即

$$I_1+I_2=I_3 \tag{1-32}$$

（3）列 KVL 方程。选定 $b-(n-1)$ 个独立的回路，列写 KVL 方程。

图 1-26 中，可列 2 个独立的 KVL 方程，选左右两个网孔，按所标电流参考方向，网孔电压方程分别为

网孔 1： $\qquad U_{S1}=I_1R_1+I_3R_3 \tag{1-33}$

网孔 2： $\qquad U_{S2}=I_2R_2+I_3R_3 \tag{1-34}$

（4）联立方程，求出 b 个支路电流。对于图 1-26，联立式(1-32)～式(1-34)，解方程即可得 3 个支路的电流。

【例 1-5】 在图 1-27 所示电路中，已知 $U_{S1}=U_{S2}=12\text{V}$，$R_1=1\Omega$，$R_2=R_3=2\Omega$，$R_4=4\Omega$，求各支路电流。

解： 电路有 4 条支路，2 个节点，故可列 1 个独立的 KCL 方程，3 个 KVL 方程。

上节点的 KCL 方程：$I_1+I_2=I_3+I_4$

左网孔的 KVL 方程：$I_1R_1+I_3R_3=U_{S1}$

中网孔的 KVL 方程：$-I_3R_3+I_4R_4=0$

右网孔的 KVL 方程：$I_2R_2+I_4R_4=U_{S2}$

代入数据，解上述 4 个方程可得 $I_1=4\text{A}$，$I_2=2\text{A}$，$I_3=4\text{A}$，$I_4=2\text{A}$

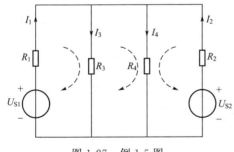

图 1-27 例 1-5 图

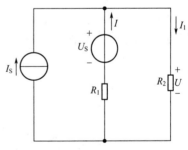

图 1-28 例 1-6 图

【例 1-6】 如图 1-28 所示，$I_S=8\text{A}$，$U_S=4\text{V}$，$R_1=R_2=2\Omega$，求 I 和 U。

解： 电路有 3 条支路，2 个节点。

上节点的 KCL 方程：$I_S+I=I_1$

右网孔的 KVL 方程：$U_S=I_1R_2+IR_1$

联立求解，得 $I=-3\text{A}$，$I_1=5\text{A}$

由欧姆定律得 $U=I_1R_2=10\text{V}$

由此题可得出结论：用支路电流法求解电路时，当电路中含有独立电流源时，可少列写 KVL 方程，且在列写 KVL 方程时要避开独立电流源所在回路。

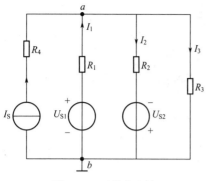

图 1-29 两节点电路

用支路电流法求解电路必须解多元联立方程，求出每条支路的电流，因此该方法适用于支路数较少、求解全部支路电流的电路。对于支路数较多的电路，若只需要求其中某一条支路电流时，支路电流法就显得十分繁琐，这时可选用其他方法。

1.3.2 节点电压法

在电路中任意选择某一节点为参考节点，令其电位值为零。其他节点与此参考节点之间的电压称为节点电压。对于只有两个节点的并联电路，采用节点电压法分析计算更为简单。以图 1-29 为例，已知 I_S、U_{S1}、U_{S2} 及 R_1、R_2、R_3，求各支路电流 I_1、I_2 和 I_3。

选 b 为参考节点，设 a、b 两节点之间的节点电压为 U_{ab}，则图示各电流分别为

$$I_1 = \frac{U_{S1} - U_{ab}}{R_1}, \quad I_2 = \frac{U_{ab} + U_{S2}}{R_2}, \quad I_3 = \frac{U_{ab}}{R_3} \tag{1-35}$$

将上述三式代入节点 a 的电流方程 $I_S + I_1 = I_2 + I_3$，求得

$$U_{ab} = \frac{\dfrac{U_{S1}}{R_1} - \dfrac{U_{S2}}{R_2} + I_S}{\dfrac{1}{R_1} + \dfrac{1}{R_2} + \dfrac{1}{R_3}} \tag{1-36}$$

式(1-36)中分母是电流源支路除外的各支路电阻的倒数之和；分子是电流源的电流的代数和，其中 $\dfrac{U_{S1}}{R_1}$ 和 $\dfrac{U_{S2}}{R_2}$ 是电压源支路的短路电流，或者说是经过电源等效变换后，等效电流源的电流。I_S 的参考方向指向节点 a 取正号，离开节点 a 取负号；U_S 的参考方向与节点电压的参考方向一致时取正号，相反时取负号。

求出节点电压后，各支路电流可由公式(1-34)计算出来，从而进一步求出电路中其他物理量。这种两个节点的节点电压法称为弥尔曼定理。

【例 1-7】 图 1-30 为一模拟计算机的加法电路，U_{S1}、U_{S2}、U_{S3} 代表拟相加的数量，试写出输出电压 U_0 与各电压源之间的关系式。

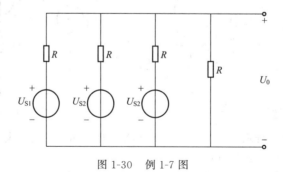

图 1-30 例 1-7 图

解： 根据弥尔曼定理

$$U_0 = \frac{\dfrac{U_{S1}}{R} + \dfrac{U_{S2}}{R} + \dfrac{U_{S3}}{R}}{\dfrac{1}{R} + \dfrac{1}{R} + \dfrac{1}{R} + \dfrac{1}{R}} = \frac{\dfrac{1}{R}(U_{S1} + U_{S2} + U_{S3})}{4\dfrac{1}{R}} = \frac{1}{4}(U_{S1} + U_{S2} + U_{S3})$$

故知输出电压 U_0 与（$U_{S1}+U_{S2}+U_{S3}$）成正比，$\frac{1}{4}$ 为比例常数。

1.3.3 叠加定理

叠加定理是线性电路的一个重要定理，其内容为：在线性电路中，如果有多个独立电源同时作用，那么它们在任一支路中产生的电流（或电压）等于各个独立电源分别单独作用时在该支路中产生电流（或电压）的代数和。

下面用图 1-31(a) 的简单线性电路来加以说明，电流的参考方向如图 1-31 所示，求 I。可以选择用支路电流法求解，即

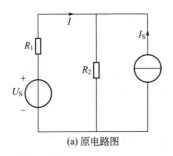 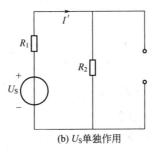 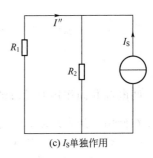

(a) 原电路图　　　　　　(b) U_S 单独作用　　　　　　(c) I_S 单独作用

图 1-31　叠加定理

$$IR_1+(I+I_S)R_2=U_S$$

整理得

$$I=\frac{U_S}{R_1+R_2}-\frac{R_2 I_S}{R_1+R_2} \tag{1-37}$$

观察式(1-37) 可以发现，通过 R_1 的电流 I 由两部分组成，一部分只与 U_S 有关，而另一部分只与 I_S 有关。

当 $I_S=0$ 时，即电流源不作用，以开路代替，电路中只有电压源 U_S 单独作用，如图 1-31(b)所示，此时通过 R_1 的电流为 $I'=\dfrac{U_S}{R_1+R_2}$，恰好是式(1-37) 中的第一项。

当 $U_S=0$ 时，即电压源不作用，以短路代替，电路中只有电流源 I_S 单独作用，如图 1-31(c)所示，此时通过 R_1 的电流为 $I''=-\dfrac{R_2 I_S}{R_1+R_2}$，恰好与式(1-37) 中的第二项相符。由此得出

$$I=I'+I''=U_S \text{ 单独作用产生的分量}+I_S \text{ 单独作用产生的分量}$$

应用叠加定理时，可按以下步骤进行。

(1) 将原电路分解成 N 个独立电源电路。N 表示独立电源的个数，并标出各电流、电压的参考方向。

(2) 对各个独立电源电路分别进行求解。可采用分压、分流公式及 KCL、KVL 求解电路。

(3) 对结果进行叠加。

【例 1-8】　电路如图 1-32(a) 所示，已知 $U_S=7V$，$I_S=1A$，$R_1=1\Omega$，$R_2=5\Omega$，$R_3=6\Omega$，$R_4=3\Omega$。试用叠加定理计算 R_1 支路的电流及其两端电压。

解：当电流源单独作用时，如图 1-32(b) 所示，此时 R_1 与 R_2 并联

$$I'=\frac{R_2}{R_1+R_2}\times I_S=\frac{5}{1+5}\times 1=\frac{5}{6}(A)$$

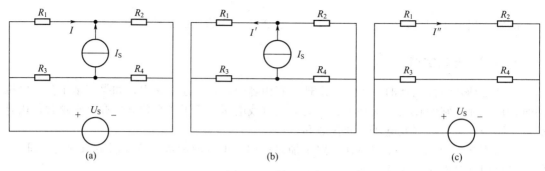

图 1-32 例 1-8 图

当电压源单独作用时，如图 1-32(c) 所示

$$I''=\frac{U_S}{R_1+R_2}=\frac{7}{1+5}=\frac{7}{6}(A)$$

两电源共同作用时总电流：$I=-I'+I''=-\frac{5}{6}+\frac{7}{6}=\frac{1}{3}(A)$

在使用叠加定理时，应注意以下几点：
(1) 叠加定理只能用来计算线性电路的电压和电流，不适用于分析电路的功率。
(2) 应用叠加定理时对不作用的电源要置零。即理想电压源短路，理想电流源开路。但所有电阻都要保留，包括实际电源的内阻。
(3) 叠加（求代数和）时以原电路中电压（或电流）的参考方向为准，即某个独立电压单独作用时电压（或电流）的参考方向与原电路中电压（或电流）的参考方向一致时，取"+"，不一致时取"-"。

1.3.4 戴维南定理和诺顿定理

在电路分析中，有时只需要研究某一条支路的电流、电压或电功率，此时可以考虑等效电源定理，即戴维南定理和诺顿定理。

对于一个复杂的电路，如果将所要研究的支路移走，便可得到一个二端网口，即只有两个端子与外电路相连的电路。将内部不含独立源的二端网络称为无源二端网络，如图 1-33(a) 所示，可用一个电阻等效替代；将内部含有独立源的二端网络称为有源二端网络，如图 1-33(b) 所示。有源二端网络对外电路提供电能，可用电压源模型和电流源模型等效，即等效电源定理。

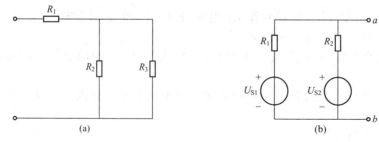

图 1-33 二端网络

戴维南定理的内容：任何一个线性有源二端网络，对外电路的作用都可以用理想电压源 U_{OC} 与一个电阻 R_0 串联的组合等效代替，其中 U_{OC} 等于该有源二端网络的开路电压，R_0 等于该有源二端网络中所有独立电源置零后，所得无源二端网络的等效电阻。图 1-34(b) 称为图 1-34(a) 的戴维南等效电路。

诺顿定理的内容：任何一个线性有源二端网络，对外电路的作用都可以用理想电流源 I_{SC} 与一个电阻 R_0 并联的组合等效代替，其中 I_{SC} 等于该有源二端网络的短路电流，R_0 等于该有源二端网络中所有独立电源置零后，所得无源二端网络的等效电阻。图 1-34(c) 称为图 1-34(a) 的诺顿等效电路。

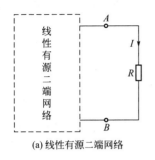
(a) 线性有源二端网络

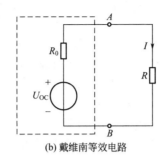
(b) 戴维南等效电路

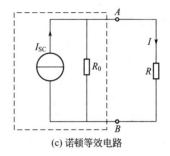
(c) 诺顿等效电路

图 1-34 戴维南定理和诺顿定理示意图

求线性有源二端网络的开路电压 U_{OC} 和短路电流 I_{SC} 可用所学过的任何一种分析电路的方法，而求等效电路的等效电阻 R_0，必须先将线性有源二端网络除源。

【例 1-9】 求如图 1-35(a) 所示电路的戴维南等效电路。

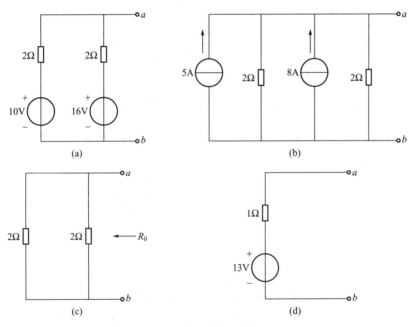

图 1-35 例 1-9 图

解：方法一：利用电源的等效变换法求解

图 1-35(a) 电路可以等效变换如图 1-35(b) 所示；再把图 1-35(b) 所示电路简化成一个 13A 独立电流源和一个 1Ω 电阻并联的电路；最后得到如图 1-35(d) 所示戴维南等效电路。其中 13V 电压就是 u_{OC}，1Ω 电阻为 R_{eq}。

方法二：利用戴维南定理的定义求解

由图 1-35(a) 所示电路可得开路电压 u_{OC} 为

$$u_{OC} = 16 - \frac{16-10}{2+2} \times 2 = 13(\text{V})$$

将图 1-35(a) 所示电路中的所有独立电源置零，得到无源二端网络，如图 1-35(c) 所示。从而求得等效电阻为
$$R_0 = 2//2 = 1(\Omega)$$
画出戴维南等效电路，如图 1-35(d) 所示。

如果只需要计算复杂电路中某一条支路的电流，应用等效电源定理是很方便的。用其求解电路的一般步骤为：

(1) 断开待求电流的支路，得到一个有源二端网络。
(2) 求此有源二端网络的开路电压 U_{OC} 或短路电流 I_{SC}。
(3) 将有源二端网络中的全部电源置零，计算其等效电阻 R_0。
(4) 画戴维南或诺顿等效电路，计算待求电流。

【例 1-10】 电路如图 1-36(a) 所示，已知 $U_S = 7V$，$I_S = 1A$，$R_1 = 1\Omega$，$R_2 = 5\Omega$，$R_3 = 6\Omega$，$R_4 = 3\Omega$。试用戴维南定理计算 R_1 支路的电流及其两端电压。

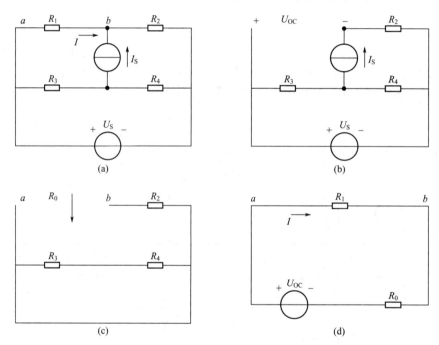

图 1-36 例 1-10 图

解：(1) 求开路电压 U_{OC}

将所求支路从 a、b 两端取出，画出求开路电压 U_{OC} 的电路图，如图 1-36(b) 所示，则
$$U_{OC} = U_S - I_S R_2 = 7 - 1 \times 5 = 2(V)$$

(2) 求等效电阻 R_0

将图 1-36(b) 中的理想电压源、理想电流源去掉，画出求等效电阻 R_0 的电路图，如图 1-36(c) 所示，即无源二端网络，从 a、b 两端求得
$$R_0 = R_2 = 5\Omega$$

(3) 求电流 I

画出图 1-36(d) 戴维南等效电路图，从 a、b 两端接入待求支路，用全电路欧姆定律得
$$I = \frac{U_{OC}}{R_0 + R_1} = \frac{2}{1+5} = \frac{1}{3}(A)$$

1.4 应用举例

1) 汽车后窗玻璃除霜器

汽车后窗玻璃除霜器的栅格是电阻电路一个非常典型的应用实例,它是一系列水平、陶瓷混银并烧结进窗户玻璃表层里面的线,这些线可以认为是电阻。

通常将这些水平栅格线两端焊接到垂直汇流条中,当在两根汇流条之间加上电压时,将在所有水平栅格线中产生电流,栅格线的电阻因消耗电能而发热,进而使后窗玻璃发热,消除掉后窗玻璃上的冰霜或凝结,达到除霜的目的。

水平栅格线的数量与汽车的样式和结构有关,典型范围是 9~16 格。

2) 电压表的改装

电压表可由微安表改装得到,如图 1-37 所示。设表头(微安表)的内阻为 R_g,允许通过的最大电流(满偏电流)为 I_g,表头所能测量的最大电压(量程)为 $U_g=I_gR_g$。为了测量较高的电压 U,必须给表头串联分压电阻 R,分担一部分电压。设 $U=kU_g$(k 为量程倍率),由欧姆定律有

$$U=I_g(R_g+R)=I_gR_g(1+R/R_g)=U_g(1+R/R_g) \Rightarrow \begin{cases} k=1+R/R_g & (1\text{-}38) \\ R=(k-1)R_g & (1\text{-}39) \end{cases}$$

其中,式(1-38)为电压表量程倍率 k 的计算公式;式(1-39)为分压电阻 R 的计算公式。

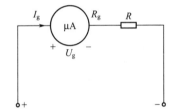

图 1-37 电压表的改装

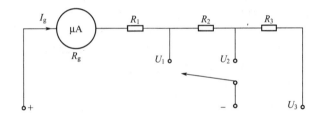

图 1-38 串联电阻拓宽电压表的量程

可见,串联的分压电阻越大,量程倍率越大,可测量的电压范围越宽。分压电阻有时也称倍压器,它除了分压的作用外,还起到限流作用,一方面防止大电流损坏表头,另一方面减小对被测支路电流的影响。

使用万用表时,通过旋转开关分别选取不同的分压电阻与表头串联,即可实现多量程的电压测量,如图 1-38 所示(图中只画出了 3 个电压量程 U_1、U_2、U_3)。设量程 U_i 的倍率为 k_i,即 $U_i=k_iU_g$($i=1,2,\cdots,n$),可以证明,各个分压电阻的计算公式为

$$R_i=(k_i-k_{i-1})R_g \quad (k_0=1) \tag{1-40}$$

3) 扩大电流表量程

为了拓宽电流表的量程,便于测量大电流,通常给微安表安装并联电阻,分担一部分电流(分流),以免大电流损坏微安表,如图 1-39 所示。设表头(微安表)的内阻为 R_g,允许通过的最大电流(量程)为 I_g,设微安表并联分流电阻 R 后的量程为 I,且 $I=kI_g$(k 为量程倍率),由欧姆定律有

$$I_gR_g=(I-I_g)R=(k-1)I_gR \Rightarrow \begin{cases} R=R_g/(k-1) & (1\text{-}41) \\ k=1+R_g/R & (1\text{-}42) \end{cases}$$

其中,式(1-41)为分流电阻 R 的计算公式;式(1-42)为电流表量程倍率 k 的计算公式。可见,并联的分流电阻越小,电流表的量程越大,可测量的电流范围越宽。

在万用表中,常采用闭路抽头式分流结构来拓宽电流量程,如图 1-40 所示(图中只画

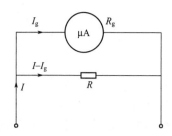

图 1-39 并联电阻拓宽电流表的量程

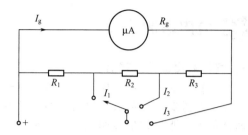

图 1-40 多量程电流表

出了 3 个电流量程 I_1、I_2、I_3)。使用万用表时，通过旋转开关分别选取不同的分流电阻与表头并联，即可实现多量程的电流测量。设量程 I_i 的倍率为 k_i，即 $I_i = k_i I_g$ ($i=1,2,\cdots,n$)，可以证明，各个分流电阻的计算公式为

$$\left. \begin{aligned} R_\text{总} &= R_g + \sum R_i = R_g + \frac{R_g}{k_n - 1} = \frac{k_n}{k_n - 1} R_g \\ R_i &= \left(\frac{1}{k_i} - \frac{1}{k_{i-1}} \right) R_\text{总} \quad (k_0 \to \infty) \end{aligned} \right\} \tag{1-43}$$

实验项目一 叠加定理

1) 实验目的
① 验证线性电路叠加定理的正确性。
② 加深对线性电路的叠加性的认识和理解。
③ 了解叠加定理的应用场合。

2) 实验原理
该实验的原理即为叠加定理，见 1.3.3。

3) 实验设备
实验设备见表 1-1。

表 1-1 叠加定理实验设备

序号	名称	型号与规格	数量
1	可调直流恒压源	双路 0～30V 可调	1
2	可调直流恒流源	0～200mA 可调	1
3	万用表	FM-47 或其他	1
4	直流数字电压表	0～200V	1
5	直流数字毫安表	0～2A	1
6	叠加原理实验电路板	EEL-53 组件	1

4) 实验内容
实验电路如图 1-41 所示，图中：$R_1 = R_3 = R_4 = 510\Omega$，$R_2 = 1\text{k}\Omega$，$R_5 = 330\Omega$，图中的电流源 $I_S = 15\text{mA}$，$U_S = 12\text{V}$，可用 0～30V 的双路恒压源输出，开关 S_3 投向上侧，即将 R_3 接入电路。

(1) 电流源 I_S 单独作用（将开关 S_1 投向上侧，开关 S_2 投向下侧短路），参考图 1-41，

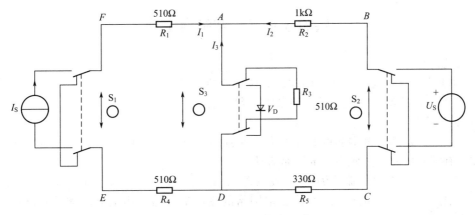

图 1-41 叠加定理实验电路

画出电路图，标明各电流、电压的参考方向。

用直流数字毫安表接电流插头测量各支路电流，并将数据记入表 1-2 中。

用直流数字电压表测量各电阻元件两端电压，数据记入表 1-2 中。

表 1-2 叠加定理实验数据

测量项目 实验内容	I_S /mA	U_S /V	I_1 /mA	I_2 /mA	I_3 /mA	U_{AB} /V	U_{CD} /V	U_{AD} /V	U_{DE} /V	U_{FA} /V
I_S 单独作用	15	0								
U_S 单独作用	0	12								
I_S、U_S 共同作用	15	12								
叠加结果	0	12								

（2）U_S 电源单独作用（将开关 S_1 投向上侧，并且将 I_S 断开，开关 S_2 投向上侧，即将 U_S 接入电路），画出电路图，标明各电流、电压的参考方向。

重复步骤 1 的测量并将数据记录记入表 1-2 中。

（3）I_S 和 U_S 共同作用时（开关 S_1 和 S_2 都投向上侧），画出电路图，标明各电流、电压的参考方向。

完成上述电流、电压的测量并将数据记录记入表 1-2 中。

5）实验注意事项

① 用电流插头测量各支路电流时，应注意仪表的极性，及数据表格中"＋、－"号的记录。

② 注意仪表量程的及时更换。

6）预习与思考题

① 叠加原理中 I_S、U_S 分别单独作用，在实验中应如何操作？可否将要去掉的电源（I_S 或 U_S）直接短接？

② 实验电路中，若有一个电阻元件改为二极管，试问叠加性还成立吗？为什么？

7）实验报告要求

① 根据表 1-2 实验数据，通过求各支路电流和各电阻元件两端电压，验证线性电路的叠加性。

② 各电阻元件所消耗的功率能否用叠加原理计算得出？试用上述实验数据计算说明。

实验项目二　戴维南定理

1）实验目的

① 验证戴维南定理的正确性，加深对该定理的理解。

② 掌握测量有源二端网络等效参数的一般方法。

2）实验原理

（1）戴维南定理。该实验的原理即为戴维南定理，见 1.3.4。

（2）有源二端网络等效参数的测量方法

① 开路电压、短路电流法测 R_0。在有源二端网络输出端开路时，用内阻较大的电压表直接测其输出端的开路电压 U_{OC}；将二端网络的输出端短路，用电流表测其短路电流 I_{SC}，则内阻为

$$R_0 = \frac{U_{OC}}{I_{SC}}$$

② 伏安法测量 R_0。

一种方法是用电压表、电流表测出有源二端网络的外特性曲线，如图 1-42 所示。根据外特性曲线求出斜率 $\tan\varphi$，则内阻

$$R_0 = \tan\varphi = \frac{\Delta U}{\Delta I} = \frac{U_{OC}}{I_{SC}}$$

另一种方法是测量有源二端网络的开路电压 U_{OC} 及电流为额定值 I_N 时的输出端电压值 U_N，则内阻为

$$R_0 = \frac{U_{OC} - U_N}{I_N}$$

③ 半压法测量 R_0。如图 1-43 所示，当负载电压为被测网络开路电压 U_{OC} 的一半时，负载电阻 R_L 的大小（由电阻箱的读数确定）即为被测有源二端网络的等效内阻值。

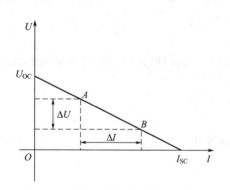

图 1-42　有源二端网络的外特性曲线

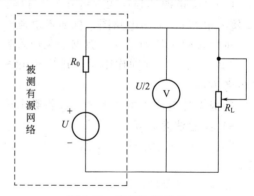

图 1-43　半压法测量 R_0

3）实验设备

实验设备见表 1-3。

表 1-3　戴维南定理实验设备

序号	名称	型号与规格	数量
1	可调直流恒压源	双路 0～30V 可调	1
2	可调直流恒流源	0～200mA 可调	1

序号	名称	型号与规格	数量
3	可调电阻箱	0～99999.9Ω	1
4	直流数字电压表	0～200V	1
5	直流数字电流表	0～2A	1
6	戴维南定理实验线路	EEL-53 实验箱	1
7	可调电阻	EEL-51N 实验箱	1

4）实验内容

（1）用开路电压、短路电流法测量 U_{OC}、I_{SC} 和计算 R_0。被测有源二端网络如图 1-44 (a) 所示。线路接入恒压源 $U_S=12V$ 和恒流源 $I_S=20mA$ 及可变电阻 R_L。

① 测试开路电压 U_{OC}。在图 1-44(a) 电路中，断开负载 R_L，用电压表测量 U_{OC}，数据记录于表 1-4 中。

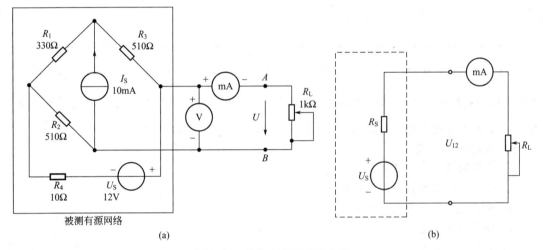

图 1-44 戴维南定理实验电路

② 测试短路电流 I_{SC}。在图 1-44(a) 电路中，将负载 R_L 短路，用电流表测量短路电流 I_{SC}，将数据记入表 1-4 中。

③ 计算 R_0。由开路短路法可计算，$R_0=U_{OC}/I_{SC}$，填入表 1-4 中。

表 1-4 开路短路法实验数据

U_{OC}/V	I_{SC}/mA	$R_0=U_{OC}/I_{SC}$

（2）负载实验。测量有源二端网络的外特性：在图 1-44(a) 电路中，改变负载电阻 R_L 的阻值，逐点测量对应的电压、电流，将数据记入表 1-5 中。并计算有源二端网络的等效参数 U_S 和 R_0。

表 1-5 负载实验数据

R_L/Ω	990	900	800	700	600	500	400	300	200	100
U/V										
I/mA										

(3) 验证戴维南定理。用一个可调范围为 0~99999.9Ω 的电阻箱（当可变电器用），将其阻值调整到等于按步骤（1）所得的等效电阻 R_0 值，然后令其与恒压电源（调到步骤（1）时所测得的开路电压 U_{OC} 之值）相串联，如图 1-44（b）所示，仿照步骤（2）测其外特性，对戴维南定理进行验证，将数据记入表 1-6 中。

表 1-6　验证戴维南定理实验数据

R_L/Ω	990	900	800	700	600	500	400	300	200	100
U/V										
I/mA										

(4) 测量被测网络的等效内阻 R_0 及其开路电压 U_{OC}。用半电压法和直接用高阻抗表（数字表）测量被测网络的等效内阻 R_0 及其开路电压 U_{OC}，填入表 1-7 中。

表 1-7　半压法实验数据

R_0/Ω	U_{OC}/V

半电压法：在图 1-44（a）所示电路中，首先断开负载电阻 R_L，测量有源二端网络的开路电压 U_{OC}，然后接入负载电阻 R_L，调节 R_L 直到两端电压等于 $\dfrac{U_{OC}}{2}$ 为止，此时负载电阻 R_L 的大小即为等效电源的内阻 R_S 的数值。记录 U_{OC} 和 R_S 的数值。

5）实验注意事项
① 注意测量时，电流表量程的更换。
② 实验中，电源置零时不可将恒压源短接。
③ 改接线路时，要关掉电源。

6）预习与思考题
① 在求戴维南等效电路时，做短路试验，测 I_{SC} 的条件是什么？在本实验中可否直接做负载短路实验？
② 说明测量有源二端网络开路电压及等效内阻的几种方法，并比较其优缺点。

7）实验报告要求
① 回答思考题。
② 进行实验数据处理，尽量以表格形式整理数据。
③ 根据实验内容 2 绘出外特性曲线。
④ 根据表 1-5、表 1-6 的数据，绘出有源二端网络和有源二端网络等效电路的外特性曲线，验证戴维南定理的正确性。
⑤ 进行必要的误差分析。

本章小结

1. 电路的作用与组成

电路就是电流流通的路径。它由电源、负载和中间环节三部分组成。电路能够实现电能的传输、分配和信号的传递、处理。

2. 电路的基本物理量

电流、电压、电功率是电路中的基本物理量。为便于分析电路,常对电流电压任意假定方向,称为参考方向。如果电流电压的参考方向一致,称为关联参考方向,不一致称为非关联参考方向。

3. 基尔霍夫定律

包括基尔霍夫电流定律和基尔霍夫电压定律,是分析电路的基础。

4. 电路中常用元件

常用的无源元件有电阻、电感、电容,有源元件有理想电压源、理想电流源。

在关联参考方向下,电阻元件、电感元件、电容元件的伏安特性分别为:

$$u = Ri, \quad u = -e_L = L\frac{di}{dt}, \quad i = \frac{dq}{dt} = C\frac{du}{dt}$$

理想电压源的电压恒定不变,而电流随外电路而变;理想电流源的电流恒定不变,而电压随外电路而变。

实际电源的电路模型有电压源模型和电流源模型,电压源模型是理想电压源和电阻元件的串联组合,电流源模型是理想电流源和电阻元件的并联组合,它们之间可以等效变换。等效变换的条件是内阻相等,且 $I_S = U_S/R_0$。

5. 支路电流法

以支路电流为未知量,应用基尔霍夫定律列出电路方程,通过解方程组得到各支路电流。对于具有 n 个节点和 b 条支路的电路,可列出 $(n-1)$ 个独立的节点电流方程和 $[b-(n-1)]$ 个独立的回路电压方程,联立求解出 b 个支路电流。此法的缺点是方程较多,但它是计算电路的基础。

6. 节点电压法

对于只有两个节点而由多条支路并联组成的电路,可先求独立节点的电压,它等于各独立源注入该节点的电流的代数和与该节点相连各支路电阻倒数和的比值,得到节点电压后,再求各支路电流。

7. 叠加定理

叠加定理是线性电路中普遍适用的一个重要原理。依据它可将多个电源共同作用下产生的电压和电流,分解为各个电源单独作用时产生的电压和电流之代数和。某电源单独作用时,将其他理想电压源短路,理想电流源开路,而电源内阻均须保留。

8. 等效电源定理

戴维南定理和诺顿定理:含独立源的二端线性网络,对外部而言一般可用电压源与电阻串联组合或电流源与电阻并联组合等效。电压源的电压 U_{OC} 等于有源二端网络的开路电压,电流源的电流 I_{SC} 等于有源二端网络的短路电流,电阻 R_0 等于无源二端网络的等效电阻。等效电源定理只适用于线性二端网络,求解复杂电路中某一支路的电压电流。

习题 1

1-1 试确定图 1-45 所示各电路中电压电流的实际方向。

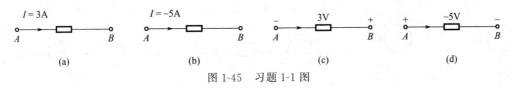

图 1-45 习题 1-1 图

1-2 试确定图 1-46 中每个分图中二端元件的未知量,并说明是电源还是负载。

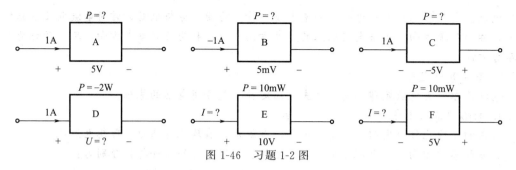

图 1-46 习题 1-2 图

1-3 求图 1-47 所示电路中的 a 点电压。

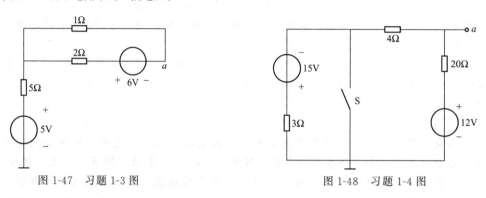

图 1-47 习题 1-3 图　　　图 1-48 习题 1-4 图

1-4 在图 1-48 所示电路中，试求开关 S 断开及合上时 a 点的电位。

1-5 电压电流的参考方向如图 1-49 所示，写出各元件的 u 和 i 的约束方程。

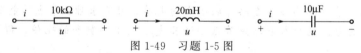

图 1-49 习题 1-5 图

1-6 求图 1-50 所示各电路的等效电阻 R_{ab}。

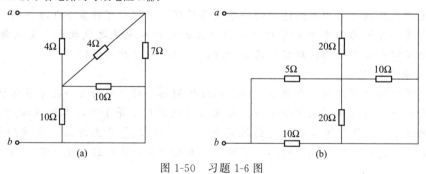

图 1-50 习题 1-6 图

1-7 电路如图 1-51 所示。（1）计算电流源的端电压；（2）计算电流源和电压源的电功率，指出是吸收还

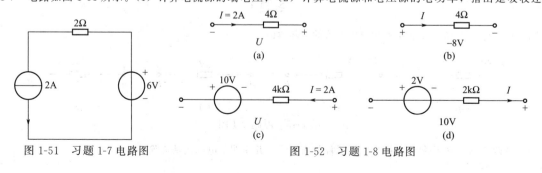

图 1-51 习题 1-7 电路图　　　图 1-52 习题 1-8 电路图

是提供电功率。

1-8 计算图 1-52 所示电路中的 U 或 I。

1-9 计算如图 1-53 所示的各电路的未知电流。

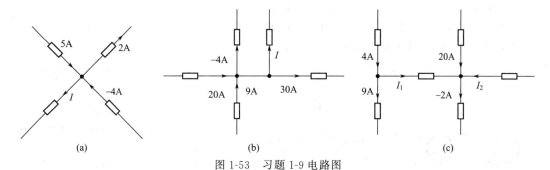

图 1-53 习题 1-9 电路图

1-10 求图 1-54 所示电路中的电压 U_{ab}。

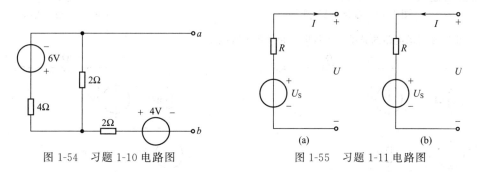

图 1-54 习题 1-10 电路图　　　图 1-55 习题 1-11 电路图

1-11 试写出图 1-55 所示各支路中电压与电流的关系。

1-12 将图 1-56 所示的各电路化为一个电压源与一个电阻串联的组合。

1-13 将图 1-57 所示的各电路化为一个电流源与一个电阻并联的组合。

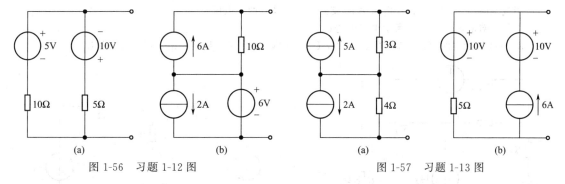

图 1-56 习题 1-12 图　　　图 1-57 习题 1-13 图

1-14 如图 1-58 所示，电路中 $I_S=8A$，$U_S=10V$。试用支路电流法求各支路电流。

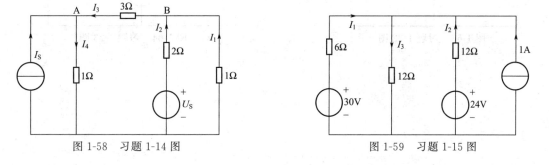

图 1-58 习题 1-14 图　　　图 1-59 习题 1-15 图

1-15 试用支路电流法求出如图 1-59 所示电路中各支路电流。

1-16 试用节点电压法求出如图 1-59 所示电路中各支路电流。

1-17 试用节点电压法求出图 1-60 所示电路中各支路电流。

1-18 试用叠加定理求出如图 1-59 所示电路中各支路电流。

1-19 电路如图 1-61 所示，已知 $U_S=10V$，$I_S=2A$，$R_1=1\Omega$，$R_2=2\Omega$，$R_3=3\Omega$，$R_4=4\Omega$。试用叠加定理计算 R_2 支路的电流及其两端电压。

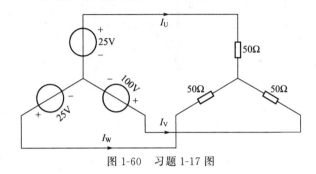

图 1-60　习题 1-17 图　　　　　　图 1-61　习题 1-19 图

1-20 求图 1-62 所示电路的戴维南等效电路和诺顿等效电路。

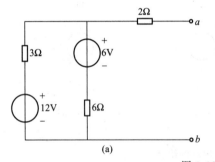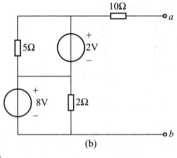

图 1-62　习题 1-20 图

1-21 用戴维南定理计算图 1-61 电路中 R_2 支路的电流及其两端电压。

1-22 用戴维南定理求图 1-63 所示电路中的 U。

1-23 图 1-64 所示电路中，已知：$U_{S1}=18V$，$U_{S2}=12V$，$I=4A$。用戴维南定理求电压源 U_S 等于多少？

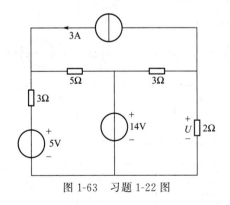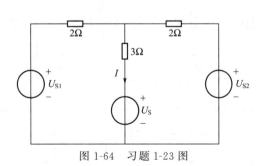

图 1-63　习题 1-22 图　　　　　　图 1-64　习题 1-23 图

第 2 章
单相正弦交流电路

2.1 正弦交流电的基本概念

2.1.1 正弦量的三要素

正弦交流电是工程中应用最广泛的一种供电形式。在电路中,凡是随时间按正弦规律周期性变化的电动势、电压和电流统称为正弦量,或称为正弦交流电。其数学表达式为

$$\left. \begin{array}{l} e = E_m \sin(\omega t + \psi_e) \\ u = U_m \sin(\omega t + \psi_u) \\ i = I_m \sin(\omega t + \psi_i) \end{array} \right\} \quad (2\text{-}1)$$

式(2-1)是正弦量的瞬时值表达式,其中 E_m、U_m、I_m 称为正弦量的最大值或幅值;ω 称为角频率;ψ_e、ψ_u、ψ_i 称为初相位;时间 t 为变化量。对正弦量来说,如果最大值、角频率和初相已知,则它与时间 t 的关系就是唯一确定的。因此,把最大值、角频率和初相称为正弦交流电的三要素。

以电流为例,正弦量的波形如图 2-1 所示。

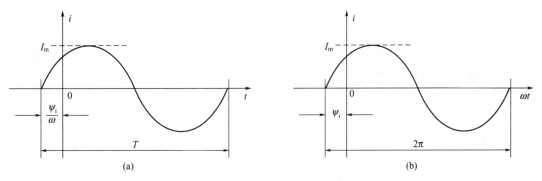

图 2-1 正弦电流波形

1)周期、频率、角频率

正弦量变化一次所需的时间称为周期,用字母 T 表示,单位是秒(s)。正弦量每秒内变化的次数称为频率,用字母 f 表示,单位赫兹(Hz)。从定义可知,周期与频率互为倒数,即

$$f = \frac{1}{T} \quad (2\text{-}2)$$

我国电力系统采用 50 Hz 作为标准频率,又称工业频率,简称工频。周期和频率均可以

表示正弦量变化的快慢，正弦量变化的快慢还可以用角频率描述，角频率就是正弦量在每秒内变化的弧度，用字母 ω 表示，单位弧度/秒（rad/s）。周期、频率、角频率的关系为

$$\omega = \frac{2\pi}{T} = 2\pi f \tag{2-3}$$

2) 瞬时值、最大值、有效值

正弦量在任意瞬间的值，称为瞬时值，用小写字母表示，如 i、u、e 分别表示电流、电压、电动势的瞬时值。

正弦量在整个变化过程中所能达到的极值称为最大值，又称幅值，它确定了正弦量变化的范围，用大写字母加下标 m 表示，如 I_m、U_m、E_m 分别表示正弦电流、电压、电动势的最大值。如图 2-1 所示。

正弦量的瞬时值是随时间时刻在变化的，任何瞬间的值不能代表整个正弦量的大小；最大值只能代表正弦量达到极值一瞬间的大小，同样不适合表征正弦量的大小。在工程技术中通常需要一个特定值来表征正弦量的大小。由于正弦电流（电压）和直流电流（电压）作用于电阻时都会产生热效应，因此考虑根据其热效应来确定正弦量的大小。一个正弦交流电流和一个直流电流，在相等的时间 t 内通过同一电阻 R 所产生的热量相同，则这个直流电流值就称为该交流电流的有效值，用大写字母表示，如 I、U、E 分别表示正弦电流、电压、电动势的有效值。

当正弦电流 i 流过电阻 R 时，该电阻在一个周期 T 内产生的热量为

$$Q_1 = 0.24 \int_0^T i^2 R \, dt$$

当直流电流 I 流过同一电阻 R 时，在相同的时间 T 内产生的热量为

$$Q_2 = 0.24 I^2 RT$$

当 $Q_1 = Q_2$ 时，得

$$\int_0^T i^2 R \, dt = I^2 RT$$

所以，交流电的有效值为

$$I = \sqrt{\frac{1}{T} \int_0^T i^2 \, dt} \tag{2-4}$$

由上式可知：正弦交流电流的有效值为它在一个周期内的方均根值，同样也可以得到交流电压、交流电动势的有效值为

$$U = \sqrt{\frac{1}{T} \int_0^T u^2 \, dt}, \quad E = \sqrt{\frac{1}{T} \int_0^T e^2 \, dt}$$

把 $i = I_m \sin\omega t$ 代入式(2-4)，得

$$I = \sqrt{\frac{1}{T} \int_0^T I_m^2 \sin^2 \omega t \, dt} = \frac{I_m}{\sqrt{2}} = 0.707 I_m$$

与此类似，正弦交流电压、电动势的有效值与最大值的关系为

$$U_m = \sqrt{2} U, \quad E_m = \sqrt{2} E \tag{2-5}$$

由此可见，正弦交流电的最大值等于其有效值的 $\sqrt{2}$ 倍。因此，可以把正弦量 i 改写为

$$i = \sqrt{2} I \sin(\omega t + \psi_i) \tag{2-6}$$

因此，也可以用有效值、角频率和初相来表示正弦交流电的三要素。一般的交流电压表和电流表的读数指的就是有效值，电气设备标牌上的额定值等都是有效值。但是，电气设备与电子器件的耐压是按最大值选取的，否则，当设备的交流电流（电压）达到最大值时设备

就有被击穿损坏的危险。

3）相位、初相位、相位差

在式(2-6)中，随时间变化的角度$(\omega t+\psi_i)$称为正弦交流电的相位或相位角，它反映了正弦交流电随时间变化的进程。其中，ψ_i是正弦量在$t=0$时的相位，称为初相位，简称初相，其单位用弧度或度来表示，取值范围为$|\psi_i|\leqslant\pi$。

显然，正弦量的初相与计时起点有关，所取的计时起点不同，正弦量的初相不同，其初始值就不同。计时起点可以根据需要任意选择，当电路中同时存在多个同频率的正弦量时，可以选择某一正弦量由负方向变化通过零值时的瞬间作为计时起点，这个正弦量的初相就为零，称这个正弦量为参考正弦量，这时，其他正弦量的初相也就确定了。

在电路中，两个同频率正弦量相位之差称为相位差，用字母φ表示。例如，设两个同频率正弦量为

$$u=U_m\sin(\omega t+\psi_u), i=I_m\sin(\omega t+\psi_i)$$

则它们的相位差φ为

$$\varphi=(\omega t+\psi_u)-(\omega t+\psi_i)=\psi_u-\psi_i \tag{2-7}$$

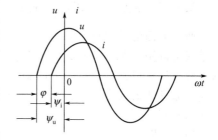

图 2-2 两个同频率正弦量的相位差

如图 2-2 所示，可见，两个同频率正弦量的相位差等于它们的初相之差，它是一个与时间和计时起点无关的常数，即当正弦量的计时起点改变时，其相位和初相都会随之改变，但它们的相位差φ保持不变，通常情况下$|\varphi|\leqslant\pi$。

由于相位差的存在，表示两个同频率正弦量的变化进程不同，根据φ的不同有以下几种变化进程：

当$\varphi=\psi_u-\psi_i>0$时，在相位上电压u比电流i先达到最大值，称电压超前电流φ角，或称电流滞后电压φ角，如图 2-2 所示。

当$\varphi=\psi_u-\psi_i=0$时，表示两个正弦量的变化进程相同，称电压u与电流i同相，如图 2-3(a) 所示。

当$\varphi=\psi_u-\psi_i=\pm\pi$时，表示两个正弦量的变化进程相反，称电压$u$与电流$i$反相，如图 2-3(b) 所示。

当$\varphi=\psi_u-\psi_i=\pm\dfrac{\pi}{2}$时，表示两个正弦量的变化进程相差 90°，称电压$u$与电流$i$正交，如图 2-3(c) 所示。

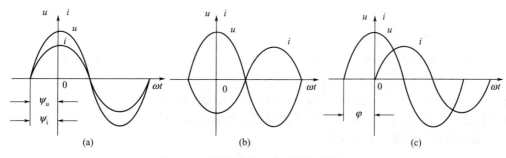

图 2-3 两个同频率正弦量的相位关系

应当注意，以上关于相位关系的讨论，只是针对相同频率的正弦量来说的；两个不同频率的正弦量的相位差是随时间变化的，不是常数，在此讨论其相位关系是没有意义的。

【例 2-1】 有一正弦交流电压的最大值为 310V，初相 $\psi_u=30°$；正弦交流电流的最大值为 14.1A，初相 $\psi_i=-60°$。它们的频率均为 50Hz。试分别写出电压和电流的瞬时值的表达式。并画出它们的波形。

解：电压的瞬时值表达式为

$$u=U_m\sin(\omega t+\psi_u)=310\sin(2\pi ft+\psi_u)=310\sin(314t+30°)\text{V}$$

电流的瞬时值表达式为 $i=I_m\sin(\omega t+\psi_i)=14.1\sin(314t-60°)\text{A}$

波形如图 2-4 所示。

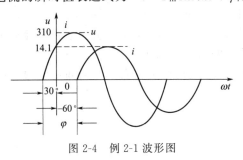

图 2-4 例 2-1 波形图

【例 2-2】 试求例 2-1 中电压和电流的相位差，并说明两者的相位关系。

解：电压的初相 $\psi_u=30°$，电流的初相 $\psi_i=-60°$。两者的相位差

$$\varphi=\psi_u-\psi_i=30°-(-60°)=90°$$

所以，电压超前电流 90°，或者说电流滞后电压 90°。

2.1.2 正弦量的相量表示法

通过上面的学习可以知道，如果已知一个正弦量的最大值、角频率及初相，那么这个正弦量就可以用正弦函数及其波形图直观地表示出来。但是，如果直接利用正弦函数及其波形图来分析计算电路，将会十分的繁琐。为此，引入了"相量法"的概念，把三角函数运算简化为复数形式的代数运算。相量法是以复数和复数的运算为基础的，为此首先介绍一下有关复数的基础知识。

1) 复数

(1) 复数的几种表示形式

① 代数形式。设 A 为一个复数，则其代数形式为

$$A=a+\text{j}b$$

式中，a、b 是任意实数，分别是复数的实部和虚部；$\text{j}=\sqrt{-1}$ 为虚数单位。在电工技术中，i 是用来表示电流的，故用 j 来表示虚数的单位。

复数 A 也可以用复平面内的一条有向线段来表示，如图 2-5 所示，线段的长度用 r 表示，称为复数 A 的模，其与实轴方向的夹角用 ψ 表示，称为复数 A 的辐角。

$$r=\sqrt{a^2+b^2},\quad \psi=\arctan\frac{b}{a} \quad (2\text{-}8)$$

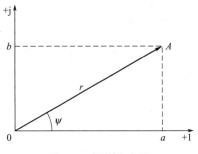

图 2-5 复数的表示

② 三角函数形式。由式(2-8)得

$$a=r\cos\psi,\quad b=r\sin\psi$$

则有 $A=r\cos\psi+\text{j}r\sin\psi=r(\cos\psi+\text{j}\sin\psi)$

根据欧拉公式 $e^{\text{j}\psi}=\cos\psi+\text{j}\sin\psi$，可以得出复数的指数形式。

③ 指数形式。复数的指数形式为

$$A=re^{\text{j}\psi}$$

④ 极坐标形式。复数的极坐标形式为

$$A=r\underline{/\psi}$$

以上是复数的四种形式，它们之间可以互相转换。

（2）复数的运算

① 加减运算。复数的加减运算一般采用代数形式和三角函数形式，即复数的实部与实部相加减；虚部与虚部相加减。

例如
$$A_1 = a_1 + jb_1$$
$$A_2 = a_2 + jb_2$$

则
$$A_1 \pm A_2 = (a_1 \pm a_2) + j(b_1 \pm b_2)$$

复数的加减运算也可以在复平面内用平行四边形法则做图来完成。如图2-6所示。

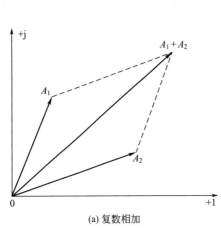
(a) 复数相加

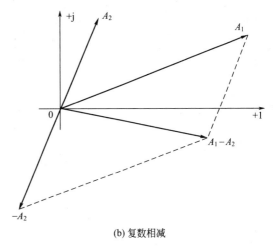
(b) 复数相减

图 2-6 复数的加减

② 乘除运算。复数的乘除运算一般采用指数形式和极坐标的形式进行。当两个复数相乘时，其模相乘，辐角相加；当两个复数相除时，其模相除，辐角相减。

例如
$$A_1 = r_1 e^{j\psi_1}$$
$$A_2 = r_2 e^{j\psi_2}$$

则
$$A_1 A_2 = r_1 r_2 e^{j(\psi_1 + \psi_2)}$$
$$\frac{A_1}{A_2} = \frac{r_1}{r_2} e^{j(\psi_1 - \psi_2)}$$

注意：复数中关于虚数单位 j，常有下列关系

$$j^2 = -1, \quad j^3 = -j, \quad j^4 = 1, \quad j^{-1} = \frac{1}{j} = -j$$

另外，j 与 90°复角之间的关系为

$$j = \cos 90° + j\sin 90° = e^{j90°} = \underline{/90°}$$
$$-j = \cos 90° - j\sin 90° = e^{-j90°} = \underline{/-90°}$$

2）正弦量的相量表示法

一个正弦量是由其最大值（有效值）、角频率、初相位来决定的。在分析线性电路时，正弦激励和响应均为同频率的正弦量，因此，可以频率这一要素作为已知量，这样，正弦量就可以由最大值（有效值）、初相位来决定了。由复数的指数形式可知，复数也有两个要素，即复数的模和辐角。这样就可以将正弦量用复数来描述，用复数的模表示正弦量的大小，用复数的辐角表示正弦量的初相位，这种用来表示正弦量的复数称为正弦量的相量。

例如，正弦电压 $u = U_m \sin(\omega t + \psi_u)$，其最大值相量形式为 $\dot{U}_m = U_m e^{j\psi_u}$，其有效值相量形式为 $\dot{U} = U e^{j\psi_u}$。

为了与一般的复数相区别,用来表示正弦量的复数用大写字母上加"·"表示。

由此可见,正弦量与表示正弦量的相量是一一对应的关系,如果已知了正弦量,就可以写出与之对应的相量;反之,如果已知了相量,并且给出了正弦量的频率,同样可以写出正弦量。比如,正弦电流 $i=10\sqrt{2}\sin(314t+60°)$ A,其相量为 $\dot{I}=10\mathrm{e}^{\mathrm{j}60°}$ A。再如,已知正弦电压的频率 $f=50$ Hz,其有效值相量 $\dot{U}=220\mathrm{e}^{\mathrm{j}15°}$ V,则其正弦量为 $u=220\sqrt{2}\sin(314t+15°)$ V。

相量是一个复数,它在复平面上的图形称为相量图,画在同一个复平面上表示各正弦量的相量,其频率相同。因此,在画相量图时应注意,相同的物理量应成比例;另外还要注意各个正弦量之间的相位关系。比如,正弦电流

$$i_1=10\sqrt{2}\sin(314t+60°) \text{A}$$
$$i_2=5\sqrt{2}\sin(314t-30°) \text{A}$$

其有效值相量分别为 $\dot{I}_1=10\mathrm{e}^{\mathrm{j}60°}$ A, $\dot{I}_2=5\mathrm{e}^{-\mathrm{j}30°}$ A

两者的相位差为 $\varphi=\psi_1-\psi_2=60°-(-30°)=90°$

如图 2-7 所示。

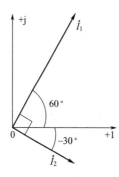

图 2-7 相量图

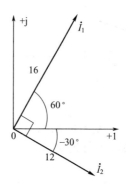

图 2-8 例 2-3 向量图

需要注意的是,正弦量是时间的函数,而相量并非时间的函数;相量可以表示正弦量,但不等于正弦量;只有同频率的正弦量才能画在同一个相量图上,不同频率的正弦量不能画在同一个相量图上,也无法用相量来进行分析计算。

【例 2-3】 试写出正弦量 $i_1=16\sqrt{2}\sin(314t+60°)$ A, $i_2=12\sqrt{2}\sin(314t-30°)$ A 的相量,并画出相量图。

解: i_1 对应的有效值相量为

$$\dot{I}_1=16\angle 60° \text{ A}$$

i_2 对应的有效值相量为

$$\dot{I}_2=12\angle -30° \text{ A}$$

相量图如图 2-8 所示。

【例 2-4】 试求上题中 $i=i_1+i_2=?$。

解: i_1 对应的有效值相量为

$$\dot{I}_1=16\angle 60°=(8+\mathrm{j}13.856) \text{A}$$

i_2 对应的有效值相量为

$$\dot{I}_2=12\angle -30°=(10.392-\mathrm{j}6) \text{A}$$

$$\dot{I} = \dot{I}_1 + \dot{I}_2 = 18.392 + j7.856 = 20 \angle 23.1° \text{ A}$$

其对应的正弦量为

$$i = i_1 + i_2 = 20\sqrt{2}\sin(314t + 23.1°)\text{A}$$

2.2 单一参数电路元件的正弦交流电路

电路是由电阻、电感、电容单个电路元件组成的，这些电路元件仅由 R、L、C 三个参数中的一个来表征其特性，故称这种电路为单一参数电路元件的交流电路。工程实际中的某些电路就可以作为单一参数电路元件的交流电路来处理；另外，复杂的交流电路也可以认为是由单一参数电路元件组合而成的，因此掌握单一参数电路元件的交流电路的分析是十分重要的。

2.2.1 电阻元件的交流电路

1) 电压与电流的关系

如图 2-9(a) 所示为仅含有电阻元件的交流电路。设在关联参考方向下，任意瞬时在电阻 R 两端施加电压为

$$u_R = \sqrt{2}U_R\sin(\omega t + \psi_u)\text{V}$$

根据欧姆定律，通过电阻 R 的电流为

$$i_R = \frac{u_R}{R} = \frac{\sqrt{2}U_R\sin(\omega t + \psi_u)}{R} = \sqrt{2}I_R\sin(\omega t + \psi_i) \tag{2-9}$$

式(2-9) 中，$\psi_u = \psi_i$，$I_{Rm} = \frac{U_{Rm}}{R}$，$I_R = \frac{U_R}{R}$。

因此，在电阻元件的交流电路中，通过电阻的电流 i_R 与其电压 u_R 是同频率、同相位的两个正弦量，其波形如图 2-10(a) 所示；且电压与电流的瞬时值、有效值、最大值之间均符合欧姆定律。

用相量的形式来分析电阻电路，其相量模型如图 2-9(b) 所示。将电阻元件的电压和电流用相量形式表示有

$$\dot{U}_R = U_R \angle \psi_u$$

$$\dot{I}_R = I_R \angle \psi_i = \frac{U_R}{R} \angle \psi_u = \frac{\dot{U}_R}{R} \tag{2-10}$$

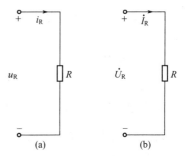

图 2-9 电阻电路

式(2-10) 是电阻电路中欧姆定律的相量形式。由此也可看出，电阻电路的电压和电流同相，其相量图如图 2-10(b) 所示。

2) 电阻元件的功率

电路任意瞬时所吸收的功率称为瞬时功率，用 p 表示。它等于该瞬时的电压与电流的乘积。因此，电阻电路所吸收的瞬时功率为

$$p = u_R i_R = \sqrt{2}U_R\sin\omega t \times \sqrt{2}I_R\sin\omega t = U_R I_R(1 - \cos2\omega t) \tag{2-11}$$

瞬时功率的单位：瓦（W）或千瓦（kW）。

由式(2-11) 可以看出，瞬时功率 p 总是大于零，说明电阻是耗能元件。

瞬时功率无实际意义，通常所说的功率是指电路在一个周期内所消耗（吸收）功率的平均值，称为平均功率或有功功率，用 P 表示。有功功率的单位：瓦（W）或千瓦（kW）。

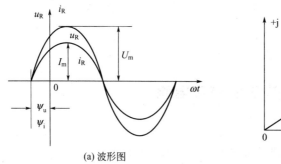
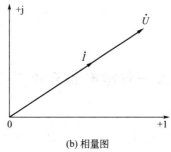

(a) 波形图　　　　　　　　　　　　(b) 相量图

图 2-10　电阻电路波形图和相量图

$$P = \frac{1}{T}\int_0^T U_R I_R (1-\cos2\omega t)\mathrm{d}t = U_R I_R = I_R^2 R = \frac{U_R^2}{R} \tag{2-12}$$

可见，电阻消耗的功率与直流电路有相似的公式，即 $P=U_R I_R=I_R^2 R=\dfrac{U_R^2}{R}$，这里 U_R 和 I_R 是正弦电压和正弦电流的有效值。

【例 2-5】　有一白炽灯，工作时的电阻为 484Ω，其端电压为 $u=311\sin(\omega t+60°)\mathrm{V}$，试求：(1) 通过白炽灯的电流相量及瞬时值表达式；(2) 白炽灯工作时的功率。

解：(1) 电压相量为

$$\dot{U}=\frac{311}{\sqrt{2}}\angle 60°\ \mathrm{V}=220\angle 60°\ \mathrm{V}$$

电流相量为

$$\dot{I}=\frac{\dot{U}}{R}=\frac{220}{484}\angle 60°\ \mathrm{A}=0.45\angle 60°\ \mathrm{A}$$

电流的瞬时值表达式

$$i=\sqrt{2}I\sin(\omega t+\psi_i)\mathrm{A}=0.45\sqrt{2}\sin(\omega t+60°)\mathrm{A}$$

(2) 平均功率

$$P=UI=220\times 0.45=100(\mathrm{W})$$

2.2.2　电感元件的交流电路

1) 正弦电压与电流的关系

如图 2-11(a) 所示为仅含有电感元件的交流电路。设任意瞬时，电压 u_L 和电流 i_L 在关联参考方向下的关系为

$$u_L = L\frac{\mathrm{d}i_L}{\mathrm{d}t}$$

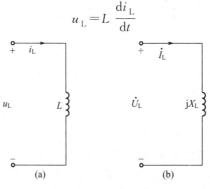

图 2-11　电感电路

如设电流为参考相量,即

$$i_L = \sqrt{2} I_L \sin\omega t \tag{2-13}$$

则有

$$u_L = L\frac{di_L}{dt} = \sqrt{2}\omega L I_L \cos\omega t = \sqrt{2}\omega L I_L \sin(\omega t + 90°)$$
$$= \sqrt{2} U_L \sin(\omega t + 90°) \tag{2-14}$$

在式(2-14)中,$U_L = \omega L I_L = X_L I_L$ 或 $U_{Lm} = \omega L I_{Lm} = X_L I_{Lm}$,其中

$$X_L = \frac{U_L}{I_L} = \omega L \tag{2-15}$$

这里 X_L 称为电感元件的电抗,简称感抗;单位为欧姆(Ω)。

由式(2-13)和式(2-14)可以看出,当正弦电流通过电感元件时,在电感上产生一个同频率的、相位超前电流90°的正弦电压,其波形图如图2-12(a)所示。

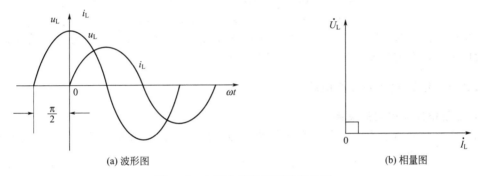

(a) 波形图　　　　　　　　　　　(b) 相量图

图 2-12　电感电路波形图和相量图

式(2-15)表明:电感元件端电压和电流的有效值之间符合欧姆定律。

下面用相量的形式来分析电感电路,其相量模型如图2-11(b)所示。由式(2-13)和式(2-14)可以写出电感元件电压和电流的相量形式分别为

$$\dot{I}_L = I_L \angle 0°$$
$$\dot{U}_L = \omega L I_L \angle 90° = jX_L \dot{I}_L \tag{2-16}$$

式(2-16)是电感电路欧姆定律的相量形式,其相量图如图2-12(b)所示。

2) 电感元件的功率

电感电路所吸收的瞬时功率为

$$p = u_L i_L = \sqrt{2} U_L \sin(\omega t + 90°) \times \sqrt{2} I_L \sin\omega t = U_L I_L \sin 2\omega t \tag{2-17}$$

由式(2-17)可以看出,电感从电源吸收的瞬时功率是幅值为 $U_L I_L$,并以 2ω 的角频率随时间变化的正弦量。其平均功率(有功功率)为

$$P = \frac{1}{T}\int_0^T U_L I_L \sin 2\omega t \, dt = 0$$

这就是说,电感不消耗功率,只与电源之间存在着能量的交换;所以,电感是一储能元件。电感与电源之间功率交换的最大值用 Q_L 表示。即

$$Q_L = U_L I_L = I_L^2 X_L = \frac{U_L^2}{X_L} \tag{2-18}$$

式(2-18)与电阻电路中的 $P = U_R I_R = I_R^2 R = \frac{U_R^2}{R}$ 在形式上是相似的,但有本质的区别。

P 是电路中消耗的功率，而 Q_L 只反映电路中能量互换的速率，称为无功功率，单位乏（var）或千乏（kvar）。

【例 2-6】 把一个 0.8H 的电感元件接到电压为 $u=220\sqrt{2}\sin(314t+60°)$ V 的电源上，试求：(1) 电感元件电流的表达式和无功功率；(2) 如果电源的频率改为 150Hz，电压有效值不变，电感元件的电流为多少？

解：(1) 电压相量为

$$\dot{U}=220\angle 60° \text{ V}$$

$$X_L=\omega L=314\times 0.8=251(\Omega)$$

电流相量为

$$\dot{I}=\frac{\dot{U}}{jX_L}=\frac{220}{j251}\angle 60°=0.876\angle -30° \text{ A}$$

$$i=0.876\sqrt{2}\sin(314t-30°)\text{A}$$

$$Q_L=UI=220\times 0.876=192.7(\text{var})$$

(2) 电感的感抗与频率成正比，当电源的频率改为 150Hz 时，感抗为原来的 3 倍，电压有效值不变，电流为原来的三分之一，即 $I=0.876/3=0.292$A。

2.2.3 电容元件的交流电路

1）正弦电压与电流的关系

如图 2-13(a) 所示为仅含有电容元件的交流电路。设任意瞬时，电压 u_C 和电流 i_C 在关联参考方向下的关系为

$$i_C=C\frac{du_C}{dt}$$

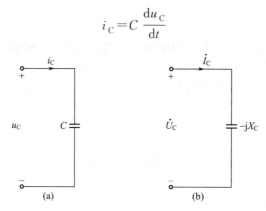

图 2-13 电容电路

如设电压为参考相量，即

$$u_C=\sqrt{2}U_C\sin\omega t \tag{2-19}$$

则有

$$i_C=C\frac{du_C}{dt}=\sqrt{2}\omega CU_C\cos\omega t=\sqrt{2}\omega CU_C\sin(\omega t+90°)$$

$$=\sqrt{2}I_C\sin(\omega t+90°) \tag{2-20}$$

式(2-20) 中，$I_C=\omega CU_C$，即 $\dfrac{U_C}{I_C}=\dfrac{1}{\omega C}=\dfrac{1}{2\pi f C}=X_C \tag{2-21}$

在式(2-21) 中，X_C 称为电容的电抗，简称容抗；单位为欧姆 (Ω)。

由式(2-19) 和式(2-20) 可以看出，当电容元件两端施加正弦电压时，在电容上产生一个同频率的、相位超前电压 90° 的正弦电流，其波形图如图 2-14(a) 所示。

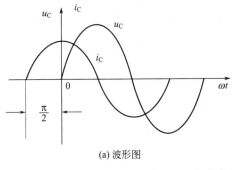
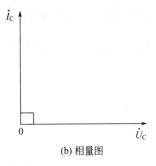

(a) 波形图　　　　　　　　　　　　(b) 相量图

图 2-14　电容电路波形图和相量图

式(2-21)表明：电容元件端电压和电流的有效值之间符合欧姆定律。

下面用相量的形式来分析电容电路，其相量模型如图 2-13(b) 所示。由式(2-19)和式(2-20)可以写出电容元件电压和电流的相量形式分别为

$$\dot{U}_C = U_C \angle 0°$$

$$\dot{I}_C = \omega C U_C \angle 90° = \frac{\dot{U}_C}{-j\frac{1}{\omega C}} = \frac{\dot{U}_C}{-jX_C} \quad \text{或} \quad \dot{U}_C = -jX_C \dot{I}_C \tag{2-22}$$

式(2-22)是电感电路欧姆定律的相量形式，其相量图如图 2-14(b) 所示。

2）电容元件的功率

电容电路所吸收的瞬时功率为

$$p = u_C i_C = \sqrt{2} U_C \sin\omega t \times \sqrt{2} I_C \sin(\omega t + 90°) = U_C I_C \sin 2\omega t$$

可见，电容从电源吸收的瞬时功率是幅值为 $U_C I_C$，并以 2ω 的角频率随时间变化的正弦量。其平均功率（有功功率）为

$$P = \frac{1}{T}\int_0^T U_C I_C \sin 2\omega t\, dt = 0$$

这就是说，电容不消耗有功功率，只与电源之间存在着能量的交换；所以，电容也是一储能元件。

与电感相似，电容与电源之间功率交换的最大值，称为无功功率，用 Q_C 表示。即

$$Q_C = U_C I_C = I_C^2 X_C = \frac{U_C^2}{X_C} \tag{2-23}$$

【例 2-7】 设有一电容器，其电容 $C = 39.8\mu F$，电阻可略去不计，将其接于 50Hz、220V 的电源上，试求：(1) 该电容的容抗 X_C；(2) 电路中的电流 I 及其与电压的相位差 φ；(3) 电容的无功功率 Q_C。

解：(1) 容抗 $X_C = \dfrac{1}{2\pi f C} = \dfrac{1}{2\pi \times 50 \times 39.8 \times 10^{-6}} = 80(\Omega)$

(2) 设电压 $\dot{U}$ 为参考向量，即

$$\dot{U} = 220 \angle 0° \text{ V}$$

$$\dot{I} = \frac{\dot{U}}{-jX_C} = \frac{220\angle 0°}{-j80} = j2.75(A)$$

即电流的有效值 $I = 2.75A$，相位超前电压 90°。

(3) 无功功率

$$Q_C = I^2 X_C = 2.75^2 \times 80 = 605(\text{var})$$

由以上讨论，可把电阻电路、电感电路、电容电路的基本性质列表比较，见表 2-1。

表 2-1 单一参数电路元件的交流电路基本性质

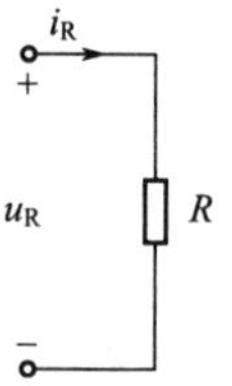

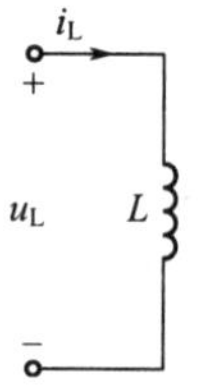

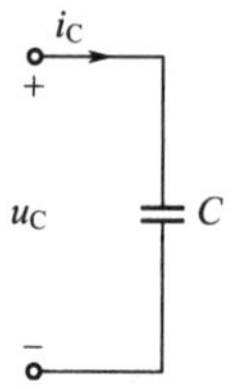

电路参数		电阻 R	电感 L	电容 C
电路模型		(图)	(图)	(图)
电压与电流的关系	瞬时值	$u = iR$	$u = L\dfrac{di}{dt}$	$i = C\dfrac{du}{dt}$
	有效值	$U = IR$	$U = X_L I$	$U = X_C I$
	相位	电压与电流同相	电压超前于电流 90°	电压滞后于电流 90°
电阻或电抗		R	$X_L = \omega L$	$X_C = \dfrac{1}{\omega C}$
用相量表示电压与电流的关系	相量模型	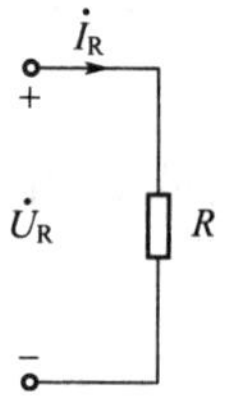 (图)	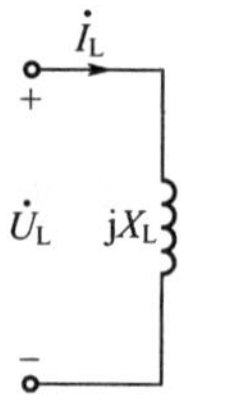 (图)	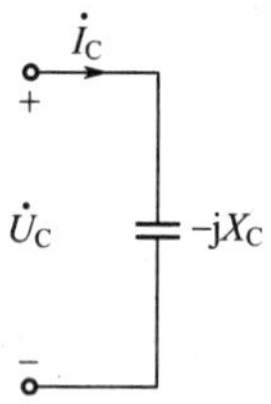 (图)
	相量关系式	$\dot{U} = R\dot{I}$	$\dot{U} = jX_L \dot{I}$	$\dot{U} = -jX_C \dot{I}$
	相量图	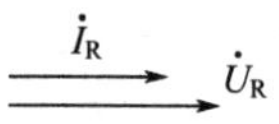 (图)	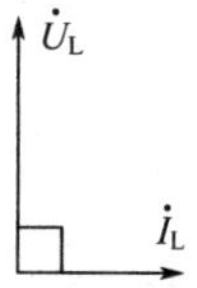 (图)	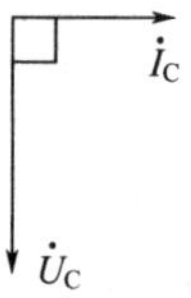 (图)
有功功率		$P = UI$	$P = 0$	$P = 0$
无功功率		$Q = 0$	$Q_L = UI = I^2 X_L$	$Q_C = UI = I^2 X_C$

2.3 RLC 串联电路

实际电路的电路模型一般都是由几种理想的电路元件组成的，因此，研究含有几个参数的电路就更具有实际意义。

2.3.1 正弦电压与电流的关系

如图 2-15(a) 所示，若以电流 i 为参考相量，即

$$i = \sqrt{2} I \sin\omega t$$

则根据基尔霍夫电压定律有

$$u = u_R + u_L + u_C$$

转换为对应的相量形式，则有

$$\dot{U} = \dot{U}_R + \dot{U}_L + \dot{U}_C \tag{2-24}$$

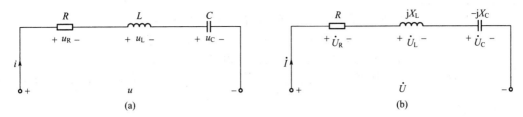

图 2-15 RLC 串联电路

其相量模型如图 2-15(b) 所示。

将 $\dot{U}_R = R\dot{I}$，$\dot{U}_L = j\omega L \dot{I}$，$\dot{U}_C = -j\dfrac{1}{\omega C}\dot{I}$ 代入式(2-24)，得

$$\dot{U} = \left[R + j\left(\omega L - \dfrac{1}{\omega C}\right)\right]\dot{I}$$

$$\dot{U} = Z\dot{I} \tag{2-25}$$

其中，
$$Z = R + j\left(\omega L - \dfrac{1}{\omega C}\right) = R + j(X_L - X_C) = R + jX = |Z|\angle\varphi \tag{2-26}$$

式(2-25)为正弦交流电路中欧姆定律的相量形式。Z 称为 RLC 串联电路的复阻抗，简称阻抗，单位为 Ω；$|Z|$ 为阻抗的模；$X = X_L - X_C$ 称为电抗，单位为 Ω；φ 称为阻抗角。图 2-15 可以用图 2-16 来替代。

由式(2-26)可知

$$|Z| = \sqrt{R^2 + X^2} = \sqrt{R^2 + \left(\omega L - \dfrac{1}{\omega C}\right)^2} \tag{2-27}$$

$$\varphi = \arctan\dfrac{X}{R} = \arctan\dfrac{\omega L - \dfrac{1}{\omega C}}{R} \tag{2-28}$$

由式(2-25)还可以得出

$$Z = \dfrac{\dot{U}}{\dot{I}} = \dfrac{U\angle\psi_u}{I\angle\psi_i} = |Z|\angle\psi_u - \psi_i = |Z|\angle\varphi \tag{2-29}$$

可见，阻抗角 $\varphi = \psi_u - \psi_i$ 也是电压和电流的相位差角。由式(2-26)可以看出，复阻抗的实部是电阻 R、虚部是电抗 X。这里要注意的是：复阻抗虽然是复数，但它不是时间的函数，所以不是相量，因此 Z 的上面没有 "·"。

$|Z|$、R、X 可以用一个直角三角形的三个边之间的关系来描述，称为阻抗三角形，如图 2-17 所示。

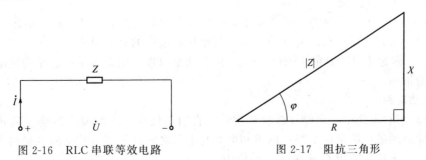

图 2-16 RLC 串联等效电路   图 2-17 阻抗三角形

由式(2-27)和式(2-28)可以看出，复阻抗 Z 仅由电路的参数及电源的频率决定，与电

压、电流的大小无关。

若 $X_L > X_C$，则 $X > 0$，$\varphi > 0$，电压超前电流，电路呈电感性。

若 $X_L < X_C$，则 $X < 0$，$\varphi < 0$，电压滞后电流，电路呈电容性。

若 $X_L = X_C$，则 $X = 0$，$\varphi = 0$，电压与电流同相位，电路呈电阻性。

单一的电阻、电感、电容可以视为复阻抗的特例，它们的复阻抗分别为 $Z = R$，$Z = j\omega L$，$Z = -j\dfrac{1}{\omega C}$。

【例 2-8】 在 RLC 串联电路中，已知 $R = 30\Omega$，$L = 95.5\text{mH}$，$C = 53.1\mu\text{F}$，电压源电压 $u = 220\sqrt{2}\sin(314t + 30°)\text{V}$，试求：该串联电路的阻抗 Z 及电路中的电流 i。

解：
$$X_L = \omega L = 30\Omega, \quad X_C = \frac{1}{\omega C} = 60\Omega$$

$$Z = R + j(X_L - X_C) = 30 + j(30 - 60) = (30 - j30)\Omega = 42.42 \angle{-45°}\ \Omega$$

$$\dot{I} = \frac{\dot{U}}{Z} = \frac{220\angle 30°}{42.42\angle{-45°}} = 5.2\angle 75°\ (\text{A})$$

$$i = 5.2\sqrt{2}\sin(314t + 75°)\text{A}$$

【例 2-9】 已知一线圈的电阻 $R = 30\Omega$，电感 $L = 127\text{mH}$，通过线圈的电流为 $i = 5\sqrt{2}\sin(314t + 7.9°)\text{A}$，试求：线圈两端的电压有效值 U 及 u 与 i 之间的相位差 φ。

解： 线圈的电抗 $\quad X_L = \omega L = 40\Omega$

线圈的复阻抗 $\quad Z = R + j\omega L = 30 + j40 = 50\angle 53.1°\ (\Omega)$

电压有效值 $\quad U = I|Z| = 5 \times 50 = 250(\text{V})$

u 与 i 之间的相位差 $\varphi = 53.1°$

2.3.2 RLC 串联电路的功率

1）瞬时功率和有功功率

如图 2-15 所示为 RLC 串联电路，端口电压 u 和端口电流 i 的参考方向如图中所示。

设 $\quad i = \sqrt{2}I\sin(\omega t + \psi_i)$，$u = \sqrt{2}U\sin(\omega t + \psi_u)$

则瞬时功率为

$$p = ui = \sqrt{2}U\sin(\omega t + \psi_u) \times \sqrt{2}I\sin(\omega t + \psi_i)$$
$$= UI\cos(\psi_u - \psi_i) - UI\cos(2\omega t + \psi_u + \psi_i)$$

瞬时功率在一个周期内的平均值为有功功率，其表达式为

$$P = \frac{1}{T}\int_0^T p\,dt = \frac{1}{T}\int_0^T [UI\cos(\psi_u - \psi_i) - UI\cos(2\omega t + \psi_u + \psi_i)]dt$$
$$= UI\cos(\psi_u - \psi_i) = UI\cos\varphi \tag{2-30}$$

式(2-30) 中，U、I 分别是正弦交流电路中电压和电流的有效值，φ 为电压与电流的相位差。可见，正弦交流电路的有功功率不仅与电压和电流的有效值有关，还与它们的相位差 φ 有关。φ 又称为功率因数角，因此，$\cos\varphi$ 称为功率因数，用 λ 表示；它是交流电路中一个非常重要的指标。

2）无功功率

在 RLC 串联电路中，要储存或释放能量，它们不仅相互之间要进行能量的转换，而且还要与电源之间进行能量的交换；电感和电容与电源之间进行能量的交换规模的大小用无功功率来衡量。无功功率用 Q 来表示。其值为

$$Q = UI\sin\varphi \tag{2-31}$$

由于电感元件的电压超前电流 90°，电容元件的电压滞后电流 90°，因此，感性无功功率与容性无功功率之间可以相互补偿，即

$$Q = Q_L - Q_C \tag{2-32}$$

3）视在功率

在交流电路中，电气设备是根据其发热情况（电流的大小）的耐压（电压的最大值）来设计使用的，通常将电压和电流有效值的乘积定义为视在功率（设备的容量），用 S 表示，单位为伏安（V·A）。其表达式

$$S = UI = |Z|I^2 \tag{2-33}$$

4）功率三角形

由式(2-30)～式(2-33)可以看出 $S = UI = \sqrt{P^2 + Q^2}$，因此，可以用直角三角形来表示有功功率 P、无功功率 Q、视在功率 S 之间的关系，如图 2-18 所示，称其为功率三角形。由图 2-18 得

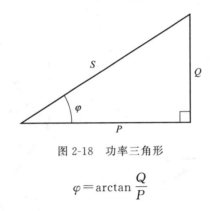

图 2-18 功率三角形

$$\varphi = \arctan \frac{Q}{P}$$

2.4 阻抗的串联和并联

2.4.1 阻抗的串联

如图 2-19 所示电路为阻抗的串联

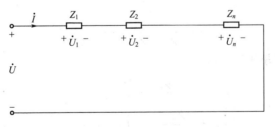

图 2-19 复阻抗的串联

$$\begin{aligned} Z &= Z_1 + Z_2 + \cdots + Z_n \\ &= (R_1 + jX_1) + (R_2 + jX_2) + \cdots + (R_n + jX_n) \\ &= (R_1 + R_2 + \cdots + R_n) + j(X_1 + X_2 + \cdots + X_n) \\ &= R + jX = |Z| \underline{/\varphi} \end{aligned}$$

上式中，R 称为串联电路的等效电阻，它等于各串联电阻的和；X 称为串联电路的等效电抗，它等于各串联电抗的代数和（感抗取正值，容抗取负值）。当电路中有两个阻抗相

串联时,分压公式为
$$\dot{U}_1 = \frac{Z_1}{Z_1+Z_2}\dot{U},\quad \dot{U}_2 = \frac{Z_2}{Z_1+Z_2}\dot{U}$$

注意：一般情况下 $U \neq U_1 + U_2 + \cdots + U_n$，$|Z| \neq |Z|_1 + |Z|_2 + \cdots + |Z|_n$。

【**例 2-10**】 如图 2-20(a) 所示电路中，阻抗 $Z_1 = (3+j4)\Omega$，阻抗 $Z_2 = (3-j4)\Omega$，外加电压 $\dot{U} = 60\angle 0°$ V，试求各支路的电流 $\dot{I}$、$\dot{U}_1$、$\dot{U}_2$，并画出相量图。

解：
$$\dot{I} = \frac{\dot{U}}{Z_1+Z_2} = \frac{60\angle 0°}{6} = 10\angle 0°\ (A)$$
$$\dot{U}_1 = \dot{I}Z_1 = 10\angle 0°(3+j4) = 50\angle 53.1°\ (V)$$
$$\dot{U}_2 = \dot{I}Z_2 = 10\angle 0°(3-j4) = 50\angle -53.1°\ (V)$$

画出相量图如图 2-20(b) 所示。

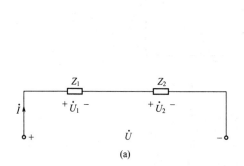

图 2-20 例 2-10 图

2.4.2 阻抗的并联

如图 2-21 所示为若干个阻抗的并联电路，它的等效阻抗 Z 的倒数等于各并联阻抗的倒数和，即
$$\frac{1}{Z} = \frac{1}{Z_1} + \frac{1}{Z_2} + \cdots + \frac{1}{Z_n}$$

当只有两个复阻抗并联时，则
$$Z = \frac{Z_1 Z_2}{Z_1 + Z_2}$$

分流公式为
$$\dot{I}_1 = \frac{Z_2}{Z_1+Z_2}\dot{I},\quad \dot{I}_2 = \frac{Z_1}{Z_1+Z_2}\dot{I}$$

注意：一般情况下 $I \neq I_1 + I_2 + \cdots + I_n$，$\frac{1}{|Z|} \neq \frac{1}{|Z_1|} + \frac{1}{|Z_2|} + \cdots + \frac{1}{|Z_n|}$

【**例 2-11**】 如图 2-22(a) 所示电路中，阻抗 $Z_1 = (3+j4)\Omega$，阻抗 $Z_2 = (8-j6)\Omega$，外加电压 $\dot{U} = 220\angle 0°$ V，试求各支路的电流 $\dot{I}_1$、$\dot{I}_2$、$\dot{I}$，并画出相量图。

解： $Z_1 = (3+j4)\Omega = 5\angle 53.1°\ \Omega$ \quad $Z_2 = (8-j6)\Omega = 10\angle -36.9°\ \Omega$

总复阻抗为 $Z = \dfrac{Z_1 Z_2}{Z_1+Z_2} = 4.47\angle 26.4°\ \Omega$

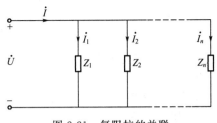

图 2-21 复阻抗的并联

所以
$$\dot{I}_1 = \frac{\dot{U}}{Z_1} = \frac{220 \angle 0°}{5 \angle 53.1°} = 44 \angle -53.1° \text{(A)}$$

$$\dot{I}_2 = \frac{\dot{U}}{Z_2} = \frac{220 \angle 0°}{10 \angle -36.9°} = 22 \angle 36.9° \text{(A)}$$

$$\dot{I} = \frac{\dot{U}}{Z} = \frac{220 \angle 0°}{4.47 \angle 26.4°} = 49.2 \angle -26.4° \text{(A)}$$

相量图如图 2-22(b) 所示。

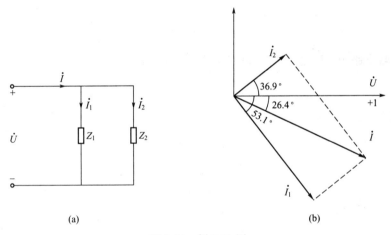

图 2-22 例 2-11 图

2.5 正弦交流电路的分析

通过以上分析，已推导出正弦交流电路中欧姆定律的相量形式，同样，还可以推导出基尔霍夫定律的相量形式。这样一来，直流电路中由欧姆定律和基尔霍夫定律所推导出的结论、分析方法和定理，都可以扩展到交流电路中。在扩展中，直流电路中的各物理量在交流电路中用相量的形式来代替；直流电路中的电阻 R 用复阻抗 Z 来代替。

2.5.1 基尔霍夫定律的相量形式

根据基尔霍夫电流定律，在电路中任意节点，任何时刻都有
$$i_1 + i_2 + \cdots + i_n = 0$$

即
$$\sum i_K = 0 \quad (K = 1 \cdots n)$$

若这些电流都是同频率的正弦量，则可以用相量形式表示为

$$\dot{I}_1 + \dot{I}_2 + \cdots + \dot{I}_n = 0$$

$$\sum \dot{I}_K = 0 \tag{2-34}$$

式(2-34)为基尔霍夫电流定律在正弦交流电路中的相量形式,它与直流电路中的基尔霍夫电流定律 $\sum I_K = 0$ 在形式上相似。

基尔霍夫电压定律对电路中任意回路任一瞬时都是成立的,即 $\sum u_K = 0$。同样,这些电压 u_K 都是同频率的正弦量,可以用相量形式表示为

$$\sum \dot{U}_K = 0 \tag{2-35}$$

式(2-35)为基尔霍夫电压定律在正弦交流电路中的相量形式,它与直流电路中的基尔霍夫电压定律 $\sum U_K = 0$ 在形式上相似。

2.5.2 正弦交流电路的分析

【例 2-12】 如图 2-23(a)所示电路中,$\dot{U}$ 与 $\dot{I}$ 同相位,已知 A_1 与 A_2 表的读数分别为 10A 和 6A,试问 A 表的读数是多少?

解:由于并联电路中各支路的电压相同,所以选端电压为参考相量,做出相量图 2-23(b)。设

$$\dot{U} = U \angle 0°$$

在 RL 串联支路中,$\dot{U}$ 超前 $\dot{I}_1$,设其相位差为 φ,即

$$\dot{I} = 10 \angle -\varphi \text{ A}$$

电容支路 $\dot{U}$ 滞后 $\dot{I}_2$ 90°,即

$$\dot{I}_2 = 60 \angle 90° \text{ A}$$

由图 2-23(b)得

$$\dot{I} = 8 \angle 0° \text{ A}$$

所以,A 表的读数是 8A。

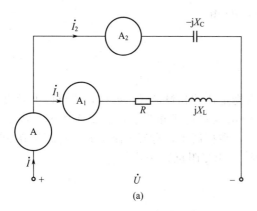

图 2-23 例 2-12 图

【例 2-13】 在如图 2-24 所示电路中,已知 $R = 3\Omega$,$X_L = 4\Omega$,$X_C = 3\Omega$,$\dot{I} = 3e^{j60°}$ A,试求:该电路的等效阻抗及各支路的电流。

解:设等效阻抗为 Z,则有

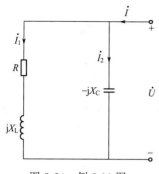
图 2-24 例 2-13 图

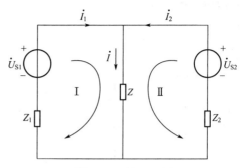
图 2-25 例 2-14 图

$$\frac{1}{Z} = \frac{1}{-jX_C} + \frac{1}{R+jX_L}$$

$$Z = \frac{(-jX_C)(R+jX_L)}{-jX_C+R+jX_L} = 4.74\angle{-55.3°}\ \Omega$$

$$\dot{U} = \dot{I}Z = 14.22\angle{4.7°}\ \text{V}$$

$$\dot{I}_1 = \frac{\dot{U}}{R+jX_L} = 2.84\angle{-48.4°}\ \text{A}$$

$$\dot{I}_2 = \frac{\dot{U}}{-jX_C} = 4.74\angle{94.7°}\ \text{A}$$

【例 2-14】 如图 2-25 所示，两电源 $\dot{U}_{S1} = 220\text{e}^{0°}$ V，$\dot{U}_{S2} = 220\text{e}^{30°}$ V，内阻抗 $Z_1 = Z_2 = (2+j2)\Omega$，负载阻抗 $Z = (10+j10)\Omega$，试求负载电流 $\dot{I}$。

解：（1）用支路电流法求解

各支路电流的参考方向如图 2-25 所示。

由 KCL 定律得 $\qquad \dot{I}_1 + \dot{I}_2 = \dot{I}$

由 KVL 定律得 $\qquad \dot{I}_1 Z_1 + \dot{I}Z = \dot{U}_{S1}$

$$\dot{I}_2 Z_2 + \dot{I}Z = \dot{U}_{S2}$$

联立以上三个方程，解得

$$\dot{I} = 13.7\angle{-30°}\ \text{A}$$

（2）用叠加定理求解

图 2-26 所示电路中，（a）可视为是（b）和（c）的叠加，负载电流 $\dot{I} = \dot{I}^{(1)} + \dot{I}^{(2)}$。

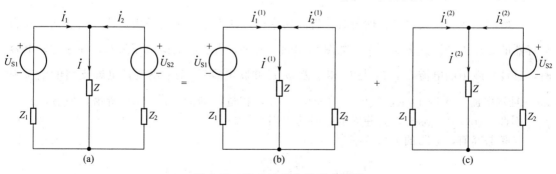

图 2-26 例 2-14 叠加定理求解图

（3）用戴维南定理求解

由图 2-27(a)可求网络的开路电压$\dot{U}_{OC}$，由图 2-27(b)可求出等效电阻Z_{eq}，再由图 2-27(c)求出负载电流$\dot{I}$。

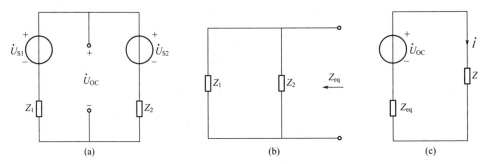

图 2-27 例 2-14 戴维南定理求解图

以上三种方法求解的结果完全相同。

2.6 功率因数的提高

功率因数$\lambda = \cos\varphi$，取值在 0 和 1 之间。在电力系统中由于有大量的感性负载，所以线路中的功率因数一般都不高，需要提高功率因数。

2.6.1 提高功率因数的意义

1）提高电源设备的利用率

交流电源设备，比如发电机、变压器，都是根据额定电压U_N和额定电流I_N来进行设计、制造和使用的。它能够供给负载的有功功率为$P = U_N I_N \cos\varphi$。当U_N、I_N值一定时，若$\cos\varphi$低，则电源能够供给负载的有功功率P也很低，电源的容量就没有得到充分的利用。因此，提高功率因数，可以提高电源设备的利用率。

2）降低线路损耗和线路压降

输电线上的功率损耗为$P_1 = I^2 R_1$（R_1为线路电阻），线路电压为$U_1 = IR_1$，而线路电流$I = \dfrac{P}{U\cos\varphi}$。可见，当电源电压$U$及输出有功功率$P$一定时，提高$\cos\varphi$，可以使线路电流减小，从而降低了传输线上的损耗，提高了传输效率。同时，线路上的压降减小，使负载的端电压变化减小，提高了供电的质量。

2.6.2 提高功率因数的方法

一般的企业中，大多是感性负载，提高功率因数的方法，主要采用在感性负载两端并联电容器的方法去补偿其无功功率。如图 2-28(a)所示，设负载的端电压为$\dot{U}$，在未并联电容时，感性负载中的电流$\dot{I}_1$，$\dot{I}_1$与$\dot{U}$相位差φ_1；并联电容后，$\dot{I}_1$不变，电容支路的电流为$\dot{I}_C$，且端电流$\dot{I} = \dot{I}_1 + \dot{I}_C$，$\dot{I}$与$\dot{U}$的相位差$\varphi_2$，相量图如图 2-28（b）所示。显然，$\varphi_2 < \varphi_1$，因此，$\cos\varphi_2 > \cos\varphi_1$，故并联电容后功率因数提高了。

并联电容前，电路的无功功率为

$$Q = UI_1 \sin\varphi_1 = UI_1 \frac{\sin\varphi_1 \cos\varphi_1}{\cos\varphi_1} = P\tan\varphi_1$$

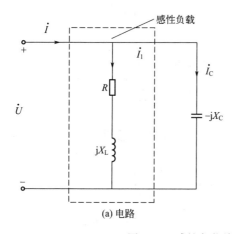
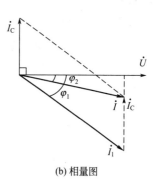

(a) 电路　　　　　　　　　　　　(b) 相量图

图 2-28　感性负载并联电容提高功率因数

并联电容后电路的无功功率为
$$Q' = UI\sin\varphi_2 = P\tan\varphi_2$$
因此，电容需要补偿的功率为
$$Q_C = Q - Q' = P(\tan\varphi_1 - \tan\varphi_2)$$
又因为
$$Q_C = I_C^2 X_C = \frac{U^2}{X_C} = \omega C U^2$$
所以补偿的电容量为
$$C = \frac{Q_C}{\omega U^2} = \frac{P}{2\pi f U^2}(\tan\varphi_1 - \tan\varphi_2) \tag{2-36}$$

式(2-36)中，P 是负载所吸收的功率，U 是负载的端电压有效值，φ_1 和 φ_2 分别是并联电容前和并联电容后的功率因数角。

【例 2-15】　有一感性负载，其有功功率 $P = 10\text{kW}$，将其接到 220V、50Hz 的交流电源上，功率因数为 0.5，今欲并联一电容，将其功率因数提高到 0.9，试问：所需补偿的无功功率 Q_C 及电容量 C 为多少？

解： 未并联电容时，功率因数为 0.5，即
$$\cos\varphi_1 = 0.5，\varphi_1 = 60°$$
由功率三角形，电路的无功功率为 $Q_1 = P\tan\varphi_1 = 17.31\text{kvar}$
并联电容后，功率因数为 0.9，即 $\cos\varphi_2 = 0.9，\varphi_2 = 25.8°，\tan\varphi_2 = 0.483$
$$Q_2 = P\tan\varphi_2 = 4.83\text{kvar}$$
所需补偿的无功功率为 $Q_C = Q_1 - Q_2 = 12.48\text{kvar}$
由于 $Q_C = \dfrac{U^2}{X_C} = 2\pi f C U^2$，因此所需并联的电容量为
$$C = \frac{Q_C}{2\pi f U^2} = 821\mu\text{F}$$

2.7　电路中的谐振

谐振是电路中发生的一种特殊现象。在 R、L、C 组成的电路中，当端口的电压和电流同相时，电路呈电阻性质，这时电路就处于谐振状态。发生在串联电路中的谐振称为串联谐振，发生在并联电路中的谐振称为并联谐振。

2.7.1 串联谐振

1) 串联谐振

如图 2-29(a) 所示，R、L、C 串联电路的复阻抗为

$$Z = R + j(X_L - X_C) = R + j\left(\omega L - \frac{1}{\omega C}\right)$$

$$|Z| = \sqrt{R^2 + (X_L - X_C)^2} = \sqrt{R^2 + \left(\omega L - \frac{1}{\omega C}\right)^2} \tag{2-37}$$

$$\varphi = \arctan\frac{X_L - X_C}{R} = \arctan\frac{\omega L - \dfrac{1}{\omega C}}{R} \tag{2-38}$$

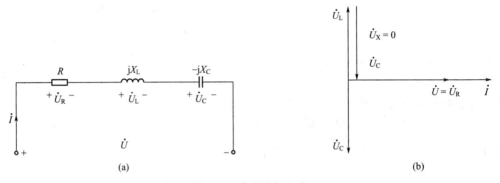

图 2-29 串联谐振电路

当电路发生谐振时，端口电压和端口电流同相位，如图 2-29(b) 所示，电路呈阻性，即 $\varphi = 0$，由式(2-38) 有

$$X_L = X_C \quad \text{或} \quad \omega L = \frac{1}{\omega C} \tag{2-39}$$

由式(2-39) 可以看出，调整 ω、L 和 C 三个数值中的任意一个均可满足上式成立，从而使电路发生谐振。当电路发生谐振时的角频率用 ω_0 表示，称为谐振角频率，则有

$$\omega_0 = \frac{1}{\sqrt{LC}} \quad \text{或} \quad f_0 = \frac{1}{2\pi\sqrt{LC}} \tag{2-40}$$

f_0 称为谐振频率。

2) 串联谐振电路的特征

(1) 由式(2-37) 可知，当电路发生串联谐振时，$|Z| = R$，这时的 $|Z|$ 具有最小值。因此，当电压一定时电流值最大，$I_0 = \dfrac{U}{R}$，I_0 称为串联谐振电流。

(2) 由图 2-29(b) 可知，$\dot{U}_L = -\dot{U}_C$，即电感上的电压与电容上的电压大小相等，方向相反，互相抵消。如果 $X_L = X_C \gg R$，则有 $U_L = U_C \gg U$，即电感或电容上的电压远远的大于电路两端的电压，这种现象称为过压现象，往往会造成元件的损坏。通常将串联谐振电路中 U_L 或 U_C 与 U 的比值称为品质因数，用 Q 来表示，即

$$Q = \frac{U_L}{U} = \frac{U_C}{U} = \frac{\omega_0 L}{R} = \frac{1}{\omega_0 RC} = \frac{1}{R}\sqrt{\frac{L}{C}} \tag{2-41}$$

2.7.2 并联谐振

1) 并联谐振

谐振也可以发生在并联电路中,如图2-30(a)所示,电阻R和电感L串联表示实际线圈,与电容C并联组成并联谐振电路。

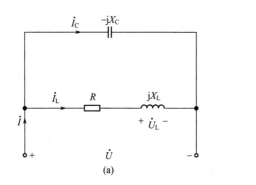
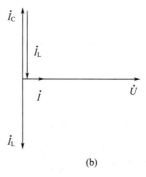

图 2-30 并联谐振电路

电感支路的电流为

$$\dot{I}_L = \frac{\dot{U}}{R+jX_L} = \frac{\dot{U}}{R+j\omega L}$$

电容支路的电流为

$$\dot{I}_C = \frac{\dot{U}}{-jX_C} = j\omega C\dot{U}$$

总电流

$$\dot{I} = \dot{I}_L + \dot{I}_C = \frac{\dot{U}}{R+j\omega L} + j\omega C\dot{U}$$

$$= \left[\frac{R-j\omega L}{R^2+(\omega L)^2} + j\omega C\right]\dot{U}$$

$$= \left[\frac{R}{R^2+(\omega L)^2} + j\left(\omega C - \frac{\omega L}{R^2+(\omega L)^2}\right)\right]\dot{U} \qquad (2\text{-}42)$$

当发生谐振时,$\dot{I}$与$\dot{U}$同相位,如图2-30(b)所示,式(2-42)中虚部为零,即

$$\omega C = \frac{\omega L}{R^2+(\omega L)^2}$$

一般情况下,R很小,尤其在频率较高时,$\omega L \gg R$,因此有

$$\omega C = \frac{1}{\omega L}$$

所以,谐振角频率为

$$\omega_0 = \frac{1}{\sqrt{LC}}$$

谐振频率为

$$f_0 = \frac{1}{2\pi\sqrt{LC}}$$

2）并联谐振电路的特征

（1）并联电路发生谐振时电压和电流同相，如图 2-30（b）所示，电路呈电阻性，因此式（2-35）中的虚部为零，电流最小，阻抗最大。所以有谐振时的电流

$$\dot{I}_0 = \frac{R}{R^2+(\omega L)^2}\dot{U} = \frac{\dot{U}}{\frac{R^2+(\omega L)^2}{R}} = \frac{\dot{U}}{Z}$$

式中

$$Z = \frac{R^2+(\omega_0 L)^2}{R} \approx \frac{(\omega_0 L)^2}{R} = \frac{L}{RC}$$

所以

$$\dot{I}_0 = \frac{\dot{U}}{\frac{L}{RC}}$$

（2）谐振时，由于电路呈阻性，电感电流 $\dot{I}_L$ 和电容电流 $\dot{I}_C$ 几乎大小相等，相位相反，总电流很小，因此，电感或电容的电流大小有可能远远超过总电流，电感或电容的电流与总电流的比值称为品质因数，用 Q 来表示，其值为

$$Q = \frac{I_L}{I_0} = \frac{\omega_0 L}{R} \tag{2-43}$$

在无线电系统中，谐振的应用是比较广泛的，但在电力工程中，又要避免谐振给电气设备带来的危害。

2.8 应用举例

通常，为节约用电起见，楼房及家庭的楼梯、过道和厨房等处不需要照明很亮，仅需安上一盏小瓦数灯泡就行了，但这种灯泡市场供应较少。这里介绍一种电容节电灯，可使大瓦数灯泡变成小瓦数，还能延长灯泡的使用寿命，并且对供电线路功率因数的改善有好处。

图 2-31 所示为电容降压的节能灯电路。其工作原理是利用电容器作为降压元件串联在灯泡回路中，降低灯泡工作电压，达到使灯泡功率变小的目的。

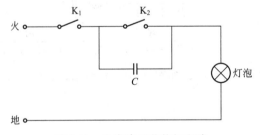

图 2-31 电容降压节能灯电路

实验项目三 交流参数的测定

1）实验目的
① 学会交流功率表的使用方法。
② 掌握用交流电压表、交流电流表和功率表测量交流参数的方法。

2）实验原理
交流电路中常用的实际无源元件有电阻器、电感器（互感器）和电容器。在工频情况

下，常需要测定电阻器的电阻参数、电容器的电容参数和电感器的电阻参数和电感参数。

(1) 测量交流电路元件参数的方法。主要分为两类。一类是应用电压表、电流表和功率表等测量有关的电压、电流和功率，根据测得的电路量计算出待测电路参数，属于仪表间接测量法。另一类是应用专用仪表和各种类型的电桥直接测量电阻、电感和电容等。本实验采用仪表间接测量法。

三表（电压表、电流表和功率表）法是间接测量交流参数方法中最常见的一种。由电路理论可知，一端口网络的端口电压 U、端口电流 I 及其有功功率 P 有以下关系

$$|Z| = \frac{U}{I}$$

$$R = \frac{P}{I^2} = |Z|\cos\varphi$$

$$X = \pm\sqrt{|Z|^2 - R^2} = |Z|\sin\varphi$$

$$X = X_L = 2\pi f L$$

$$X = X_C = \frac{1}{2\pi f C}$$

$$\cos\varphi = \frac{P}{UI}$$

三表法测定交流参数的电路如图 2-32 所示。当被测元件分别是电阻器、电感器和电容器时，根据三表测得的元件电压、电流和功率，应用以上有关的公式，即可算得对应的电阻参数、电感参数和电容参数。

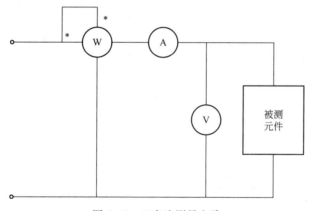

图 2-32 三表法测量电路

(2) 功率表的结构、接线与使用。功率表（又称为瓦特表）是一种动圈式仪表，其电流线圈与负载串联，其电压线圈与负载并联，电压线圈与电流线圈的同名端相连，图 2-33 是

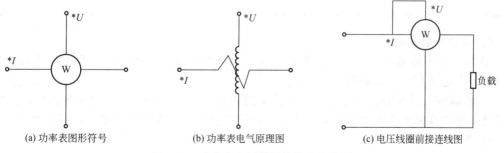

(a) 功率表图形符号　　　(b) 功率表电气原理图　　　(c) 电压线圈前接连线图

图 2-33 功率表电压线圈前接法连线图

功率表电压线圈前接法的外部连接线路。

3）实验用仪器与设备

实验设备见表2-2。

表2-2 交流参数测定实验设备

序号	名称	型号与规格	数量
1	自耦调压器	0～450V 可调	1
2	交流电压表		1
3	交流电流表	0～3A	1
4	功率表		1
5	电容	2.2μF	1

4）实验内容

① 按图2-34连线，图中L为30W日光灯镇流器，C为2.2μF/450V高压电容，连好后，经指导教师检查后送电。

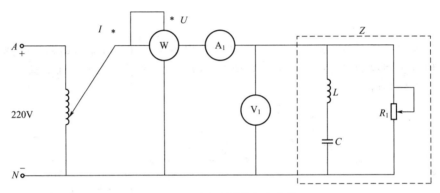

图2-34 三表法测量交流参数

② 调自耦测试，将$U=130V$、140V、150V下的电压U、电流I和功率P，填入表2-3。

表2-3 交流参数测定实验数据表格

测量值			计算值						
U/V	I/mA	P/W	$\|z\|/\Omega$	R/Ω	L/mH	C/μF	Q/var	I_x/mA	cosφ
130									
140									
150									

5）实验注意事项

① 功率表不能单独使用，一定要有电压表和电流表监测，使电压表和电流表的读数不超过功率表电压和电流的量限。

② 自耦调压器在接通电源前，应将其手柄置在零位上，调节时，使其输出电压从零逐渐升高。每次改接实验负载或实验完毕，都必须先将其旋柄慢慢调回零位，再断电源。

6）思考题

在工频电路中，测得一铁芯线圈的P、U、I，如何求得它的阻值及电感？

7) 实验报告要求
① 回答思考题。
② 进行实验数据处理。

实验项目四　感性负载功率因数的提高

1) **实验目的**
① 了解提高功率因数在工程上的意义。
② 掌握提高感性负载功率因数的方法。
③ 进一步熟悉功率表的使用方法。

2) **实验原理**
在感性负载两端并联电容器后并不改变原负载的工作状况，但却通过容性电流对感性电流的补偿，提高了功率因数，降低了对电源输出电流的要求，可增加一定容量电源的带载能力。

3) **实验用仪器与设备**
实验设备见表2-4。

表 2-4　感性负载功率因数的提高实验设备

序号	名称	型号与规格	数量
1	自耦调压器	0～450V 可调	1
2	交流电压表		1
3	交流电流表	0～3A	1
4	功率表		1
5	日光灯	30W	1
6	电容	2.2μF、4.4μF、6.5μF	3

4) **实验方法与步骤**
① 按图 2-35 连线日光灯电路，经教师检查后方可送电。

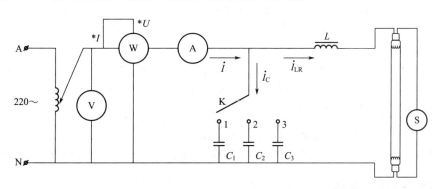

图 2-35　提高功率因数电路

② 调节自耦变压器，使输出电压 U_1 慢慢增大，直到日光灯启辉点亮为止，记下 U、P、I 等值填入表 2-5 后，调至 U_1 为 220V 时，再重测上值填入表 2-5。

5) **实验注意事项**
功率表正确接入电路。

表 2-5 感性负载功率因数的提高实验数据

	测量数值						计算值		
	P/W	I/A	U_1/V	$U_{R'}$	U_L	$\cos\varphi$	$R=R_L+R'$	P'_L	$P_{灯}$	L
日光灯启辉值										
正常工作时 $U_1=220V$										
K 放在 1				—	—		—			—
K 放在 2				—	—					
K 放在 3				—	—					

6)思考题

① 为了提高电路的功率因数，常在感性负载上并联电容器，此时增加了一条电流支路，试问电路的总电流是增大还是减小，此时感性元件上的电流和功率是否改变？

② 提高感性负载功率因数为什么只采用并联电容器法，而不用串联法？

7)实验报告要求

① 回答思考题。

② 进行实验数据处理。

本章小结

本章介绍了正弦交流电的基本概念、单一参数电路元件的交流电路、正弦交流电路的一般分析方法、功率因数提高的意义和方法、电路的谐振及应用举例。

主要内容为：

1. 正弦交流电的基本概念

随时间按正弦规律周期性变化的电压和电流统称为正弦电量，或称为正弦交流电。在正弦交流电路中，如果已知了正弦量的三要素，即最大值（有效值）、角频率（频率）和初相，就可以写出它的瞬时值表达式，也可以画出它的波形图。

正弦量可以用相量来表示。正弦量与相量之间是一一对应的关系，而不是相等的关系。在正弦交流电路中，正弦量的运算可以转换成对应的相量进行运算，在相量运算时，还可以借助相量图进行辅助分析，使计算更加简化。

2. 单一参数电路元件的交流电路

单一参数电路元件的交流电路是理想化（模型化）的电路。其中电阻 R 是耗能元件，电感 L 和电容 C 是储能元件，实际电路可以由这些元件和电源的不同组合构成。

单一参数电路欧姆定律的相量形式是

$$\dot{U}_R = \dot{I}_R R \qquad \dot{U}_L = jX_L \dot{I}_L \qquad \dot{U}_C = -jX_C \dot{I}_C$$

它们反映了电压与电流的量值关系和相位关系，其中 $X_L = \omega L$ 为电感元件的感抗，$X_C = \dfrac{1}{\omega C}$ 为电容元件的容抗。

3. 正弦交流电路的一般分析方法

基尔霍夫电流定律的相量形式为 $\sum \dot{I}_K = 0$

基尔霍夫电压定律的相量形式为 $\sum \dot{U}_K = 0$

任何一个无源二端网络都可以等效成一个阻抗，即

$$Z = \frac{\dot{U}}{\dot{I}} = \frac{U\angle\varphi_u}{I\angle\varphi_i} = |Z|\angle\varphi_u - \varphi_i = |Z|\angle\varphi$$

4. 正弦交流电路的功率

有功功率 $P = UI\cos\varphi$ 无功功率 $Q = UI\sin\varphi$

视在功率 $S = UI$ 功率因数 $\lambda = \cos\varphi$

有功功率、无功功率和视在功率三者之间的关系为 $S = \sqrt{P^2 + Q^2}$。

5. 功率因数的提高

提高功率因数的方法，主要采用在感性负载两端并联电容器的方法对无功功率进行补偿。

6. 电路的谐振

谐振是正弦交流电路的特殊现象，谐振时电路中的电压与电流同相，电路呈阻性；其实质是电路中的电感与电容的无功功率实现完全的相互补偿。

习题 2

2-1 试写出下列正弦量的相量形式，并画出相量图。

(1) $u_1 = 220\sqrt{2}\cos(\omega t + 30°)$ V

(2) $u_2 = 110\sqrt{2}\cos(\omega t + 60°)$ V

2-2 已知正弦量的频率 $f = 50$ Hz，试写出下列相量所对应的正弦量瞬时表达式。

(1) $\dot{I}_m = 10\angle 30°$ A

(2) $\dot{I} = 5e^{j45°}$ A

2-3 正弦量 $i_1 = 10\sqrt{2}\cos(\omega t + 60°)$ A，$u_2 = 110\sin(\omega t - 30°)$ V。试求它们的有效值、初相位以及相位差，并画出 i_1 和 u_2 的波形图。

2-4 在串联电路中，下列几种情况下，电路中的 R 和 X 各为多少？指出电路的性质及电压与电流的相位差。

(1) $Z = (8 + j6)\Omega$

(2) $Z = (3 - j4)\Omega$

(3) $\dot{U} = 50\angle 30°$ V, $\dot{I} = 2\angle 30°$ A

(4) $\dot{U} = 150\angle -30°$ V, $\dot{I} = 2\angle 15°$ A

2-5 将一个线圈接到 10V 直流电源时，通过的电流为 1A，将此线圈改接于 1000Hz、10V 的交流电源时，电流为 0.8A。求该线圈的电阻 R 和电感 L。

2-6 如图 2-36 所示电路中，已知电流表 A_1、A_2、A_3 的读数都是 3A，试求电路中电流表 A 的读数。

2-7 在图 2-37(a) 中，电压表的读数分别为 $V_1 = 20$V，$V_2 = 20$V；图 2-37(b) 中的读数分别为 $V_1 = 30$V，

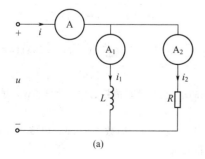

(a)

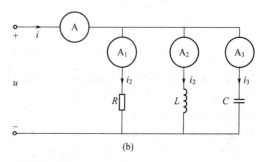

(b)

图 2-36 习题 2-6 图

$V_2=40\text{V}$,$V_3=80\text{V}$。求图中 u_S 的有效值。

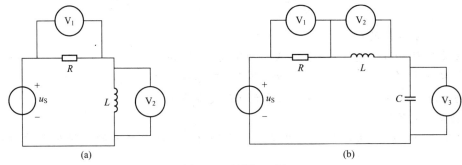

图 2-37 习题 2-7 图

2-8 在图 2-38 所示电路中,$Z_1=(3+\text{j}4)\Omega$,$Z_2=-\text{j}8\Omega$,$\dot{U}_S=5\angle 0°$。求 $\dot{I}$ 和 $\dot{U}_1$、$\dot{U}_2$。

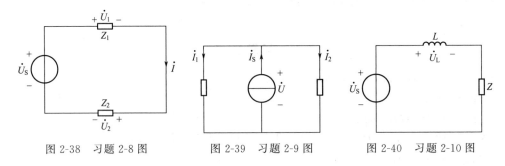

图 2-38 习题 2-8 图   图 2-39 习题 2-9 图   图 2-40 习题 2-10 图

2-9 在图 2-39 所示电路中,$Z_1=(2+\text{j}2)\Omega$,$Z_2=(3+\text{j}3)\Omega$,$\dot{I}_S=5\angle 0°$ A。求各支路电流 $\dot{I}_1$、$\dot{I}_2$ 和电流源端电压 $\dot{U}$。

2-10 如图 2-40 所示电路中,$\dot{U}_S=100\angle 0°$ V,$\dot{U}_L=50\angle 60°$ V,试确定阻抗 Z 的性质。

2-11 如图 2-41 所示电路中,$A_1=10\text{A}$,$V_1=100\text{V}$,试求 A_0 和 V_0 的读数。

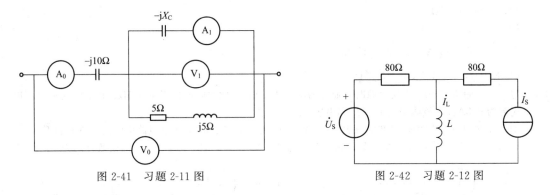

图 2-41 习题 2-11 图   图 2-42 习题 2-12 图

2-12 如图 2-42 所示电路,已知电源频率均为 50Hz,$\dot{U}_S=10\angle 0°$ V,$\dot{I}_S=1\angle 0°$ A,$L=0.191\text{H}$,试用节点电压法、叠加定理和戴维南定理三种方法求 $\dot{I}_L$。

2-13 现将一感性负载接于 100V、50Hz 的交流电源时,电路中的电流为 5A,消耗的功率为 300W,试求:负载的功率因数 $\cos\varphi$、R、L。

2-14 有一感性负载,额定功率 $P_N=6\text{kW}$,额定电压 $U_N=220\text{V}$,额定功率因数 $\lambda=0.6$。现接到 50Hz、220V 的交流电源上工作。试求:负载的电流、视在功率和无功功率。

2-15 在图 2-43 所示电路中,$U=220\text{V}$,S 闭合时,$U_R=80\text{V}$,$P=320\text{W}$;S 断开时,$P=405\text{W}$,电路为

电感性，求 R、X_L 和 X_C。

2-16 RLC 串联谐振电路，如图 2-44 所示，已知 $U=20\text{V}$，$I=2\text{A}$，$U_C=80\text{V}$。试求：电阻 R 是多少？品质因数 Q 是多少？

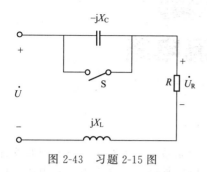

图 2-43 习题 2-15 图

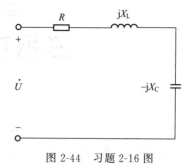

图 2-44 习题 2-16 图

第 3 章
三相正弦交流电路

电力输配电系统中使用的交流电源绝大多数是三相制系统。第 2 章研究的单相交流电也是由三相系统的一相提供的。之所以采用三相系统供电,是因为它在发电、输电以及电能转换为机械能等方面都有明显的优越性。本章首先介绍了三相电源的产生和连接方式,三相负载的连接方式以及三相功率的计算和测量,最后介绍一些实际的应用。

3.1 三相电源

3.1.1 三相电源的产生及特点

三相交流电源一般是由三相发电机产生的。最简单的两极三相交流发电机的示意图如图 3-1 所示,在电枢上对称地安置了三个相同的绕组 U_1U_2、V_1V_2 和 W_1W_2,分别称为 U 相、V 相和 W 相。U_1、V_1、W_1 称为"相头",U_2、V_2、W_2 称为"相尾"。三个绕组的空间位置间隔 120°,转子通入直流电励磁。图 3-1 所示磁极形状设计产生的是正弦磁场。当转子由原动机带动以角速度 ω 做匀速旋转时,三个绕组依次切割旋转磁极的磁力线,在每相绕组中都产生感应电压。由于三个绕组的几何形状、尺寸和匝数完全相同,而且以同一角速度切割磁力线,所以,三个绕组中的感应电压最大值是相等的,频率也是相同的;又由于三个绕组的空间位置间隔 120°,所以,三个绕组中的感应电压最大值出现的时间是不同的,其相互间的相位互差 120°,相当于三个独立的正弦电压源,如图 3-2 所示。

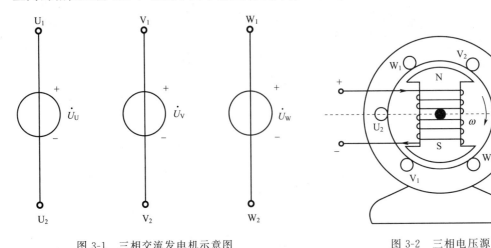

图 3-1 三相交流发电机示意图   图 3-2 三相电压源

三相电压源电压的瞬时值表达式为

$$u_U = \sqrt{2}U_P\sin(\omega t)\text{V}$$
$$u_V = \sqrt{2}U_P\sin(\omega t - 120°)\text{V} \tag{3-1}$$
$$u_W = \sqrt{2}U_P\sin(\omega t + 120°)\text{V}$$

式中以 U 相电压 u_U 作为参考正弦量。它们对应的相量形式为

$$\dot{U}_U = U_P \angle 0°$$
$$\dot{U}_V = U_P \angle -120° \tag{3-2}$$
$$\dot{U}_W = U_P \angle 120°$$

这种电压的有效值相等、角频率相同、相位互差120°的三相电源称为对称三相电源。其波形图和相量图如图 3-3 所示。对称三相电压的特点是

$$u_A + u_B + u_C = 0$$
$$\dot{U}_A + \dot{U}_B + \dot{U}_C = 0$$

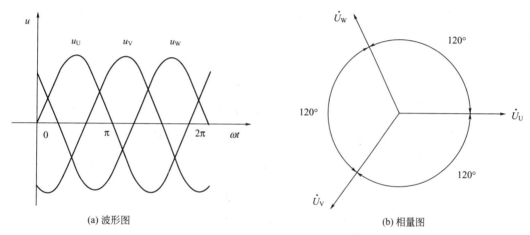

图 3-3 三相电源波形图和相量图

三相电压依次达到最大值的先后次序称为"相序"。上述三相电压的相序是 U→V→W，称为正序。与此相反，如果转子顺时针旋转，则三相电压的相序是 U→W→V，称为逆序。电力系统一般采用正序。

3.1.2 三相电源的连接

三相电源的连接一般有星形连接（Y 接）和三角形连接（△ 接）两种连接方式。

1）三相电源的星形连接

如图 3-4 所示为三相电压源的星形连接。从三个电压源正极端子 U_1、V_1、W_1 向外引出的导线称为端线（火线）；将三个电压源负极端子 U_2、V_2、W_2 连接起来所形成的节点叫中（性）点，用 N 表示。从 N 引出的导线称为中线。端线 U、V、W 之间（即端线之间）的电压称为线电压，用 U_L 表示，如图 3-4(a) 中的电压 $\dot{U}_{UV}$、$\dot{U}_{VW}$、$\dot{U}_{WU}$。每一相电源的电压称为相电压，用 U_P 表示，如图 3-4(a) 中的电压 $\dot{U}_U$、$\dot{U}_V$、$\dot{U}_W$。显然，对称三相电源做星接时，相、线电压有如下关系

$$u_{UV} = u_U - u_V$$
$$u_{VW} = u_V - u_W \tag{3-3}$$

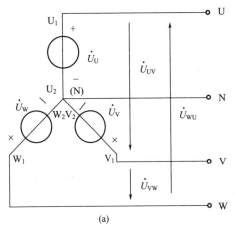 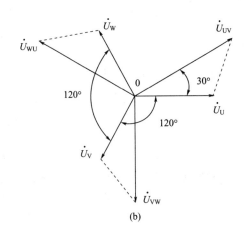

图 3-4 电压源的星形连接和相量图

$$u_{WU}=u_W-u_U$$

其相量形式为

$$\dot{U}_{UV}=\dot{U}_U-\dot{U}_V$$
$$\dot{U}_{VW}=\dot{U}_V-\dot{U}_W \tag{3-4}$$
$$\dot{U}_{WU}=\dot{U}_W-\dot{U}_U$$

其相量图如图 3-4(b) 所示。由此可以看出，如果以 $\dot{U}_U$ 为参考相量

$$\dot{U}_U=U_P\angle 0°$$
$$\dot{U}_V=U_P\angle -120°$$
$$\dot{U}_W=U_P\angle 120°$$

则有

$$\dot{U}_{UV}=\sqrt{3}\dot{U}_U\angle 30°$$
$$\dot{U}_{VW}=\sqrt{3}\dot{U}_V\angle 30° \tag{3-5}$$
$$\dot{U}_{WU}=\sqrt{3}\dot{U}_W\angle 30°$$

由式(3-5) 看出，Y 形连接对称三相电源线、相电压有效值的关系是

$$U_L=\sqrt{3}U_P \tag{3-6}$$

线电压超前对应的相电压 30°。上式中，U_L 为线电压的有效值，U_P 为相电压的有效值。

【例 3-1】 已知对称三相电源作星形连接，如图 3-4(a) 所示，已知相电压为 127V，试求其线电压。若以 $\dot{U}_U$ 为参考相量，写出 $\dot{U}_{UV}$、$\dot{U}_{VW}$、$\dot{U}_{WU}$。

解： $U_L=\sqrt{3}U_P=\sqrt{3}\times 127=220\text{V}$

若 $\dot{U}_U=127\angle 0°\text{ V}$

则 $\dot{U}_{UV}=220\angle 30°\text{ V}$

$\dot{U}_{VW}=220\angle -90°\text{ V}$

$\dot{U}_{WU}=220\angle 150°\text{ V}$

2）三相电源的三角形连接

如果把对称三相电源的正、负极依次相连，再从端子 U、V、W 引出端线，如图 3-5 所示为三相电源的三角形连接。三角形电源不能引出中线。

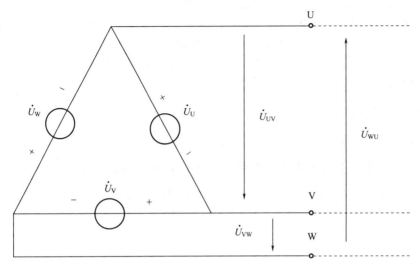

图 3-5 电源的三角形连接和相量图

从图 3-5 可以看出，三相电源作三角形连接时，线、相电压的关系是

$$u_{UV} = u_U$$
$$u_{VW} = u_V \quad (3\text{-}7)$$
$$u_{WU} = u_W$$

其相量形式为

$$\dot{U}_{UV} = \dot{U}_U$$
$$\dot{U}_{VW} = \dot{U}_V \quad (3\text{-}8)$$
$$\dot{U}_{WU} = \dot{U}_W$$

三相电源作三角形连接时线、相电压有效值的关系是

$$U_L = U_P \quad (3\text{-}9)$$

必须注意，电源作三角形连接时，三相电源的正、负极必须首尾相连接，否则三个相电压之和不为零，在三角形连接的闭合回路内会产生极大的电流，造成严重恶果。

【例 3-2】 已知对称三相电源作三角形连接，如图 3-5 所示，已知相电压为 220V，求线电压。若以 $\dot{U}_U$ 为参考相量，写出 $\dot{U}_{UV}$、$\dot{U}_{VW}$、$\dot{U}_{WU}$。

解： $U_L = U_P = 220\text{V}$

若 $\dot{U}_U = 220 \angle 0° \text{ V}$

则 $\dot{U}_{UV} = 220 \angle 0° \text{ V}$

$\dot{U}_{VW} = 220 \angle -120° \text{ V}$

$\dot{U}_{WU} = 220 \angle 120° \text{ V}$

3.2 三相电路的分析

在三相电路中,三相负载的基本连接方式有两种——星形连接和三角形连接。无论采用哪种连接方式,每相负载两端的电压为相电压;每两个端线间的电压为线电压;流经负载的电流为相电流,用 I_P 表示;流经端线的电流为线电流,用 I_L 表示。

三相负载应该采用哪一种连接方式,应根据电源电压和负载的额定电压的大小来决定。原则上讲,应该使负载的实际电压等于其额定电压。

3.2.1 三相负载的星形连接

如图 3-6 所示为三相负载的星形连接电路。从负载中性点 N' 引出的线叫中线;该电路又称三相四线制电路。若没有中线,则称三相三线制电路。图中 $\dot{I}_U$、$\dot{I}_V$、$\dot{I}_W$ 为负载的线电流,$\dot{I}_{U'}$、$\dot{I}_{V'}$、$\dot{I}_{W'}$ 为负载的相电流;$\dot{U}_{U'}$、$\dot{U}_{V'}$、$\dot{U}_{W'}$ 为负载的相电压。

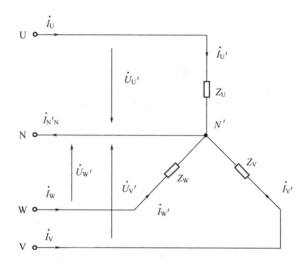

图 3-6 三相负载的星形连接

由此看出,三相负载做星形连接时,各相、线电流相等。即

$$I_P = I_L \tag{3-10}$$

如果三相电源也做星形连接,并且忽略端线上的阻抗,则电源的相电压与对应的负载相电压相等,即

$$\dot{U}_U = \dot{U}_{U'}$$
$$\dot{U}_V = \dot{U}_{V'} \tag{3-11}$$
$$\dot{U}_W = \dot{U}_{W'}$$

则有,负载的相电流

$$\dot{I}_{U'} = \frac{\dot{U}_{U'}}{Z_U} = \frac{\dot{U}_U}{Z_U}$$

$$\dot{I}_{V'} = \frac{\dot{U}_{V'}}{Z_V} = \frac{\dot{U}_V}{Z_V} \tag{3-12}$$

$$\dot{I}_{W'} = \frac{\dot{U}_{W'}}{Z_W} = \frac{\dot{U}_W}{Z_W}$$

由于三相电源是对称的，如果 $Z_U = Z_V = Z_W$，即三相负载也对称，则相电流必然对称，这样的电路称为对称三相电路。这时中线电流

$$\dot{I}_{N'N} = \dot{I}_{U'} + \dot{I}_{V'} + \dot{I}_{W'} = 0 \tag{3-13}$$

可见，对称三相电路中线电流为 0，所以可以省去中线。需要注意的是，不对称三相电路中，由于电流不对称，所以中线电流 $\dot{I}_{N'N} = \dot{I}_{U'} + \dot{I}_{V'} + \dot{I}_{W'} \neq 0$，因此，不对称三相电路必须有中线。

由以上分析可知，在对称三相电路中，不论有无中线，各相电流独立，彼此无关；相电流构成对称组。所以，只要分析计算三相中的任意一相，其他两相的电压、电流就能根据对称性写出。这就是对称三相电路归结为一相的计算方法。如图 3-7 为一相（U 相）的计算电路。在一相计算电路中，要注意，连接 N、N' 的是短路线，与中线阻抗 Z_N 无关。

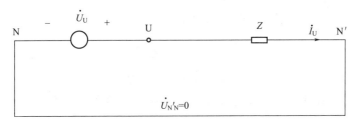

图 3-7 单相计算电路

【例 3-3】 在图 3-6 所示对称三相电路中，线电压 $U_L = 380V$，三相负载阻抗均为 $(6+j8)\Omega$，忽略输电线阻抗。求每相负载的电流。

解：因为 $U_L = 380V$

在星形电路中

$$U_P = \frac{1}{\sqrt{3}} U_L = \frac{1}{\sqrt{3}} \times 380 = 220(V)$$

令

$$\dot{U}_U = 220 \angle 0° \text{ V}$$

$$\dot{I}_U = \frac{\dot{U}_U}{Z} = \frac{220}{6+j8} \angle 0° = 22 \angle -53.1°(A)$$

则

根据对称性推知

$$\dot{I}_V = 22 \angle -173.1° \text{ A}$$

$$\dot{I}_W = 22 \angle 66.9° \text{ A}$$

3.2.2 三相负载的三角形连接

如图 3-8(a) 所示为三相负载的三角形连接电路。这里，$\dot{I}_U$、$\dot{I}_V$、$\dot{I}_W$ 为三相负载做三角形连接时的线电流；$\dot{I}_{UV}$、$\dot{I}_{VW}$、$\dot{I}_{WU}$ 为负载做三角形连接时的相电流。

从图 3-8(a) 可以看出，三相负载做三角形连接时相、线电压相等，即

$$U_L = U_P \tag{3-14}$$

若 $Z_{UV} = Z_{VW} = Z_{WU} = Z$，则相电流 $\dot{I}_{UV}$、$\dot{I}_{VW}$、$\dot{I}_{WU}$ 是对称的，以 $\dot{I}_{UV}$ 为参考相量，

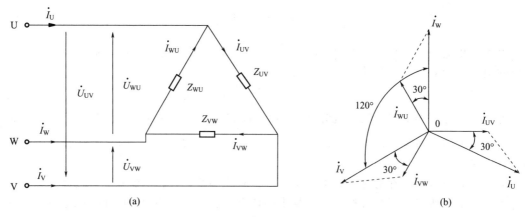

图 3-8 三相负载的三角形连接

相量图如图 3-8(b) 所示。从图中可以看出

$$\dot{I}_U = \sqrt{3}\, \dot{I}_{UV} \angle -30°$$
$$\dot{I}_V = \sqrt{3}\, \dot{I}_{VW} \angle -30° \qquad (3-15)$$
$$\dot{I}_W = \sqrt{3}\, \dot{I}_{WU} \angle -30°$$

可见，相电流超前对应的线电流 30°，线电流有效值为相电流有效值的 $\sqrt{3}$ 倍。即

$$I_L = \sqrt{3}\, I_P \qquad (3-16)$$

【例 3-4】 三角形连接的对称负载，三相负载阻抗均为 $Z=(6+j8)\Omega$，接于线电压 $U_L=380V$ 的星接三相电源上，试求负载的相电流和线电流的大小。

解： 由于负载对称，因此可归结为一相来计算。

阻抗大小 $\qquad\qquad\qquad |Z|=10\Omega$

依题可知 $\qquad\qquad\qquad U_P = U_L = 380V$

相电流为 $\qquad\qquad\qquad I_P = \dfrac{U_P}{|Z|} = \dfrac{380}{10} = 38(A)$

线电流为 $\qquad\qquad\qquad I_L = \sqrt{3}\, I_P = \sqrt{3} \times 38 = 65.8(A)$

3.3 三相电路的功率与测量

3.3.1 三相功率的计算

在三相电路中，不论负载是星形连接还是三角形连接，三相负载所消耗的总的有功功率为各相有功功率之和，即

$$P = U_U I_U \cos\varphi_U + U_V I_V \cos\varphi_V + U_W I_W \cos\varphi_W = P_U + P_V + P_W \qquad (3-17)$$

单位为瓦（W）、千瓦（kW）。式中 φ_U、φ_V、φ_W 分别是所在相的相电压与相电流的相位差角。

在对称电路中，各相有功功率相等，则有

$$P = 3U_P I_P \cos\varphi \qquad (3-18)$$

其中 φ 是相电压与相电流的相位差，即每相负载的阻抗角或功率因数角。

当负载做星形连接时，$U_P = \dfrac{1}{\sqrt{3}} U_L$、$I_P = I_L$，代入式（3-18）中，则有

$$P = \sqrt{3}U_L I_L \cos\varphi \tag{3-19}$$

当负载做三角形连接时，$U_P = U_L$、$I_P = \dfrac{1}{\sqrt{3}}I_L$，代入式(3-18)中，则有

$$P = \sqrt{3}U_L I_L \cos\varphi \tag{3-20}$$

比较式(3-19)和式(3-20)可知：在对称电路中，不论是星接还是角接，三相电路的总的有功功率均可用式 $P=\sqrt{3}U_L I_L \cos\varphi$ 来表示。这里要注意的是，φ 均是相电压与相电流的相位差。

同理，三相负载的无功功率等于各相无功功率之和，即

$$Q = Q_U + Q_V + Q_W = U_U I_U \sin\varphi_U + U_V I_V \sin\varphi_V + U_W I_W \sin\varphi_W \tag{3-21}$$

单位为乏（var）、千乏（kvar）。

在对称电路中，则有

$$Q = 3U_P I_P \sin\varphi = \sqrt{3}U_L I_L \sin\varphi \tag{3-22}$$

而三相负载总的视在功率则为

$$S = \sqrt{P^2 + Q^2} \tag{3-23}$$

单位为伏安（V·A）。

一般情况下，三相负载的视在功率不等于各相视在功率之和，只有当负载对称时，三相视在功率才等于各相视在功率之和。即

$$S = \sqrt{P^2 + Q^2} = 3U_P I_P = \sqrt{3}U_L I_L \tag{3-24}$$

三相电路中，三相负载总的瞬时功率为各相负载瞬时功率之和，设以 u_U、i_U 为参考相量。即：

$$p = p_U + p_V + p_W$$

在对称三相电路中

$$p_U = u_U i_U = \sqrt{2}U_U \sin(\omega t) \times \sqrt{2}I_U \sin(\omega t - \varphi)$$
$$p_V = u_V i_V = \sqrt{2}U_U \sin(\omega t - 120°) \times \sqrt{2}I_U \sin(\omega t - \varphi - 120°)$$
$$p_W = u_W i_W = \sqrt{2}U_U \sin(\omega t + 120°) \times \sqrt{2}I_U \sin(\omega t - \varphi + 120°)$$

它们的和为

$$p = p_U + p_V + p_W = 3U_P I_P \cos\varphi = P$$

单位为瓦（W）、千瓦（kW）。

可见，对称三相电路的瞬时功率是一个常量，其值等于平均功率。这是对称三相电路的一个优越的性能。

【例 3-5】 对称三相负载，阻抗为 $Z = (6+j8)\Omega$，接在线电压为 380V 的星接对称三相电源上，试求：负载为星形连接和三角形连接时所消耗的总有功功率。

解： 每相负载的阻抗为 $Z = (6+j8)\ \Omega = 10\angle 53.1°\ \Omega$

（1）负载为星形连接时

相电压 $\qquad\qquad\qquad U_P = \dfrac{U_L}{\sqrt{3}} = 220\text{V}$

相电流 $\qquad\qquad\qquad I_P = I_L = \dfrac{U_P}{|Z|} = 22\text{A}$

$$\cos\varphi = 0.6$$

总有功功率 $\qquad P = 3U_P I_P \cos\varphi = 3 \times 220 \times 22 \times 0.6 = 8.7\text{(kW)}$

（2）负载为三角形连接时，负载的相电压等于电源的线电压

$$U_P = U_L = 380\text{V}$$

相电流 $$I_P = \frac{U_P}{|Z|} = \frac{U_L}{|Z|} = \frac{380}{10} = 38(\text{A})$$

总有功功率 $$P = 3U_P I_P \cos\varphi = 3 \times 380 \times 38 \times 0.6 = 26(\text{kW})$$

比较例 3-5 计算结果可知,在电源电压一定的情况下,三相负载的连接方式不同,负载所消耗的功率也不同;因此,三相负载在电源电压一定的情况下,都有确定的连接方式,不可任意连接。

3.3.2 三相功率的测量

在交流电路中,通常使用功率表测量功率。三相电路有功功率的测量,要根据负载的连接方式和对称与否采用不同的测量方法。常用的测量方法有一表法、二表法和三表法。

1) 一表法

一表法仅适用于三相对称负载的三相功率的测量,如图 3-9 所示。此时表的读数为单相功率 P_U,由于三相功率相等,因此,三相功率为

$$P = 3P_U \tag{3-25}$$

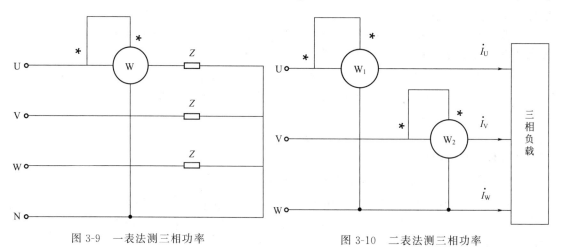

图 3-9 一表法测三相功率　　　　图 3-10 二表法测三相功率

2) 二表法

在三相三线制系统中,不论负载是星形连接还是三角形连接,也不论负载是否对称,都可采用图 3-10 所示电路来测量三相功率,此方法称二表法。

因为 $$\dot{i}_U + \dot{i}_V + \dot{i}_W = 0$$

所以三相电路的瞬时功率为

$$\begin{aligned}p &= u_U i_U + u_V i_V + u_W i_W \\ &= u_U i_U + u_V i_V + u_W(-i_U - i_V) \\ &= (u_U - u_W)i_U + (u_V - u_W)i_V \\ &= u_{UW} i_U + u_{VW} i_V \\ &= p_1 + p_2 \end{aligned} \tag{3-26}$$

式(3-26)中,i_U 和 i_V 分别是经过两个功率表电流线圈的电流,是线电流;u_{UW} 和 u_{VW} 分别是加在两个功率表上的电压,是线电压。

可以看出,三相电路的功率可以用两块表测量出来,各功率表的读数分别为

$$P_1 = \frac{1}{T}\int_0^T u_{UW} i_U \mathrm{d}t = U_{UW} I_U \cos\varphi_1$$

$$P_2 = \frac{1}{T}\int_0^T u_{VW} i_V \mathrm{d}t = U_{VW} I_V \cos\varphi_2$$

其中，φ_1 是 u_{UW} 和 i_U 之间的相位差；φ_2 是 u_{VW} 和 i_V 之间的相位差。

三相总功率 P 为 P_1 和 P_2 的和，即

$$P = P_1 + P_2$$

可见，三相功率可以用两个功率表进行测量，且两个功率可以接在三相的任意两相上。

3) 三表法

三表法适用于三相四线制负载对称和不对称系统的三相功率的测量，如图 3-11 所示。三相功率 P 等于各相功率表读数之和，即

$$P = P_1 + P_2 + P_3 \tag{3-27}$$

三相四线制不用二表法测量三相功率，因为在一般情况下，$\dot{I}_U + \dot{I}_V + \dot{I}_W \neq 0$。

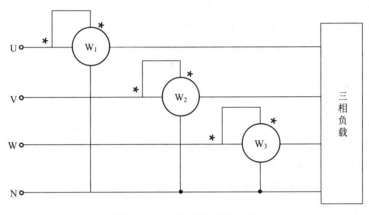

图 3-11 三表法测三相功率

3.4 应用举例

电力系统就是三相电路的应用实例。通常将用电负荷大的地区中，所有发电厂变电所，输电线、配电设备和用电设备联系起来，组成一个整体，这个整体称为电力系统。在电力系统中，各种不同电压的输电线，是通过各个变电所联系起来的。各类发电厂中的发电机则通过变电所和输电线并联起来。建立电力系统，不仅可以提高供电的可靠性，不会因个别发电机出现故障或需要检修而导致用户停电，而且可以合理地调节各个发电厂的发电能力，例如，丰水季节让水力发电厂多发电，枯水季节则让火力发电厂多发电。

各种不同电压的输电线和变电所所筑成的电力系统的一部分称为电力网，我国国家标准规定的电力网的额定电压有 3kV、6kV、35kV、110kV、220kV、330kV、500kV 等。

由于目前市区的输电电压一般为 10kV 左右，因此一般的厂矿企业和民用建筑都必须设置降压变电所，经配电变压器将电压降为 380V/220V，再引出若干条供电线到各个用电点（车间或建筑物）的配电箱上，再由配电箱将电能分配给各用电设备。用电设备的额定电压多半是 220V 和 380V，大功率电动机的电压是 3000V 和 6000V，机床局部照明的电压是 36V。

这种低压系统的接线方式主要有放射式和树干式两种。

放射式供电线路的特点是从配电变压器低压侧引出若干条支线，分别直接向各用电点供电，这种供电方式的优点是不会因其中某一支路发生故障而影响其他支路的供电，供电可靠性高，便于操作和维护，缺点是导线用量大，投资费用高。用电点比较分散，而每个用电点的用电量较大，变电所又居于各用电点的中央时，采用这种供电方式比较有利。

树干式供电系统的特点是从配电变压器低压侧引出若干条干线，沿干线再引出若干条支线到达各用电点，其优点是导线用量小，投资费用低，接线灵活性大，缺点是供电可靠性差，一旦某一干线出现故障或需要检修时停电面积大。在用电点比较集中，各用电点距离变电所同一侧时，采用这种供电方式比较合适。

本章小结

本章介绍了三相电源的产生及连接方式、三相负载的星形连接和三角形连接、三相电路的功率及测量，三相电路的应用。主要内容如下。

1. 三相电源

三相电源的产生及特点。有效值相等、角频率相同、相位互差$120°$的对称三相电压。三相电源有星形和三角形两种连接方式。星形连接时线电压是相电压的$\sqrt{3}$倍，线电压超前对应的相电压$30°$；三角形连接时，线电压与相电压相等。星形连接时，根据需要，可以采用三相三线制或三相四线制供电方式。

2. 三相负载的连接

三相负载有星形和三角形两种连接方式。当负载做星形连接时，线电流与相电流相等。若负载对称，则中线电流为零；若负载不对称，则中线电流不为零；因此，负载不对称时，为了保持负载的相电压对称，必须有中线，且中线上不可安装熔断器和开关。当负载做三角形连接时，相、线电压相等；若负载对称，则线电流是相电流的$\sqrt{3}$倍，相电流超前对应的线电流$30°$。

负载采用哪种连接方式要视负载的额定电压和电源的电压而定。

3. 三相功率

三相负载可分别计算各相的有功功率、无功功率，相加后即可得三相负载的有功功率和无功功率，三相负载的视在功率为$S=\sqrt{P^2+Q^2}$。

若三相负载对称，则不论是三角形连接还是星形连接，其三相功率计算公式如下

$$P = 3U_P I_P \cos\varphi = \sqrt{3} U_L I_L \cos\varphi$$
$$Q = 3U_P I_P \sin\varphi = \sqrt{3} U_L I_L \sin\varphi$$
$$S = \sqrt{P^2+Q^2} = 3U_P I_P = \sqrt{3} U_L I_L$$

式中，φ角是相电压与相电流的相位差角，即功率因数角。

4. 三相功率的测量

常用的测量方法有一表法、二表法和三表法

一表法仅适用于三相对称负载的三相功率的测量；在三相三线制系统中，不论负载是星形连接还是三角形连接，也不论负载是否对称，都可以采用二表法测量三相功率；三表法适用于三相四线制负载对称和不对称系统的三相功率的测量。

习题 3

3-1 星形连接对称三相电路中，电源线电压$U_L=380V$，每相负载$R=6\Omega$，$X_L=8\Omega$，试求负载的相电压

和相、线电流为多少?

3-2 负载做三角形连接对称三相电路,相电流 $\dot{I}_{UV}=1\underline{/0°}$ A,则其线电流 $\dot{I}_U$ 是多少?

3-3 若对称三相电源作三角形连接,每相电压有效值均为 220V,若 U 相接反,如图 3-12 所示,且每相内阻抗为 j11Ω,求出线电压的有效值及电源的环流的有效值。

3-4 若对称三相电源作星形连接,每相电压有效值均为 220V,但其中一相反接,如图 3-13 所示,求出三相电源的线电压的有效值。

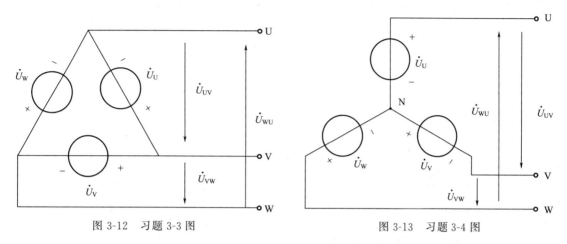

图 3-12 习题 3-3 图 图 3-13 习题 3-4 图

3-5 如图 3-14 所示电路,对称负载做三角形连接,已知电源线电压 $U_L=380V$,线电流为 17.3A,三相总功率为 5kW。试求:(1) 每相负载的阻抗;(2) 如果有一相负载断开,另外两相能否正常工作?电流表读数有何变化?

3-6 如图 3-15 所示,三相对称电源的线电压为 380V,对称负载 $Z_2=50\underline{/30°}$ Ω,负载 $Z_{U1}=22$ Ω,$Z_{V1}=22\underline{/-60°}$ Ω,$Z_{W1}=22\underline{/60°}$ Ω,试求:(1) 两组负载的相电流和线电流;(2) 中线电流。

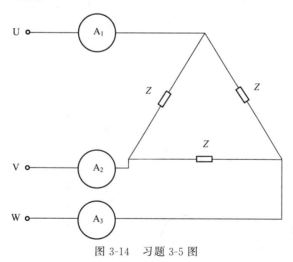

图 3-14 习题 3-5 图

3-7 如图 3-16 所示电路中,已知 $Z_1=22\underline{/-60°}$ Ω,$Z_2=11\underline{/0°}$ Ω,电源的线电压为 380V。试问:(1) 各仪表的读数是多少?(2) 两组负载共消耗多少功率?

3-8 图 3-17 所示电路中,对称三相负载三角形连接。当 S_1、S_2 都闭合时,各电流表读数均为 10A。试求:(1) S_1 断开、S_2 闭合时各电流表的读数;(2) S_1 闭合、S_2 断开时各电流表的读数。

3-9 三相对称感性负载做三角形连接,与线电压为 380V、频率为 50Hz 的三相电源相接。今测得三相功率为 20kW,线电流为 38A,求:(1) 每相负载的等效阻抗及参数 R 和 L;(2) 将此负载接成星形,求其线电流及消耗的功率。

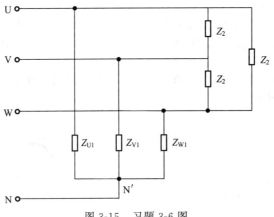

图 3-15 习题 3-6 图

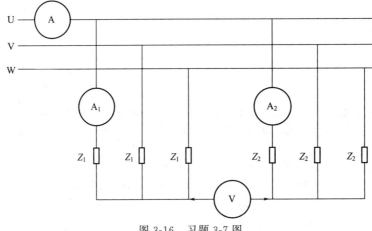

图 3-16 习题 3-7 图

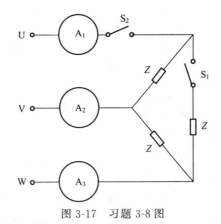

图 3-17 习题 3-8 图

3-10 在对称三相电路，已知 $P=3290\text{W}$，$\cos\varphi=0.5$（感性），$U_L=380\text{V}$，试求在下述两种情况下每相负载的电阻 R 和感抗 X_L。(1) 负载是星形连接；(2) 负载是三角形连接。

3-11 感性负载做星形连接，对称三相电源频率 $f=50\text{Hz}$，向其提供 30kV·A 的视在功率和 15kW 的有功功率。已知负载的线电流为 45.6A，求每相负载的复阻抗。

3-12 对称三相星形连接负载，每相阻抗为 $(5+j5)\Omega$，接在对称三相电源上，已知线电压为 $380\sqrt{2}\sin(\omega t+30°)$ V，试求负载相电压、相电流及三相总功率。

3-13 某一发电厂 105kW 机组发电机，其额定运行数据为：线电压为 10.5kV，三相总有功功率为 105kW，功率因数为 0.8。试求其线电流、总无功功率及视在功率。

3-14 对称三相电路如图 3-18 所示，$\dot{U}_{UV}=380\angle 0°$ V，N 为对称三相负载，其消耗的有功功率为 1140W，$\cos\varphi=0.866$（感性），另一电容星形负载 $X_C=110\Omega$，试求电流 $\dot{I}_{A1}$、$\dot{I}_{A2}$ 和 $\dot{I}_A$。

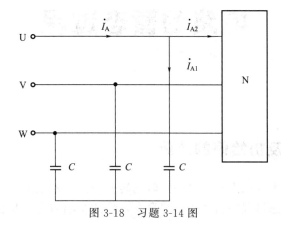

图 3-18 习题 3-14 图

3-15 如图 3-19 中，对称三相电源供给不对称三相负载，三只电流表测得线电流均为 20A，试求中线中电流表的读数。

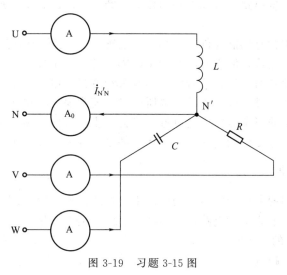

图 3-19 习题 3-15 图

第 4 章

电路的暂态过程

4.1 换路定律及初始值的计算

电路从一种稳定状态（稳态）经过一定时间转变到另一种稳态的物理过程称为电路的暂态过程或过渡过程。暂态过程在自然界普遍存在，例如车辆的启动和制动，电容、电感的充放电都存在暂态过程。

引起电路暂态过程的原因有两方面：

（1）外因：电路发生换路。例如电路的接通、断开、短路、电源或电路中的参数突然改变等。

（2）内因：电路中含有储能元件（电容 C、电感 L 以及耦合电感元件）。

电路的暂态过程虽然短，但它对电路产生的影响却十分重要。一方面要充分利用电路的暂态规律来实现振荡信号的产生、信号波形的改善和变换、电子继电器的延时动作等；另一方面又要防止电路在暂态过程中产生的过电压或过电流现象。过电压可能会击穿电气设备的绝缘，从而影响到设备的安全运行；过电流可能会产生过大的机械力或引起电气设备和元件的局部过热，从而使其遭受机械损坏或热损坏，甚至造成人身安全事故。

4.1.1 换路定律

换路瞬间电容两端的电压和电感中的电流不能发生跃变，这个理论称为换路定律。

为便于分析，作如下假定：电路在 $t=0$ 时刻发生换路，用 $t=0_-$ 表示换路前的终了瞬间，$t=0_+$ 表示换路后的初始瞬间。0_- 和 0_+ 在数值上都等于 0，前者是指 t 从负值趋近于零，后者是指 t 从正值趋近于零。换路后，电路中各电压、电流最初瞬间的值，称为初始值，用 $u(0_+)$ 和 $i(0_+)$ 表示。在 $t=0_-$ 到 $t=0_+$ 的换路瞬间，u_C 和 i_L 不能突变，用公式表示为

$$u_C(0_+)=u_C(0_-)$$
$$i_L(0_+)=i_L(0_-)$$
(4-1)

换路定律的实质是由于电路中储能元件能量的释放与储存不能突变的缘故。在电容中储存电场能量为 $\frac{1}{2}Cu_C^2$、电感中储存磁场能量为 $\frac{1}{2}Li_L^2$，由于换路时能量不能跃变，故电容上的电压 u_C 和电感中的电流 i_L 一般不能跃变。

换路定律只适用于换路瞬间，它们是计算初始值的基本依据，只有电感电流 i_L 及电容电压 u_C 满足式（4-1），而电感的电压、电容的电流以及电阻的电压和电流都是可以突变的。在特殊情况下（如 u_L 和 i_C 不是有限值时）换路定律不成立。

4.1.2 初始值的计算

由于电容元件和电感元件的伏安关系是微分或积分关系,因此在含有电容、电感的动态电路中,描述激励与响应的方程是一组以电压、电流为变量的微分方程或微分-积分方程。如果电路中的电阻、电容和电感都是线性非时变的常数,则电路方程为线性常系数微分方程。用经典法求解常微分方程时,必须根据电路的初始条件确定解中的积分常数。若描述动态电路的微分方程为 n 阶,则初始条件是指电路中所求变量及其 $(n-1)$ 阶导数在 $t=0_+$ 时的值,即初始值。

将电容电压 $u_C(0_+)$ 和电感电流 $i_L(0_+)$ 称为独立初始值,利用换路定律可以确定;其余变量的初始值称为非独立初始值,利用 $t=0_+$ 等效电路进行求解。具体步骤如下:

(1) 根据换路前的稳态电路求出换路前的电容电压 $u_C(0_-)$ 和电感电流 $i_L(0_-)$。
(2) 应用换路定律,得到独立初始值,即 $u_C(0_+)$ 和 $i_L(0_+)$。
(3) 画出 $t=0_+$ 时原电路的等效电路,用一个电流值为 $i_L(0_+)$ 的理想电流源替代原电路的电感元件,如果 $i_L(0_+)=0$,电感元件视为开路;用一个电压值为 $u_C(0_+)$ 的理想电压源替代电容元件,如果 $u_C(0_+)=0$,电容元件视为短路。
(4) 根据 $t=0_+$ 时的等效电路,计算非独立的初始值。

【例 4-1】 在图 4-1(a) 所示电路中,开关 S 闭合前电路已处于稳态,试确定 S 闭合后电压 u_C 和电流 i_C、i_1、i_2 的初始值。

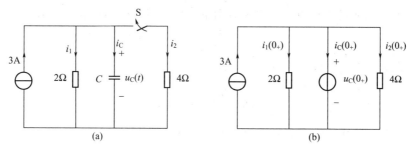

图 4-1 例 4-1 电路图

解: ① 由换路定律得,$u_C(0_+)=u_C(0_-)=3\times 2=6V$

② 画出 $t=0_+$ 等效电路如图 4-1(b) 所示,换路后的初始瞬间,电容相当于 6V 电压源,由图可知

$$i_1(0_+)=\frac{u_C(0_+)}{2}=\frac{6}{2}=3(A)$$

$$i_2(0_+)=\frac{u_C(0_+)}{4}=\frac{6}{4}=1.5(A)$$

$$i_C(0_+)=3-i_1(0_+)-i_2(0_+)=3-3-1.5=-1.5(A)$$

4.2 一阶 RC 电路的暂态分析

只含有一个动态元件(即储能元件 L 或 C)的电路可用一阶微分方程描述和求解,这种电路称为一阶电路。由电阻元件和电容元件组成的电路称为 RC 电路。本节介绍 RC 电路的充放电过程。

4.2.1 RC 电路的零输入响应

在动态电路中,外加激励和储能元件的初始储能都能产生响应。换路后无独立电源,仅由元件的初始储能引起的响应,称为零输入响应。

如图 4-2(a) 所示的 RC 串联电路,$t<0$ 时,开关 S 打在 1 的位置,且电路处于稳态,电容已被充电,电容电压 $u_C(0_-)=U_0$。当 $t=0$ 时换路,即开关 S 由位置 1 打向位置 2,根据换路定则,$u_C(0_+)=u_C(0_-)=U_0$,此时电路外部激励为零,仅在电容初始储能的作用下,通过电阻 R 进行放电,从而在电路中引起电压、电流的变化,故 RC 零输入响应是电容放电过程中电路的响应。

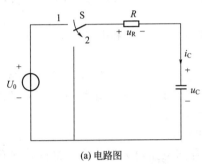 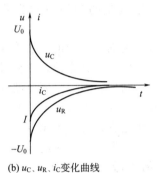

(a) 电路图　　　　　　　　　　(b) u_C、u_R、i_C 变化曲线

图 4-2　RC 电路的零输入响应

在图 4-2(a) 所示的电压电流的参考方向下,换路后 ($t \geqslant 0$) 电路的 KVL 方程为

$$u_R + u_C = 0 \tag{4-2}$$

将 $u_R = i_C R$ 及 $i_C = C \dfrac{\mathrm{d}u_C}{\mathrm{d}t}$ 代入式 (4-2),得

$$RC \dfrac{\mathrm{d}u_C}{\mathrm{d}t} + u_C = 0 \tag{4-3}$$

式 (4-3) 是一个一阶线性常系数齐次微分方程,其通解为

$$u_C(t) = A \mathrm{e}^{pt}$$

将其代入式 (4-3),得特征方程

$$RCp + 1 = 0$$

解得特征根为

$$p = -\dfrac{1}{RC}$$

所以

$$u_C(t) = A \mathrm{e}^{-\frac{t}{RC}} \tag{4-4}$$

式 (4-4) 中的积分常数 A 可由电路的初始条件 $u_C(0_+)=u_C(0_-)=U_0$ 确定,则 $A = u_C(0_+) = U_0$。

所以

$$u_C(t) = u_C(0_+) \mathrm{e}^{-\frac{t}{RC}} = U_0 \mathrm{e}^{-\frac{t}{RC}} = U_0 \mathrm{e}^{-\frac{t}{\tau}} \quad t \geqslant 0 \tag{4-5}$$

式 (4-5) 是暂态过程中电容电压的变化规律。此时,电路中电容的放电电流和电阻上的电压分别为

$$i_C(t) = C \dfrac{\mathrm{d}u_C(t)}{\mathrm{d}t} = -\dfrac{U_0}{R} \mathrm{e}^{-\frac{t}{\tau}} \quad t \geqslant 0 \tag{4-6}$$

$$u_R(t) = iR = -U_0 e^{-\frac{t}{\tau}} \quad t \geq 0 \tag{4-7}$$

由式(4-5)～式(4-7) 可得 $u_C(t)$、$i_C(t)$ 和 $u_R(t)$ 随时间变化曲线如图 4-2(b) 所示。可见 RC 电路的零输入响应 u_C、i_C、u_R 都是随时间按同一指数规律衰减的,其衰减快慢取决于指数中 τ 的大小。$\tau = RC$ 称为 RC 电路的时间常数;当电阻的单位为欧姆(Ω),电容的单位为法拉(F)时,τ 的单位为时间单位秒(s)。如果电路中不止一个电阻,则 $\tau = RC$ 中电阻是指从电容元件两端看进去的等效电阻 R_0。

当 $t = \tau$ 时,$u_C(t) = U_0 e^{-1} = 0.368 U_0$,这说明时间常数 τ 是电容电压衰减为初始值的 36.8% 所经过的时间。当 $t = 3\tau$ 时,$u_C(t) = U_0 e^{-3} = 0.05 U_0$,即电容电压只剩下初始值 U_0 的 5% 了。因此,从理论上讲,只有当 $t \to \infty$ 时,u_C、i_C、u_R 才能达到稳态值,但实际工程中通常认为经过 (3～5)τ 后电路的过渡过程已经结束,电路已经进入新的稳定状态。由以上分析可知,时间常数 τ 值越大,过渡过程进行得越缓慢。

【例 4-2】 图 4-3(a) 所示电路换路前处于稳态。试求换路后 $u_C(t)$ 和电流 $i_C(t)$。

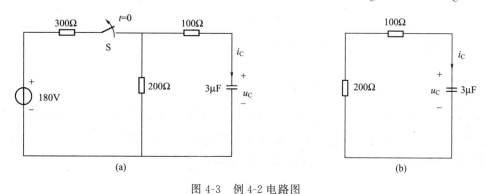

图 4-3 例 4-2 电路图

解:换路前电路处于稳态,电容相当于开路(电流为零)。换路后电容电压初始值由换路定则确定。

$$u_C(0_+) = u_C(0_-) = \frac{200}{200 + 300} \times 180 \text{V} = 72 \text{V}$$

换路后,电路如图 4-3(b) 所示,电容通过电阻 100Ω 和 200Ω 串联支路放电,等效电阻为 $R = 100 + 200 = 300\Omega$,故时间常数为

$$\tau = RC = 300 \times 3 \times 10^{-6} \text{s} = 9 \times 10^{-4} \text{s}$$

由式(4-5)得

$$u_C(t) = u_C(0_+) e^{-\frac{t}{\tau}} = 72 e^{-\frac{t}{9 \times 10^{-4}}} \text{V}$$

$$i_C(t) = -\frac{u_C(0_+)}{R} e^{-\frac{t}{\tau}} = -\frac{72}{200 + 100} e^{-\frac{t}{9 \times 10^{-4}}} \text{A} = -0.24 e^{-\frac{t}{9 \times 10^{-4}}} \text{A}$$

4.2.2 RC 电路的零状态响应

换路前储能元件无初始储能,仅由独立电源引起的响应,称为零状态响应。

如图 4-4(a) 所示的 RC 电路,换路前电容中无储能,即 $u_C(0_-) = 0$。$t = 0$ 时,将开关 S 闭合,电压源 u_S 开始向电容充电。由换路定律可知,$u_C(0_+) = u_C(0_-) = 0$,所以换路瞬间,电容元件相当于短路,电压源的电压 u_S 全部加在电阻 R 两端,此时电路的充电电流最大,$i(0_+) = \frac{U_S}{R}$。随着充电的进行,电容电压开始增加,直至等于电源电压 U_S,电流 i 为零,电容相当于开路,充电停止,电路达到新的直流稳态。RC 电路在直流激励下的零状态

响应，就是未充电的电容 C 经电阻 R 接至直流电源充电的响应。

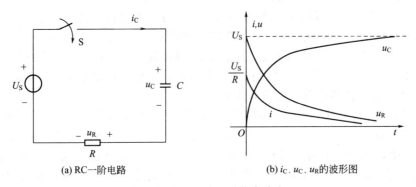

(a) RC一阶电路　　　　　　　　(b) i_C、u_C、u_R的波形图

图 4-4　RC 电路的零状态响应

在图 4-4(a) 所示的电压电流的参考方向下，换路后（$t \geqslant 0$）电路的 KVL 方程为

$$u_R + u_C = u_S \tag{4-8}$$

将 $u_R = Ri_C$ 及 $i_C = C\dfrac{du_C}{dt}$ 代入式（4-8），得

$$RC\frac{du_C}{dt} + u_C = u_S \tag{4-9}$$

式(4-9) 是一个以电容电压 u_C 为变量的一阶线性常系数非齐次微分方程。其通解为对应齐次方程的通解加上它的任一特解。对应的齐次方程为式（4-3），其通解为 $Ae^{-\frac{t}{RC}}$。特解可取换路后的稳态值，即 $t \to \infty$ 时的值。由换路后的电路可知

$$u_C(\infty) = U_S$$

故通解为

$$u_C(t) = U_S + Ae^{-\frac{t}{RC}} \tag{4-10}$$

根据换路定则可知 $u_C(0_+) = u_C(0_-) = 0$，将初始条件代入式(4-10) 得

$$A = -U_S = -u_C(\infty)$$

所以电容的零状态响应电压为

$$u_C(t) = u_C(\infty) - u_C(\infty)e^{-\frac{t}{RC}} = u_C(\infty)(1 - e^{-\frac{t}{\tau}}) = U_S(1 - e^{-\frac{t}{\tau}}),\ t \geqslant 0 \tag{4-11}$$

电容的充电电流为

$$i_C(t) = C\frac{du_C(t)}{dt} = \frac{U_S}{R}e^{-\frac{t}{\tau}} = I_0 e^{-\frac{t}{\tau}},\ t \geqslant 0 \tag{4-12}$$

$$u_R = U_S - u_C = U_S e^{-\frac{t}{\tau}},\ t \geqslant 0 \tag{4-13}$$

零状态电压响应 u_C、电流响应 i_C 和电阻电压 u_R 随时间 t 变化的曲线如图 4-4(b) 所示，u_C 仍随时间按指数规律变化，从初始值 0 达到稳态值 U_S，变化的速度取决于时间常数 τ，τ 越大，充电越慢。

暂态过程中电容元件的电压包含两个分量：一是 U_S，即电路达到稳态时的电压，称为稳态分量；二是 $-U_S e^{-\frac{t}{\tau}}$，按指数规律衰减到零，所以又称为暂态分量，其存在时间的长短取决于时间常数 τ。经过一个时间常数后，电容上的电压上升到了稳态分量的 0.632。当 $t = 5\tau$ 时，$u_C(5\tau) = 0.993U_S$，可以认为充电过程已经结束。

充电电流开始时最大，由零跃变到 $\dfrac{U_S}{R}$，然后按指数规律衰减为零。

由 RC 电路的零输入和零状态响应的分析可见，当电路发生过渡过程时，不仅电容上的

电压有过渡过程产生，电容中的电流及电阻上的电压等也都存在过渡过程，并且具有相同的时间常数和变化规律。

【例 4-3】 电路如图 4-5 所示，$R_1=3\text{k}\Omega$，$R_2=6\text{k}\Omega$，$C=100\mu\text{F}$，$U_S=12\text{V}$，开关 S 在 $t=0$ 时闭合。设开关 S 闭合之前电路已处于稳定状态，试求换路后电容电压 $u_C(t)$。

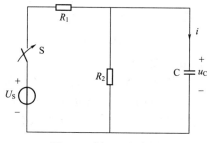

图 4-5　例 4-3 电路图

解：开关 S 闭合之前电路已处于稳定状态，$u_C(0_-)=0$，电路为零状态响应。
u_C 的稳态分量

$$u_C(\infty)=\frac{R_2}{R_1+R_2}U_S=\frac{6}{3+6}\times 12\text{V}=8\text{V}$$

时间常数

$$\tau=RC=(R_1//R_2)C=(3//6)\times 10^3\times 100\times 10^{-6}\text{s}=0.2\text{s}$$

所以

$$u_C=u_C(\infty)(1-e^{-\frac{t}{\tau}})=8(1-e^{-\frac{t}{0.2}})\text{V}=8(1-e^{-5t})\text{V},\ t\geqslant 0$$

4.2.3　RC 电路的全响应

在一阶电路中，由储能元件的初始储能和外施激励共同作用产生的响应称为一阶电路的全响应。

如图 4-6(a) 所示的 RC 电路，开关 S 在闭合前电容电压 $u_C(0_-)=U_0$。设在 $t=0$ 瞬间换路，即 $t=0$ 时将 S 闭合，电路与恒压源接通，此时电容电压既有初始值又受外加电源激励，因此换路后，该电路为全响应电路。

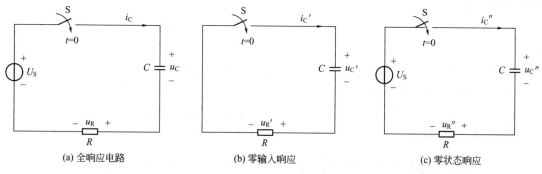

(a) 全响应电路　　　(b) 零输入响应　　　(c) 零状态响应

图 4-6　RC 电路的全响应

由叠加定理，全响应为零输入响应和零状态响应两者的叠加，故图 4-6(a) 可分解为图 4-6(b) 和图 4-6(c)。在图 4-6(a) 电路中 $u_C(0_+)=U_0$，由图 4-6(b) 可得

$$u'_C(t)=U_0 e^{-\frac{t}{RC}}\quad t\geqslant 0$$

由图 4-6(c) 可得

$$u''_C(t) = U_S(1-e^{-\frac{t}{\tau}}) \quad t \geqslant 0$$

全响应

$$\underbrace{u_C(t) = u'_C(t) + u''_C(t) = \underbrace{U_0 e^{-\frac{t}{RC}}}_{\text{零输入响应}} + \underbrace{U_S(1-e^{-\frac{t}{\tau}})}_{\text{零状态响应}}}_{\text{全响应}} \quad t \geqslant 0 \tag{4-14}$$

式(4-14)还可以改写成如下形式

$$\underbrace{u_C(t) = \underbrace{U_S}_{\text{稳态分量}} + \underbrace{(U_0 - U_S)e^{-\frac{t}{\tau}}}_{\text{暂态分量}}, t \geqslant 0}_{\text{全响应}} \tag{4-15}$$

式(4-15)右边第一项为外加电源作用的结果，称其为稳态分量；右边第二项为指数函数的形式，当 $t \to \infty$ 时该分量衰减为零，因此称为暂态分量。式中 U_S 为电路达到新稳态时电容元件上的电压，为稳态分量，可表示为 $u_C(\infty)$；U_0 为电容元件上的初始储能，即电容电压的初始值，可表示为 $u_C(0+)$。

式(4-15)可表示为

$$u_C(t) = U_C(\infty) + [U_C(0+) - U_C(\infty)]e^{-\frac{t}{\tau}} \tag{4-16}$$

【例 4-4】 在图 4-7 所示电路中，开关 S 闭合前电路处于稳态。在 $t=0$ 时将开关 S 闭合。试求：换路后的 i_C 和 u_C。

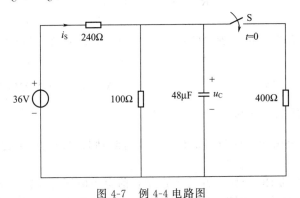

图 4-7 例 4-4 电路图

解： 换路前电容电压不为零，换路后电路中有激励源，所以是全响应。根据换路定律，由换路前电路求得

$$u_C(0+) = u_C(0-) = 36 \times \frac{100}{100+240} = \frac{180}{17}(\text{V})$$

由换路后的电路求得稳态值为 $u_C(\infty) = 36 \times \dfrac{\frac{100 \times 400}{100+400}}{\frac{100 \times 400}{100+400}+240} = 9(\text{V})$

电路的时间常数为

$$\tau = R_{eq}C = \frac{1}{\frac{1}{100}+\frac{1}{400}+\frac{1}{240}} \times 48 \times 10^{-6} = 2.88 \times 10^{-3}(\text{s})$$

u_C 的零输入响应为 $u'_C(t) = u_C(0+)e^{-\frac{t}{\tau}} = \dfrac{180}{17}e^{-\frac{t}{2.88\times10^{-3}}} = 10.59e^{-347.2t}(\text{V})$

u_C 的零状态响应为 $u''_C(t) = u_C(\infty)(1-e^{-\frac{t}{\tau}}) = 9 \times (1-e^{-\frac{t}{2.88\times10^{-3}}}) = 9(1-e^{-347.2t})(\text{V})$

所以 u_C 的全响应 $u_C(t) = u'_C(t) + u''_C(t) = 10.59e^{-347.2t} + 9(1-e^{-347.2t}) = 9+$

$$1.59 e^{-347.2t} \text{ (V)}$$

4.3 一阶 RL 电路的暂态分析

由电阻元件和电感元件组成的电路称为 RL 电路。本节介绍 RL 电路的充放电过程。

4.3.1 RL 电路的零输入响应

如图 4-8(a) 所示的 RL 串联电路，换路前开关 S 打在 1 的位置，且电路处于稳态，电感电流 $i_L(0_-)=\dfrac{U_S}{R}=I_0$。当 $t=0$ 时，开关 S 由位置 1 打向位置 2，根据换路定则，$i_L(0_+)=i_L(0_-)=\dfrac{U_S}{R}=I_0$，此时电路外部激励为零，仅在电感初始储能的作用下，通过电阻 R 进行放电，从而在电路中引起电压、电流的变化，故 RL 电路的零输入响应是电感放电过程中电路的响应。

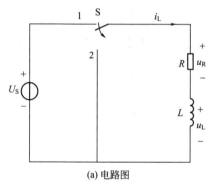
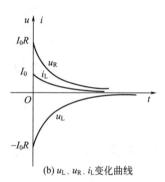

(a) 电路图　　　　　　　　　　(b) u_L、u_R、i_L 变化曲线

图 4-8　RL 电路的零输入响应

在图 4-8(a) 所示的电压电流的参考方向下，换路后（$t \geqslant 0$）电路的 KVL 方程为

$$u_R + u_L = 0 \tag{4-17}$$

将 $u_L = L\dfrac{di_L}{dt}$ 及 $u_R = Ri_L$ 代入式 (4-17)，得

$$L\dfrac{di_L}{dt} + i_L R = 0 \tag{4-18}$$

此方程与电容放电时的微分方程（4-3）形式相同，参照式（4-3）的解法及其结果，便可求得 RL 电路的零输入响应 i_L、u_L 及 u_R 如下。

$$i_L = i_L(0_+) e^{-\frac{R}{L}t} = I_0 e^{-\frac{t}{\tau}} \tag{4-19}$$

$$u_L(t) = L\dfrac{di_L(t)}{dt} = -RI_0 e^{-\frac{t}{\tau}} \tag{4-20}$$

$$u_R(t) = i_L R = I_0 R e^{-\frac{t}{\tau}} \tag{4-21}$$

由式(4-19)～式(4-21)可得 $i_L(t)$、$u_L(t)$ 和 $u_R(t)$ 随时间变化的曲线如图 4-8(b) 所示。同 RC 电路一样，RL 电路的零输入响应 $i_L(t)$、$u_L(t)$ 和 $u_R(t)$ 也都是随时间按同一指数规律衰减的，其衰减快慢取决于指数中 τ 的大小。$\tau = \dfrac{L}{R}$ 称为 RL 电路的时间常数；当电阻的单位为欧姆（Ω），电感的单位为亨利（H）时，τ 的单位为时间单位秒（s）。时间常

数 τ 值越大，放电过程的时间就越长，τ 越小，衰减越快，过渡过程越短。理论上讲，只有在 $t\to\infty$ 时，u_C、i_C、u_R 才能衰减到零。实际工程中只要 $t \geq 3\tau$ 即可认为衰减已基本结束。

由图 4-8(b) 可以看出，换路瞬间电感电压 $u_L(t)$ 从零值跃变到 $-RI_0$，这是因为电感电压的大小与 L 和 $\dfrac{\mathrm{d}i_L(t)}{\mathrm{d}t}$ 成正比，换路时，电感电流要在极短的时间内急剧降为零，所以电流的变化率很大，导致电感两端会产生很高的自感电动势，它可能将开关两触点之间的空气击穿而造成电弧以延缓电流的中断，开关触点因而被烧坏。此外，很高的电动势对线圈的绝缘和人身安全及并联在线圈两端的测量仪表也都是不利的。因此可采用续流二极管对电路进行保护。电感电压的突变有时也可以利用。例如在汽车点火上，利用拉开开关时电感线圈产生的高电压击穿火花间隙，产生电火花而将汽缸点燃。

【例 4-5】 电路如图 4-9 所示，$U_S=10\text{V}$，$R_1=2\text{k}\Omega$，$R_2=R_3=4\text{k}\Omega$，$L=200\text{mH}$，开关未断开前电路已处于稳态。$t=0$ 时开关断开，试求 $t \geq 0$ 时 $i_L(t)$、$u_L(t)$。

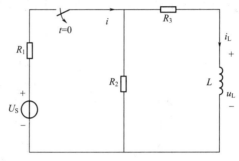

图 4-9 例 4-5 电路图

解：换路前开关闭合，开关处电流为

$$i(0_-)=\dfrac{U_S}{R_1+\dfrac{R_2\times R_3}{R_2+R_3}}=\dfrac{10}{2\times 10^3+\dfrac{4\times 4}{4+4}\times 10^3}\text{A}=2.5\times 10^{-3}\text{A}$$

根据换路定律

$$i_L(0_+)=i_L(0_-)=i(0_-)\times \dfrac{R_2}{R_2+R_3}=1.25\times 10^{-3}\text{A}$$

时间常数

$$\tau=\dfrac{L}{R}=\dfrac{L}{R_2+R_3}=25\times 10^{-6}\text{s}$$

所以

$$i_L(t)=i_L(0_+)\mathrm{e}^{-\frac{t}{\tau}}=1.25\times 10^{-3}\mathrm{e}^{-4\times 10^4 t}\text{A},\ t\geq 0$$

$$u_L=L\dfrac{\mathrm{d}i}{\mathrm{d}t}=-200\times 1.25\times 10^{-3}\times 40\times 10^4 \mathrm{e}^{-4\times 10^4 t}\text{V}=-10\mathrm{e}^{-4\times 10^4 t}\text{V},\ t\geq 0$$

4.3.2 RL 电路的零状态响应

如图 4-10(a) 所示的 RL 电路，换路前电感中无储能，即 $i_L(0_-)=0$。$t=0$ 时，将开关 S 闭合，电源经电阻开始给电感元件充磁。由换路定则可知，$i_L(0_+)=i_L(0_-)=0$，所以换路瞬间，电感元件相当于开路，直流电压源 U_S 的电压全部施加于电感两端，使电感电压由零跃变到 $u_L(0_+)=U_S$。随着时间的增加，电路中的电流和电阻上的电压由零逐渐增加，直到电阻电压等于电源电压，电路达到新的稳态，此时电流值 $i_L(\infty)=\dfrac{U_S}{R}$。RL 电路在直

流激励下的零状态响应，就是没有储能的电感 L 经电阻 R 接至直流电源充电的响应。用与 RC 电路类似的分析方法，可得出图 4-10(b) 所示电路的电压、电流随时间变化的规律。

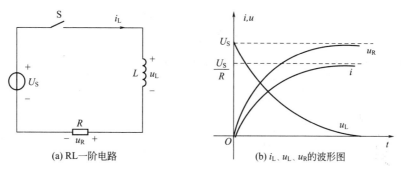

(a) RL一阶电路　　　　　　　　(b) i_L、u_L、u_R的波形图

图 4-10　RL 电路的零状态响应

在图 4-10(a) 所示的电压电流的参考方向下，换路后（$t \geqslant 0$）电路的 KVL 方程为

$$i_L R + u_L = u_S \tag{4-22}$$

将 $u_L = L \dfrac{\mathrm{d}i_L}{\mathrm{d}t}$ 代入式（4-22），得

$$L \dfrac{\mathrm{d}i_L}{\mathrm{d}t} + i_L R = U_S \tag{4-23}$$

式(4-23) 的求解过程与 RC 电路的零状态响应相同，参照式(4-9) 的解法及其结果，便可求得 RL 电路的零状态响应 i_L、u_L 及 u_R 如下

$$i_L(t) = i_L(\infty)(1 - \mathrm{e}^{-\frac{t}{\tau}}) = \dfrac{U_S}{R}(1 - \mathrm{e}^{-\frac{t}{\tau}}) = I_L(1 - \mathrm{e}^{-\frac{t}{\tau}}),\ t \geqslant 0 \tag{4-24}$$

$$u_L(t) = L \dfrac{\mathrm{d}i_L(t)}{\mathrm{d}t} = U_S \mathrm{e}^{-\frac{t}{\tau}},\ t \geqslant 0 \tag{4-25}$$

$$u_R(t) = U_S(1 - \mathrm{e}^{-\frac{t}{\tau}}),\ t \geqslant 0 \tag{4-26}$$

由图 4-10(b) 可见，电感电流和电容电压的增长规律相同，都是按指数规律由初始值增加到稳态值。电感电压 u_L 在 $t=0$ 时的换路瞬间由零跃变到 U_S，然后按指数规律衰减趋于零。过渡过程进行的快慢，同样取决于电路的时间常数 $\tau = \dfrac{L}{R}$。其他有关分析与 RC 零状态响应电路类似，这里不再赘述。

【例 4-6】　如图 4-11 所示电路，$t=0$ 时开关闭合，求 $i_L(t)$ 及 $t=3\mathrm{ms}$ 时的电流值。

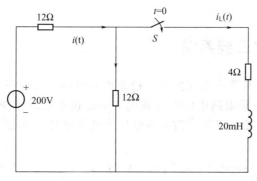

图 4-11　例 4-6 电路图

解：由换路前 $i_L(0-)=0$ 得
$$i_L(0+)=i_L(0-)=0$$
换路后电源电流的稳态值为
$$i(\infty)=\frac{200}{12+\frac{12\times 4}{12+4}}=\frac{40}{3}(\text{A})$$
电感电流的稳态值由 4Ω 电阻和 12Ω 电阻分流得
$$i_L(\infty)=\frac{12}{12+4}i(\infty)=10\text{A}$$
换路后等效电阻
$$R=\frac{12\times 12}{12+12}+4=10(\Omega)$$
时间常数
$$\tau=\frac{L}{R}=\frac{20\times 10^{-3}}{10}=2\times 10^{-3}(\text{s})$$
电流 $i_L(t)$ 的零状态响应为
$$i_L(t)=i_L(\infty)(1-e^{-\frac{t}{\tau}})=10\times(1-e^{-\frac{t}{2\times 10^{-3}}})=10-10e^{-500t}(\text{A})\quad t\geqslant 0$$
$t=3\text{ms}$ 时
$$i_L(t)|_{t=0.003}=10-10e^{-500\times 0.003}=7.769(\text{A})$$

4.3.3 RL 电路的全响应

在图 4-10(a) 中，若换路前电感电流的初始值为 I_0，则换路后 RL 电路的全响应与 RC 电路的全响应相似，可以表示为如下形式

$$\underbrace{i_L(t)}_{\text{全响应}}=\underbrace{I_0 e^{-\frac{t}{\tau}}}_{\text{零输入响应}}+\underbrace{\frac{U_S}{R}(1-e^{-\frac{t}{\tau}})}_{\text{零状态响应}}\quad t\geqslant 0 \qquad (4\text{-}27)$$

式 (4-27) 还可以改写成如下形式

$$\underbrace{i_L(t)}_{\text{全响应}}=\underbrace{\frac{U_S}{R}}_{\text{稳态分量}}+\underbrace{\left(I_0-\frac{U_S}{R}\right)e^{-\frac{t}{\tau}}}_{\text{暂态分量}}\quad t\geqslant 0 \qquad (4\text{-}28)$$

上式中 $\frac{U_S}{R}$ 为换路后稳态时电感元件上的电流，称为稳态分量，可用 $i_L(\infty)$ 表示；I_0 为电感元件电流的初始值，可用 $i_L(0+)$ 表示。因此，上式可表示为

$$i_L(t)=i_L(\infty)+[i_L(0)-i_L(\infty)]e^{-\frac{t}{\tau}}\quad t\geqslant 0 \qquad (4\text{-}29)$$

4.4 一阶电路的三要素法

由前面的分析可知，只要求出初始值、稳态值和时间常数这三个要素，就能确定 u_C 和 i_L 的表达式。实际上，一阶电路中的电压或电流都是按指数规律变化的，都可以利用三要素来求解。这种利用三个要素求解一阶电路电压或电流随时间变化的关系式的方法称为三要素法，其一般形式为

$$f(t)=f(\infty)+[f(0+)-f(\infty)]e^{-\frac{t}{\tau}}\quad t\geqslant 0 \qquad (4\text{-}30)$$

式(4-30)中，$f(t)$ 表示一阶电路中任意电压或电流，$f(0+)$ 表示初始值、$f(\infty)$ 表

示稳态值，τ 为时间常数。把这三个量称为一阶电路的三要素。

利用三要素法求解电路的步骤如下。

① 求初始值 $f(0_+)$。方法同 4.1.2 节所述。

② 求稳态值 $f(\infty)$。方法为：画出换路后电路达到稳定时的等效电路（电容元件视为开路，电感元件视为短路），计算各电压、电流值。

③ 求时间常数 τ。$\tau = RC$ 或 $\tau = \dfrac{L}{R}$，其中 R 是换路后的电路中从储能元件两端看进去的无源二端网络（将理想电压源短路，理想电流源开路）的等效电阻。

④ 将上述三要素代入式(4-30)中，求得电路的响应。

【例 4-7】 如图 4-12 所示电路，换路前电路处于稳定状态，$t=0$ 时刻开关断开。试计算换路后的电容电压 $u_C(t)$ 和电容电流 $i_C(t)$。

解： 换路前电容电压

$$u_C(0_-) = 30 \times \frac{50}{200+50} = 6(\text{V})$$

由换路定律得

$$u_C(0_+) = u_C(0_-) = 6\text{V}$$

稳态电压

$$u_C(\infty) = 30\text{V}$$

时间常数

$$\tau = R_{eq}C = 200 \times 10 \times 10^{-6}\text{s} = 2 \times 10^{-3}\text{s}$$

将 $u_C(0_+)$、$u_C(\infty)$ 和 τ 代入三要素公式

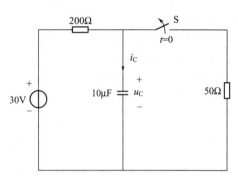

图 4-12 例 4-7 电路图

(4-30) 得电容电压全响应为

$$u_C(t) = u_C(\infty) + [u_C(0_+) - u_C(\infty)]e^{-\frac{t}{\tau}} = (30 - 24e^{-500t})\text{V} \qquad t \geqslant 0$$

电容电流

$$i_C(t) = C\frac{du_C(t)}{dt} = 10 \times 10^{-6} \times 24 \times 500 e^{-500t} = 0.12e^{-500t}(\text{A}) \qquad t \geqslant 0$$

4.5 应用举例

动态元件在实际中应用十分广泛。闪光灯电路就是应用动态元件的一个例子。应用闪光灯的场合很多，如照相机用的闪光灯、警示用的闪光灯等。大多实际的闪光灯电路已超过本书讨论的范围，为了了解闪光灯电路的设计思路，更好地理解动态元件的特点，以图 4-13 所示简化的闪光灯电路为例进行分析。图 4-13 所示电路由直流电压源、电阻、电容和一个在临界电压下能够导通的灯组成。当灯两端的电压 $u_C(t)$ 达到 U_{max} 时导通发光，此时灯相当于一个电阻，设阻值为 R_d；当它两端的电压降到电压 U_{min} 时停止发光，此时相当于开路。

在分析电路以前，先对电路的工作做一个简单的分析。首先，当闪光灯不亮，即开路时，直流电压源通过电阻 R_1 对电容充电，当电容上的电压 $u_C(t)$（即闪光灯两端的电压）达到 U_{max} 时，灯导通发光，此时电容开始放电，一旦电容电压 $u_C(t)$ 下降到 U_{min} 时，灯开路，电容又开始充电。

令电容开始充电的瞬间为 $t=0$；到 $t=t_1$ 时，电容两端电压（灯电压）达到 U_{max}，灯开始导通并开始工作，直到 $t=t_2$ 时，电容两端电压（灯电压）降到 U_{min}，灯停止工作，相当于开路，电容又重新开始充电完成一个循环。

假设电路已经运转一段时间，在 $t=0$ 时，灯开路，等效电路如图 4-14 所示。在此电路

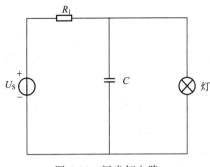

图 4-13 闪光灯电路

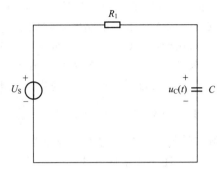

图 4-14 $t=0$ 时刻的闪光灯电路

中求灯不导通时（$0 \leqslant t < t_1$）灯两端的电压，也就是电容两端的电压 $u_C(t)$。用三要素法，求解如下：

电容电压初始值 $u_C(0+)=U_{min}$

电容电压稳态值 $u_C(\infty)=U_S$

时间常数 $\tau=R_1C$

代入三要素法公式得

$$u_C(t)=U_S+(U_{min}-U_S)\mathrm{e}^{-\frac{t}{\tau}} \qquad t \geqslant 0$$

当 $t=t_1$ 时，$u_C(t_1)=U_{max}$，灯导通，此时间为

$$t_1=\tau \ln \frac{U_{min}-U_S}{U_{max}-U_S}$$

从 $t=t_1$ 时刻，$u_d(t_1)=u_C(t_1)=U_{max}$，灯导通，等效电阻如图 4-15(a) 所示，电灯两端的电压 $u_d(t)=u_C(t)$，需要求出电容两端的电压 $u_C(t)$（此时 $t \geqslant t_1$）。为求时间常数 τ 需要将电路变换成如图 4-15(b) 的形式，求得等效电阻 $R_0=R_1//R_d$。电路达到稳定状态时电容相当于开路，等效电路如图 4-15(c) 所示。

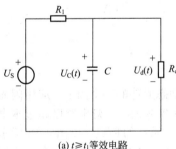

(a) $t \geqslant t_1$ 等效电路

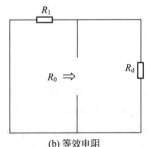

(b) 等效电阻

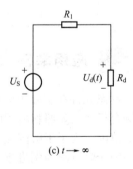

(c) $t \to \infty$

图 4-15 $t \geqslant t_1$ 时闪光灯等效电路

当 $t \geqslant t_1$ 时，用三要素法求解如下：

电容电压初始值 $u_C(t_{1+})=U_{max}$

电容电压稳态值 $u_C(\infty)=u_d(\infty)=\dfrac{R_d}{R_1+R_d}U_S$

时间常数 $\tau'=R_0C$

代入三要素法公式得

$$u_C(t)=U_d+(U_{max}-U_d)\mathrm{e}^{-\frac{t-t_1}{\tau'}} \qquad t \geqslant t_1$$

同理，当 $u_C(t_2)=U_{min}$ 时，灯截止，可求出灯导通的时间

$$(t_2 - t_1) = \tau' \ln \frac{U_{\max} - U_d}{U_{\min} - U_d}$$

闪光灯电路中电容两端电压的波形图如图 4-16 所示。

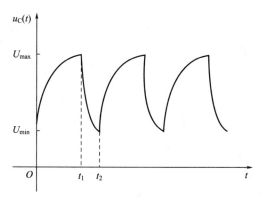

图 4-16　闪光灯电路中电容两端电压波形图

本章小结

本章介绍了电路的暂态过程、换路定则、RC、RL 电路的暂态过程和一阶电路的三要素法。主要内容归纳如下。

1. 暂态过程

电路从一个稳定的状态变化到另一个稳定状态的过程。电路中含有储能元件，并且发生了换路，才能够产生暂态过程。产生暂态过程的原因是能量不能跃变。

2. 换路定则

换路时电容电压不能跃变，电感电流不能跃变，即

$$u_C(0_+) = u_C(0_-)$$
$$i_L(0_+) = i_L(0_-)$$

3. 一阶 RC、RL 电路的暂态过程总结

（1）零输入响应：无电源激励，仅有初始储能引起的响应，其实质是储能元件放电的过程。

（2）零状态响应：换路前初始储能为零，仅有外加激励引起的响应，其实质是电源给储能元件充电的过程。

（3）全响应：电源激励和初始储能共同作用的结果，其实质是零输入响应和零状态响应的叠加，同时又可以看作为稳态分量和暂态分量之和。

4. 时间常数 τ

时间常数 τ 决定过渡过程进行的快慢：τ 越大暂态过程越慢；τ 越小暂态过程越快。在 RC 电路中 $\tau = RC$，在 RL 电路中 $\tau = \dfrac{L}{R}$。

5. 一阶电路的三要素法

利用三要素法，可以简单地求解一阶电路的各种响应，其一般形式为

$$f(t) = f(\infty) + [f(0_+) - f(\infty)] e^{-\frac{t}{\tau}}$$

式中，$f(t)$ 为响应；$f(\infty)$ 为响应的稳态值；$f(0_+)$ 为响应的初始值；τ 是电路的时间常数。

习题 4

4-1 电路如图 4-17 所示，$t=0$ 时刻关闭开关，求 $i_S(0+)$ 为多少？

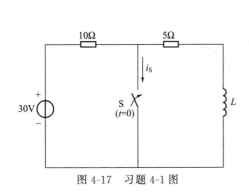

图 4-17 习题 4-1 图

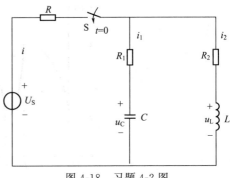

图 4-18 习题 4-2 图

4-2 电路如图 4-18 所示，$U_S=10\text{V}$，$R=4\Omega$，$R_1=R_2=6\Omega$，S 开关合上前，L 与 C 均未储能，试求 S 开关合上后，$i(0+)$、$i_1(0+)$、$i_2(0+)$、$u_C(0+)$、$u_L(0+)$。

4-3 图 4-19 所示电路，在 $t<0$ 时电路处于稳态，$t=0$ 时开关突然接通。求初始值 $i_L(0+)$、$u_C(0+)$、$u_L(0+)$、$u_L(0+)$ 及 $i_C(0+)$。

4-4 已知电容 $C=40\mu\text{F}$，从高压电路上断开，断开时电容器电压 $U_0=3.5\text{kV}$。断开后电容器依赖自身漏电阻放电，若漏电阻 $R=100\text{M}\Omega$，试问经过 1h 后，电容器剩余电压为多少？经过多长时间放电结束？

4-5 在图 4-20 所示电路中，开关 S 闭合时，电压表指示的线圈端电压为 2V，现开关 S 突然断开，问此瞬间电压表承受多大电压（线圈电阻 $R=1\Omega$，电压表内阻 $R_0=10\text{k}\Omega$）？

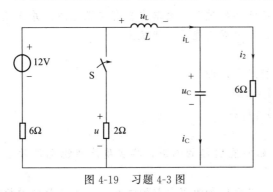

图 4-19 习题 4-3 图

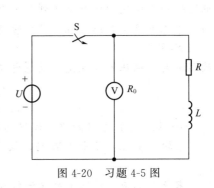

图 4-20 习题 4-5 图

4-6 图 4-21 所示电路原已处于稳态，在 $t=0$ 时，将开关 S 闭合，试求开关闭合后的 u_C 和 i_C。

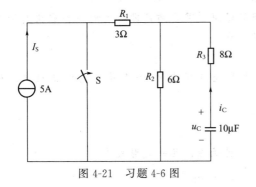

图 4-21 习题 4-6 图

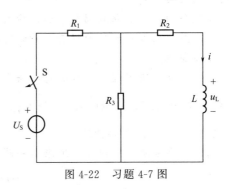

图 4-22 习题 4-7 图

4-7 电路如图 4-22 所示，已知 $U_S=30\text{V}$，$R_1=5\Omega$，$R_2=10\Omega$，$R_3=10\Omega$，$L=0.5\text{mH}$，开关 S 在 $t=0$ 时断开。S 断开前电路已进入稳态，求 $i(t)$、$u_L(t)$。

4-8 在图 4-23 中,已知 $u_S=6V$,$R=1k\Omega$,$C=2\mu F$,换路前电容器未储能。试求:
(1) 换路后,电压 u_C 的变化规律。
(2) 换路后经过 4ms 时,u_C 值是多少?
(3) 电容器充电至 6V 时,需要多长时间?

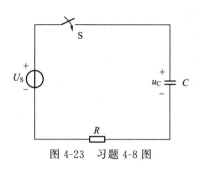

图 4-23 习题 4-8 图

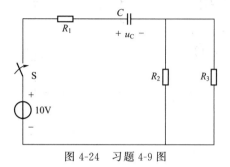

图 4-24 习题 4-9 图

4-9 图 4-24 所示电路中,已知 $R_2=R_3=10k\Omega$,$R_1=5k\Omega$,$C=20\mu F$,开关 S 闭合前电容无储能,求 S 闭合后电容电压 u_C。

4-10 如图 4-25 所示电路,$u_S=6V$,电阻 $R_1=R_2=2\Omega$,$L=1H$,电感 L 中无初始储能,$t=0$ 时开关 S 闭合。试求 $t=0.7s$ 时电感上的电流值。

4-11 图 4-26 中,已知 $u_S=12V$,$R_1=R_2=2k\Omega$,$C=1\mu F$,换路前电路处于稳态,$t=0$ 时开关 S 闭合。试求 $t\geqslant 0$ 时电压 u_C 的变化规律,并画出 u_C 的变化曲线。

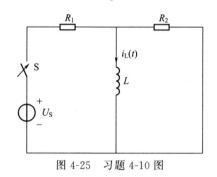

图 4-25 习题 4-10 图

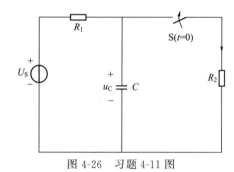

图 4-26 习题 4-11 图

4-12 图 4-27 所示电路中,$L_1=0.01H$,$L_2=0.02H$,$R_1=2\Omega$,$R_2=1\Omega$,$U=6V$,试求:
(1) S_1 闭合后 i_1 的变化规律;
(2) S_1 闭合达稳态后,再闭合 S_2,i_1、i_2 的变化规律。

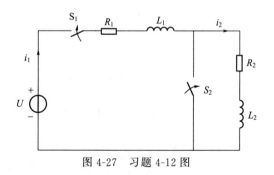

图 4-27 习题 4-12 图

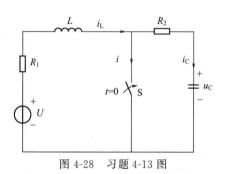

图 4-28 习题 4-13 图

4-13 图 4-28 所示电路中,$U=2V$,$R_1=R_2=1\Omega$,$L=2H$,$C=0.5F$。原来电路处于稳定状态,$t=0$ 时将开关 S 闭合。试求:(1) 电路中电压 u_C、i_L 和 i 的变化规律。(2) 画出 u_C、i_L 和 i 的变化曲线。

4-14 电路如图 4-29 所示,试用三要素法求换路后电流 i_L 的变化规律。

4-15 如图 4-30 所示电路中,已知 $U_S=9V$,$R_1=6k\Omega$,$R_2=3k\Omega$,$C=1\mu F$。$t=0$ 时开关闭合,试用三要

素法分别求出 $u_C(0_-)=0$、3V 和 6V 时 u_C 的表达式，并画出对应的波形。

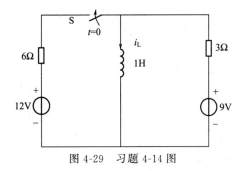

图 4-29 习题 4-14 图

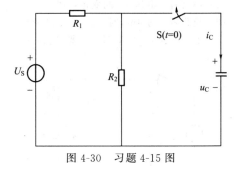

图 4-30 习题 4-15 图

第 5 章
磁路及变压器

在很多电气设备中,例如电磁继电器、电磁仪表、变压器、电机等都是利用磁场来实现能量转换的,而磁场通常都是由线圈通入电流产生的,这不仅与电路有关,与磁路也紧密相联。只有同时掌握电路和磁路的基本理论,才能对各种电气设备做出全面的分析。本章在介绍磁路的基础上,重点介绍变压器的工作原理、外特性与额定值。

5.1 磁路

5.1.1 磁路的基本概念

为了利用较小的励磁电流产生足够大的磁通,在电机和变压器中常采用导磁性能良好的磁铁材料做成一定形状的铁芯。铁芯的磁导率比周围空气或其他物质的磁导率高得多,因此绝大部分的磁通经过铁芯而形成一个闭合通路,这部分磁通称为主磁通;极少量的磁通经周围的其他介质(如空气)形成通路,称为漏磁通。分析磁路问题时,漏磁通往往可以忽略不计,因此磁路通常是指主磁通所经过的路径。

5.1.2 磁路的主要物理量

1) 磁感应强度 B

磁感应强度 B 是表示磁场中任意一点的磁场强弱及方向的物理量,其大小为通过该点与 B 垂直的单位面积上磁力线的数目,其方向为过该点磁力线的切线方向。国际单位制中,磁感应强度 B 的单位为特斯拉(T)。

2) 磁通 $\varPhi$

穿过某一截面 S 的磁感应强度 B 的通量,即穿过某截面 S 的磁力线数目,称为磁感应通量,简称磁通,有

$$\varPhi = \int_S B \mathrm{d}S \tag{5-1}$$

若磁场均匀,且磁场与截面垂直时,式(5-1)简化为

$$\varPhi = BS$$

国际单位制中,磁通 $\varPhi$ 的单位为韦伯(Wb)。

3) 磁导率 μ

磁导率 μ 是反映物质导磁性能的物理量,物质的磁导率 μ 越大,其导磁性能越好。真空的磁导率 $\mu_0 = 4\pi \times 10^{-7} \mathrm{H/m}$,其他物质的磁导率 μ 与真空的磁导率 μ_0 之比称为相对磁导率 μ_r,即

$$\mu_r = \frac{\mu}{\mu_0}$$

铁磁性材料的相对磁导率不是常数，$\mu_r = 2000 \sim 6000$；而非铁磁性材料的相对磁导率为常数，$\mu_r \approx 1$。

磁导率的单位是亨/米（H/m）。

4）磁场强度 H

磁场强度 H 是进行磁场分析时引入的辅助物理量，体现了电流与由其产生的磁场之间的数量关系，其方向与磁感应强度 B 相同，其大小与磁感应强度 B 之间相差一个导磁介质的磁导率 μ，即

$$H = \frac{B}{\mu}$$

磁场强度 H 的单位是安/米（A/m）。

5.1.3 磁路欧姆定律

介绍磁路欧姆定律之前，先来了解全电流定律。

1）全电流定律

全电流定律是指磁场中，沿任一闭合回路，磁场强度 H 的线积分等于该闭合回路包围的所有导体电流的代数和，即

$$\oint_l \vec{H} d\vec{l} = \Sigma I \tag{5-2}$$

当导体电流的方向与闭合路径的积分方向符合右手螺旋关系时，电流为正，反之电流为负。

环形磁路如图 5-1 所示，设环形铁芯线圈是均匀密绕的，若取其中心线为积分回路，则中心线上各点的磁场强度矢量的大小相等，其方向又与 $d\vec{l}$ 的方向一致，故

$$\oint \vec{H} d\vec{l} = \oint H dl = H \oint dl = Hl = \Sigma I$$

即

$$Hl = NI$$

式中，l 是中心线长度，即 $l = 2\pi r$；N 是线圈匝数。

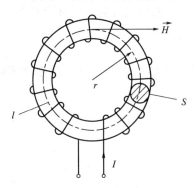

图 5-1 环形铁芯线圈

在磁路计算中，选取恰当的积分路线，使 $\vec{H}$ 的方向与 $d\vec{l}$ 的方向一致，式（5-2）可写为

$$\oint_l H dl = \Sigma I \tag{5-3}$$

如果沿积分路线可分为 n 段，每段中 $\vec{H}$ 的大小不变，式(5-3)可写为

$$\sum_{k=1}^{n} H_k l_k = \Sigma I \tag{5-4}$$

式(5-4)中，$H_k l_k$ 为第 k 段磁路的磁压降，ΣI 为产生磁通的磁动势。式(5-4)表示：沿磁回路一周，磁压降的代数和等于磁动势的代数和。

2）磁路欧姆定律

如图 5-1 所示，由一种铁磁材料构成环形铁芯线圈，根据全电流定律，有：

$$NI = Hl = \frac{B}{\mu}l = \frac{\Phi}{\mu S}l$$

整理,得到

$$\Phi = \frac{IN}{l/\mu S} = \frac{F}{R_m} \tag{5-5}$$

这就是磁路欧姆定律。式中,磁动势 $F=NI$ 是产生磁通的原因;磁阻 $R_m = \frac{l}{\mu S}$ 表示磁路对磁通的阻碍作用。由于铁磁物质的磁导率 μ 不是常数,磁阻 R_m 也不是常数,因此,磁路欧姆定律一般仅用于磁路的定性分析。

5.1.4 交流铁芯线圈电路

铁芯线圈分为直流铁芯线圈和交流铁芯线圈。直流铁芯线圈由直流电励磁,产生恒定磁通。交流铁芯线圈由交流电励磁,产生交变磁通。交流铁芯线圈在电工技术中应用很广,如继电器、接触器、交流电机的定子绕组、日光灯的镇流器、变压器等,都是交流铁芯线圈。所以,交流铁芯线圈的分析非常重要。

1) 电磁关系

交流铁芯线圈如图 5-2 所示,线圈匝数为 N。线圈加交变电压 u,在线圈中会产生交变电流 i 及与磁动势 $F=IN$。交变磁动势 F 会建立两种交变磁通:主磁通 Φ 和漏磁通 Φ_σ。两种交变磁通在线圈中又分别产生了感应电动势 e 和漏感电动势 e_σ。

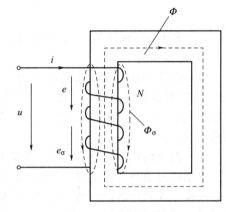

图 5-2 交流铁芯线圈

如图 5-2 所示,感应电动势 e、e_σ 与磁通的参考方向符合右手螺旋定则,根据基尔霍夫电压定律列出铁芯线圈电路的电压方程为:

$$u = -e - e_\sigma + Ri \tag{5-6}$$

先分析一下漏感电动势 e_σ。漏磁通 Φ_σ 的大小和性质主要由空气的磁阻来决定,因此漏磁通 Φ_σ 与电流 i 之间呈线性关系。根据自感系数 L 的定义,有:

$$L_\sigma = \frac{N\Phi_\sigma}{i}$$

式中 L_σ 称为漏感系数,简称漏感,它的性质和交流电路中的纯电感是一样的,因此有

$$e_\sigma = -N\frac{d\Phi_\sigma}{dt} = -L_\sigma \frac{di}{dt}$$

写成相量形式为

$$\dot{E}_\sigma = -jX_\sigma \dot{I}$$

式中,X_σ 叫线圈的漏感抗,$X_\sigma = \omega L_\sigma$。

感应电动势 e 是由主磁通 Φ 作用产生的,主磁通 Φ 和电流 i 之间是非线性关系,对应的电感参数 L 是非线性的,所以

$$e = -N\frac{d\Phi}{dt}$$

交流铁芯线圈电路的电压方程式(5-6)可写成相量形式

$$\dot{U} = -\dot{E} - \dot{E}_\sigma + R\dot{I} = -\dot{E} + jX_\sigma \dot{I} + R\dot{I}$$

一般情况下，线圈电阻的压降 Ri 和漏感电动势 e_σ 都很小，往往可以忽略不计，这样式(5-6) 又可近似地写为

$$u = -e = N\frac{d\Phi}{dt}$$

若磁通 Φ 是时间的正弦函数，即

$$\Phi = \Phi_m \sin\omega t$$

则

$$e = -N\frac{d\Phi}{dt} = \omega N\Phi_m \cos\omega t = 2\pi f N\Phi_m \sin(\omega t - 90°)$$

$$= E_m \sin(\omega t - 90°) = \sqrt{2} E\sin(\omega t - 90°)$$

式中 $E_m = 2\pi f N\Phi_m$，所以

$$U = E = \frac{E_m}{\sqrt{2}} = 4.44 f N\Phi_m \tag{5-7}$$

式(5-7) 表明当线圈匝数 N 及电源频率 f 一定时，主磁通 Φ_m 的大小只取决于外施电压 U。

2) 能量损耗

(1) 磁滞损耗。交流铁芯线圈接正弦电压时，电流交变将引起磁场强度 H、磁感应强度 B 的大小和方向随之交变，从而使铁芯内的磁畴来回翻转，产生类似于摩擦生热的功率损耗，称为磁滞损耗。为减小磁滞损耗，交流铁芯线圈中的铁芯常采由硅钢片叠压而成。

(2) 涡流损耗。交变磁通经过铁芯时，不仅在线圈中产生感应电动势，而且在铁芯内也要产生感应电动势。由于铁芯是导体，铁芯内的感应电压会在铁芯内引起旋涡式的电流，称为电涡流，或简称涡流。涡流通过有电阻的铁芯也会有功率损耗，称为涡流损耗。为减少涡流损耗，常采用电阻率大的材料作成叠片铁芯，比如硅钢。

磁滞损耗和涡流损耗统称为铁芯损耗，简称铁损。

(3) 等效电阻。交流铁芯线圈通入励磁电流后，线圈本身要产生铜损；而铁芯中要产生铁损，直接损失了磁场能，间接损失了电能。所以，线圈中的电阻应该是两部分之和，即

$$R = R_{Cu} + R_{Fe}$$

式中，R 为线圈等效电阻；R_{Cu} 为铜损等效电阻；R_{Fe} 为铁损等效电阻。

5.2 变压器

变压器是根据电磁感应原理制成的静止电磁装置，即在交流铁芯线圈的铁芯上缠绕上线圈（又称绕组），就构成了变压器。它的主要功能是改变同一频率的交流电压等级，还可以变换电流和变换阻抗。

变压器的用途很广，因而种类繁多，按其用途不同可分为以下几种。

(1) 电力变压器：主要应用于电力系统中升降电压。
(2) 特殊电源用变压器：例如电炉变压器、电焊变压器和整流变压器等。
(3) 仪用变压器：供测量和继电保护用的变压器，例如电压互感器和电流互感器。
(4) 实验变压器：专供电气设备作耐压用的高压变压器。
(5) 调压器：能均匀调节输出电压的变压器，例如自耦变压器。
(6) 控制用变压器：用在控制系统中的小功率变压器，例如在电子设备中作为电源、隔离、阻抗匹配等的小容量变压器。

5.2.1 变压器的基本结构

变压器主要由铁芯和绕组两大部分构成。

铁芯通常由 0.35mm 或 0.5mm 厚度的硅钢片叠成,是变压器的磁路部分,为了减少铁芯损耗,硅钢片两面涂漆绝缘。

绕组由圆形或矩形截面的绝缘导线绕制而成,是变压器的电路部分。变压器接电源侧的绕组称为一次绕组,接负载侧的绕组称为二次绕组。铁芯、一次绕组和二次绕组相互间要很好绝缘。

按铁芯与绕组的装配方式,变压器分为芯式变压器和壳式变压器。芯式变压器如图 5-3(a) 所示,特点是绕组包围着铁芯,结构简单,用铁量较少,绕组的安装和绝缘比较容易,多用于容量较大的变压器。壳式变压器如图 5-3(b) 所示,特点是铁芯包围着绕组,用铜量较少,多用于小容量的变压器。

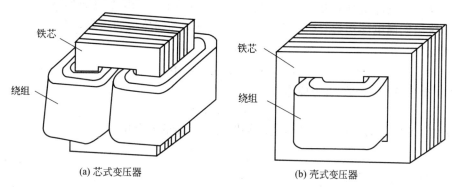

图 5-3 单相变压器铁芯结构

5.2.2 变压器的工作原理

1) 变压器的空载运行

空载运行状态是指变压器的一次绕组接交流电源,二次绕组开路,如图 5-4 所示。N_1 为一次绕组匝数,N_2 为二次绕组匝数。

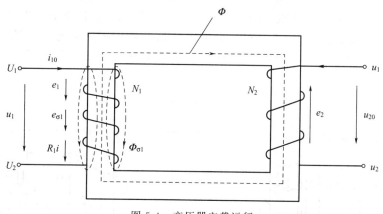

图 5-4 变压器空载运行

空载运行时,变压器二次绕组开路,没有电流,对一次绕组的工作状态没有影响,因此一次绕组中各物理量的情况与交流铁芯线圈相似。一次绕组电流 i_{10} 为空载电流,也是励磁电流,建立磁动势 $F_0 = N_1 i_{10}$,磁动势 F_0 在铁芯中产生主磁通 Φ 和漏磁通 $\Phi_{\sigma 1}$,主磁通 Φ

分别与一次绕组、二次绕组相交链，产生感应电动势 e_1、e_2。若感应电动势 e_1、e_2 与主磁通 Φ 的参考方向之间符合右手螺旋定则，由楞次定律可得

$$e_1 = -N_1 \frac{d\Phi}{dt}$$

$$e_2 = -N_2 \frac{d\Phi}{dt}$$

漏磁通 $\Phi_{\sigma 1}$ 只与一次绕组交链，产生感应电动势 $e_{\sigma 1}$，可以用一次绕组漏感抗 $X_{\sigma 1}$ 的压降表示，即

$$-\dot{E}_{\sigma 1} = jX_{\sigma 1} \dot{I}_{10}$$

根据基尔霍夫电压定律，利用相量法，一次绕组电路的电压方程为

$$\dot{U}_1 = -\dot{E}_1 - \dot{E}_{\sigma 1} + R_1 \dot{I}_{10} = -\dot{E}_1 + jX_{\sigma 1} \dot{I}_{10} + R_1 \dot{I}_{10}$$

式中，$\dot{U}_1$ 为电源电压；R_1 为一次绕组的等效电阻，一次绕组的漏感抗 $X_{\sigma 1} = \omega L_{\sigma 1}$；$L_{\sigma 1}$ 为一次绕组的漏电感；若忽略一次绕组的等效电阻和漏感抗的压降，有

$$\dot{U}_1 = -\dot{E}_1$$
$$U_1 = E_1 = 4.44 f N_1 \Phi_m$$

同理，变压器的二次绕组感应电动势

$$E_2 = 4.44 f N_2 \Phi_m$$

空载时，变压器的二次绕组感应电动势即为变压器的开路电压，有

$$\dot{U}_{20} = \dot{E}_2$$

变压器空载运行时的电压变比

$$k = \frac{U_1}{U_{20}} = \frac{E_1}{E_2} = \frac{N_1}{N_2} \tag{5-8}$$

由式(5-8) 可知，变压器的电压变比等于其匝数比，改变匝数，就能调节变压器二次绕组的电压，这是变压器变换电压的功能。

2) 变压器的负载运行

变压器的二次绕组接负载后，二次绕组有电流流过，若忽略一次绕组和二次绕组的等效电阻和漏感抗压降，变压器负载运行如图 5-5 所示。二次绕组感应电动势 e_2 产生交流电流 i_2，一次绕组的电流由空载励磁电流 i_{10} 变为 i_1。二次绕组内流过电流 i_2 时产生交变磁动势 $F_2 = N_2 i_2$，磁动势 F_2 也要产生磁通，此时变压器铁芯中的主磁通由一次绕组磁动势和二次绕组磁动势共同产生，磁动势 F_2 有改变铁芯中原有主磁通的趋势。但是，在一次

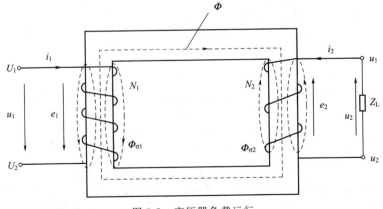

图 5-5 变压器负载运行

绕组外加交流电压不变的情况下，变压器的主磁通将基本保持不变，即变压器负载运行时的总磁动势应与变压器空载时的磁动势基本相等，因而一次绕组电流由 i_{10} 变到 i_1，使一次绕组的磁动势由 $N_1 i_{10}$ 变成 $N_1 i_1$，以抵消二次绕组磁动势 F_2 的作用，磁动势平衡方程为

$$N_1 \dot{I}_1 + N_2 \dot{I}_2 = N_1 \dot{I}_0 \tag{5-9}$$

空载电流一般不到额定电流的 5%，可忽略，所以式(5-9) 变为

$$N_1 \dot{I}_1 + N_2 \dot{I}_2 = 0$$

即

$$\frac{\dot{I}_1}{\dot{I}_2} = -\frac{N_2}{N_1} = -\frac{1}{k} \text{ 或 } \frac{I_1}{I_2} = \frac{N_2}{N_1} = \frac{1}{k} \tag{5-10}$$

由式(5-10) 可知，一次绕组电流和二次绕组电流的关系为电压变比倒数，这是变压器变换电流的功能。

若忽略不计一次绕组和二次绕组的漏感抗、电阻，二次绕组接负载阻抗 Z_L，如图 5-6 所示，从一次绕组看进去，此负载阻抗 Z_L' 为

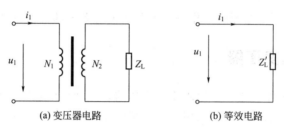

(a) 变压器电路　　　　　　　　　(b) 等效电路

图 5-6　阻抗等效变换

$$Z_L' = \frac{\dot{U}_1}{\dot{I}_1} = \frac{k\dot{U}_2}{-\frac{1}{k}\dot{I}_2} = k^2 \frac{\dot{U}_2}{-\dot{I}_2} = k^2 Z_L \tag{5-11}$$

由式(5-11) 可知，从一次绕组看进去的阻抗变为 $k^2 Z_L$，这是变压器阻抗变换的功能。

5.2.3　变压器的外特性

在电源电压不变的情况下，变压器负载运行，一次绕组和二次绕组都有电流通过，由于在一次绕组和二次绕组的漏感抗、电阻上产生压降，所以二次绕组的电压 U_2 将随负载的变化而变化，$U_2 = f(I_2)$ 的关系就称为变压器的外特性。如图 5-7 所示，变压器的外特性与负载的功率因数有关。负载不同，二次电压 U_2 下降的程度也不同，常用电压调整率来表示电压 U_2 的变化。从空载到满载（二次电流达到其额定值 I_{2N} 时）二次电压变化的数值与空载电压的比值称为电压变化率，即

$$\Delta U = \frac{U_{20} - U_2}{U_{20}} \times 100\%$$

当负载变化时，通常希望二次电压 U_2 的变化量越小越好。一般来说，在电力变压器

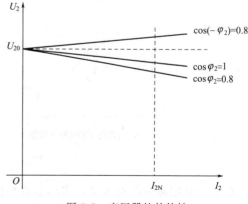

图 5-7　变压器的外特性

中,电压变化率 $\Delta U = 2\% \sim 3\%$。

5.2.4 变压器的额定值

为了使变压器能够得到充分的利用,必须了解变压器的额定值。电力变压器的额定值通常在其铭牌上给出。变压器的主要额定值有以下几项。

(1) 额定电压 U_{1N}/U_{2N}:额定电压 U_{1N} 是指正常情况下一次绕组应当施加的电压,额定电压 U_{2N} 是指一次绕组加额定电压 U_{1N} 时的二次空载电压 U_{20},单位为 V 或 kV。对于三相变压器,额定电压是指线电压。

(2) 额定电流 I_{1N}/I_{2N}:额定电流是指变压器在满载运行时一、二次绕组的电流值,单位为 A 或 kA。对于三相变压器,额定电流是指线电流。

(3) 额定容量 S_N:是指变压器的额定视在功率,单位为 V·A 或 kV·A。

对于单相变压器,有
$$S_N = U_{1N} I_{1N} = U_{2N} I_{2N} \tag{5-12}$$

对于三相变压器,有
$$S_N = \sqrt{3} U_{1N} I_{1N} = \sqrt{3} U_{2N} I_{2N} \tag{5-13}$$

(4) 额定频率 f_N:指电源的工作频率。我国电力系统的标准频率是 50Hz。

5.3 其他用途变压器

除了电力变压器之外,还有其他用途的变压器,比如仪用互感器、传递信号用的耦合变压器、脉冲变压器以及控制或实验室用的小功率变压器和自耦变压器等。这里主要介绍自耦变压器和仪用互感器。

5.3.1 自耦变压器

普通双绕组变压器的一、二次绕组之间只有磁的联系,而没有电的直接联系。自耦变压器的结构特点是一、二次绕组共用一个绕组,即有一部分绕组是共用的,如图 5-8(a) 所示,因此自耦变压器的一次绕组和二次绕组之间不仅有磁的联系,还有电的联系,其工作原理与双绕组变压器相同,式(5-9) 和式(5-10) 依然成立。自耦变压器一、二次绕组共用部分的绕组称为公共绕组。

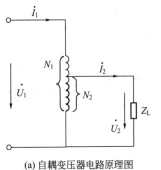

(a) 自耦变压器电路原理图　　(b) 自耦调压器外形

图 5-8　自耦变压器

在实验室中常用的调压器,实际上就是自耦变压器,如图 5-8(b) 所示。

当一次绕组匝数为 N_1、二次绕组匝数为 N_2 时,自耦变压器的电压变比为

$$k=\frac{U_1}{U_2}=\frac{N_1}{N_2}$$

电流为

$$\frac{I_1}{I_2}=\frac{N_2}{N_1}=\frac{1}{k}$$

与双绕组变压器相比较,自耦变压器由于一、二次绕组间有直接电的联系,安全性低。

5.3.2 仪用互感器

仪用互感器包括电压互感器与电流互感器,主要是用于测量电压与电流、扩大电压表与电流表的量程、控制及保护设备的专用变压器。

仪用互感器是一种测量用的设备,包括电流互感器和电压互感器,它们的作用原理和变压器相同。仪用互感器主要用来测量大电流、高电压,确保工作人员的安全;也可用于各种继电保护装置的测量系统。

电压互感器二次侧额定电压都是100V,电流互感器二次侧额定电流都是5A或1A。

1) 电压互感器

电压互感器相当于一台二次侧处于空载状态的降压变压器,一次绕组匝数 N_1 多,二次绕组匝数 N_2 少;使用时,一次绕组并联在被测的高压电路上,二次绕组接电压表或功率表的电压线圈,如图5-9所示。

$$k_u=\frac{U_1}{U_2}=\frac{N_1}{N_2} \text{ 或 } U_1=k_u U_2 \tag{5-14}$$

式中,k_u 为电压互感器变比。

电压表接在电压互感器二次侧,电压表读数乘以变比 k_u,就是待测一次侧电压的数值。

使用电压互感器,应注意以下两点

(1) 为安全起见,电压互感器的铁芯与二次绕组都必须可靠接地。

(2) 在使用过程中,电压互感器绝对不允许二次侧短路。如果二次侧发生短路,短路电流很大,会烧坏互感器。因此使用时,二次侧电路中应串接熔断器作短路保护。

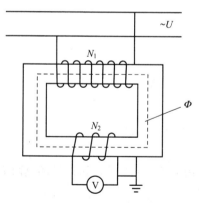

图5-9 电压互感器原理图

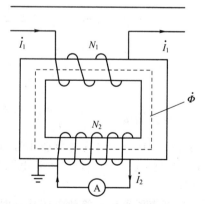

图5-10 电流互感器原理图

2) 电流互感器

电流互感器相当于一台二次侧处于短路状态的升压变压器,一次绕组匝数 N_1 少(一般只有一匝到几匝),二次绕组匝数 N_2 多。使用时,一次绕组串联在被测线路中,流过被测电流,而二次绕组与电流表等阻抗很小的仪表接成闭路,如图5-10所示。

$$k_i = \frac{I_1}{I_2} = \frac{N_2}{N_1} \text{ 或 } I_1 = k_i I_2 \tag{5-15}$$

式中，k_i 为电流互感器变比。

电流表接在电流互感器二次侧，电流表的读数乘以变换系数 k_i 即是待测的一次侧电流值。

使用电流互感器，应注意以下两点：

（1）为安全起见，电流互感器的铁芯与二次绕组必须接地。

（2）在使用过程中，电流互感器绝对不允许二次侧开路。如果二次侧发生开路，二次绕组会感应出很高电压，不仅可能使绝缘击穿，而且危及工作人员和其他设备的安全。

5.4 应用举例

变压器具有变压、变流、变阻抗和隔离作用，在实际中应用非常广泛。例如电力系统用电力变压器把发电机发出的电压升高后进行远距离传输，然后再用变压器降压供给不同用户使用；在实验室中利用自耦变压器调压；在测量上利用仪用互感器扩大交流电压和交流电流的测量范围；在电子技术中通过变压器进行变换、隔离输入和输出信号，解决电源和负载之间的匹配问题等。下面举例说明变压器的应用。

【例 5-1】 一台单相变压器，额定容量 $S_N = 20\text{kV·A}$，额定电压 $U_{1N}/U_{2N} = 6600\text{V}/220\text{V}$，给用电地区供电。求：

（1）变压器的一、二次绕组的额定电流；

（2）变压器的二次绕组可接 60W、220V 的白炽灯多少只？

（3）二次绕组若接 60W、220V，功率因数 $\cos\varphi = 0.6$ 的日光灯，能接多少只？

解：（1）根据式（5-12）

$$I_{1N} = \frac{S_N}{U_{1N}} = \frac{20 \times 10^3}{6600}\text{A} = 3.03\text{A}$$

$$I_{2N} = \frac{S_N}{U_{2N}} = \frac{20 \times 10^3}{220}\text{A} = 90.91\text{A}$$

（2）二次绕组接白炽灯：$\frac{20 \times 10^3}{60}$ 只 ≈ 333 只

（3）设每只日光灯的电流

$$I_L = \frac{P}{U\cos\varphi} = \frac{60}{220 \times 0.6}\text{A} = 0.45\text{A}$$

二次绕组能接日光灯：$\frac{I_{2N}}{I_L} = \frac{90.91}{0.45} \approx 202$ 只

可见，变压器带日光灯负载比带白炽灯负载少。

【例 5-2】 已知扬声器的等效电源电压 $U_S = 10\text{V}$，内阻 $R_0 = 128\Omega$，扬声器的电阻 $R_L = 8\Omega$，求：

（1）扬声器直接与等效电源连接时，获得的功率是多少？

（2）若要使扬声器获得最大功率，在等效电源与扬声器之间接入匹配变压器，匹配变压器的变比是多少？扬声器获得的最大功率是多少？

解：（1）如图 5-11(a) 所示

$$P_L = \left(\frac{U_S}{R_0 + R_L}\right)^2 R_L = \left(\frac{10}{128 + 8}\right)^2 \times 8\text{mW} = 43.2\text{mW}$$

（2）如图 5-11(b)、(c) 所示，扬声器获得最大功率的条件是
$$R'_L = R_0$$
根据式(5-11)
$$k = \sqrt{\frac{R_S}{R_L}} = \sqrt{\frac{128}{8}} = 4$$

当 $R'_L = R_0 = 128\Omega$ 时，扬声器获得最大功率，即
$$P_{Lmax} = \left(\frac{U_S}{R_0 + R'_L}\right)^2 R'_L = \left(\frac{10}{128+128}\right)^2 \times 128 \text{mW} = 195.3 \text{mW}$$

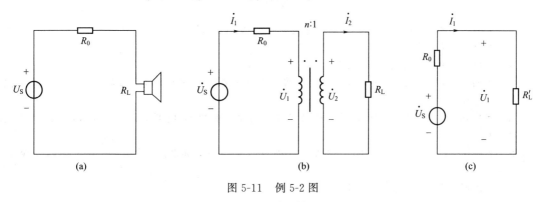

图 5-11 例 5-2 图

本章小结

1. 磁路通常是指主磁通所经过的路径。
2. 磁路的主要物理量有磁感应强度 B、磁通 Φ、磁导率 μ 和磁场强度 H。
3. 全电流定律是指在磁场中，沿任一闭合回路，磁场强度 H 的线积分等于该闭合回路所包围的所有导体电流的代数和，即
$$\oint_l \vec{H} d\vec{l} = \Sigma I$$
4. 磁路欧姆定律是：$\Phi = \dfrac{IN}{l/\mu S} = \dfrac{F}{R_m}$。它是用来分析电气设备的工作情况，一般不用来计算磁路。
5. 铁芯线圈分直流铁芯线圈和交流铁芯线圈。直流铁芯线圈由直流电励磁，产生恒定磁通。交流铁芯线圈由交流电励磁，产生交变磁通。
6. 交流铁芯线圈加交变电压产生的交变磁通在线圈中产生了感应电动势和漏感电动势。
7. 交流铁芯线圈的电压平衡方程为：$\dot{U} = -\dot{E} - \dot{E}_\sigma + R\dot{I} = -\dot{E} + jX_\sigma \dot{I} + R\dot{I}$。
8. 交流铁芯线圈的能量损耗包括磁滞损耗和涡流损耗。
9. 变压器是根据电磁感应原理制成的静止电磁装置。
10. 变压器的主要功能是改变同一频率的交流电压等级，还可以变换电流和变换阻抗。
11. 变压器的外特性：$U_2 = f(I_2)$，电压变化率为
$$\Delta U = \frac{U_{20} - U_2}{U_{20}} \times 100\%$$
12. 变压器的主要额定值有额定电压（U_{1N}/U_{2N}）、额定电流（I_{1N}/I_{2N}）和额定容量 S_N。
13. 自耦变压器的结构特点是一、二次绕组共用一个绕组，即有一部分绕组是共用的，

因此自耦变压器的一次绕组和二次绕组之间不仅有磁的联系，还有电的联系。

14. 电压互感器二次侧额定电压都是 100V，电流互感器二次侧额定电流都是 5A 或 1A。

15. 电压互感器相当于一台二次侧处于空载状态的降压变压器，使用时，一次绕组并联在被测的高压电路上，二次绕组接电压表或功率表的电压线圈。

16. 电流互感器相当于一台二次侧处于短路状态的升压变压器，使用时，一次绕组串联在被测线路中，而二次绕组与电流表等阻抗很小的仪表接成闭路。

习题 5

5-1　交流铁芯线圈的额定电压为 220V，若把它误接到 220V 直流电源上会产生什么后果？直流铁芯线圈误接到交流电源上又会怎样？

5-2　变压器可否用来传递直流功率？为什么？

5-3　变压器的额定电压为 220V/110V，如果不慎将低压绕组接到 220V 电源上，试问励磁电流有何变化？将会产生什么后果？

5-4　有一台电压为 110V/36V 的变压器，如果把它接到同频率 220V 电源上，二次电压是 72V 吗？为什么？

5-5　有一台降压变压器，一次电压 $U_1=380V$，二次电压 $U_2=36V$，如果在二次侧接入一个 36V、60W 的灯泡，求：
(1) 变压器一次、二次电流各是多少？
(2) 在二次侧接入的灯泡，相当于在一次侧接上一个多大电阻？

5-6　一台容量 $S_N=20kV \cdot A$ 的照明变压器，额定电压为 $U_{1N}/U_{2N}=6600V/220V$，问它能够正常供应 220V、40W 的白炽灯多少只？能供应 $\cos\varphi=0.5$、电压 220V、功率 40W 的日光灯多少只？

5-7　一台单相变压器，$S_N=50kV \cdot A$，额定电压 $U_{1N}/U_{2N}=6000V/230V$，试求：
(1) 变压器的电压比；
(2) 当变压器在满载情况下向功率因数为 0.85 的负载供电时，测得二次绕组端电压为 220V，求输出的有功功率、视在功率和无功功率。

5-8　一台单相变压器，$S_N=50kV \cdot A$，额定电压 $U_{1N}/U_{2N}=10000V/230V$，当变压器向 $R=0.83\Omega$、$X_L=0.618\Omega$ 的负载供电，恰好满载，求：
(1) 变压器一次、二次额定电流各是多少？
(2) 变压器电压变化率是多少？

5-9　使用电压互感器时应该注意哪些事项？

5-10　使用电流互感器时应该注意哪些事项？

第 6 章

三相异步电动机及其控制

电动机是将电能转换成机械能的旋转电磁装置。根据通入电流种类不同,电动机分为直流电动机和交流电动机两大类;直流电动机按励磁方式不同分为他励、并励、串励和复励电动机,交流电动机按电动机转速与同步转速不同又分为同步电动机和异步电动机;异步电动机根据相数不同又有单相异步电动机和三相异步电动机之分。

三相异步电动机具有结构简单、制造容易、价格低廉、坚固耐用、维护方便、工作可靠等特点,应用范围非常广泛。

6.1 三相异步电动机的结构

三相异步电动机主要由定子和转子两大部分组成,它们之间有空气隙,三相异步电动机的结构如图 6-1 所示。

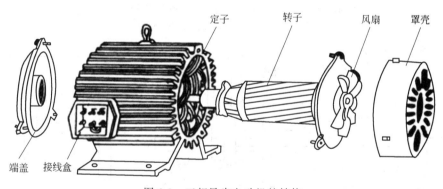

图 6-1 三相异步电动机的结构

6.1.1 定子

三相异步电动机的定子主要由定子铁芯和定子绕组构成。定子铁芯由 0.5mm 厚的硅钢片叠压而成,硅钢片内圆表面冲有均匀分布的槽,如图 6-2 所示。

硅钢片片间涂漆绝缘,再叠压成圆筒形状。三相定子绕组由绝缘铜线绕制而成,通过一定的连接方式,对称地放置在定子铁芯槽中,引出 6 个端子,再引到机座外侧接线盒上,根据三相异步电动机的情况接成星形或三角形。

6.1.2 转子

三相异步电动机的转子主要由转子铁芯和转子绕组构成。转子铁芯也是由 0.5mm 厚的硅钢片叠压而成,硅钢片外表面有槽,用来放置转子绕组,如图 6-2 所示。根据转子绕组结

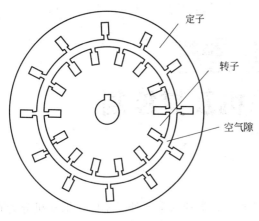

图 6-2　定子铁芯和转子铁芯硅钢片

构的不同，转子可分成笼型和绕线型两种。

笼型转子绕组如图 6-3 所示，转子绕组（导条）由铜条制成，其两端被铜环（称为端环）短路，自成闭合路径，与外界电路无联系；为了简化制造工艺和节省铜材，在转子铁芯槽内，转子导条、端环及冷却用的风扇可以一起用铝液浇铸而成。

绕线型转子绕组如图 6-4 所示，三相转子绕组由绝缘铜线绕成并连接成星形，通过集电环、电刷与外电路相连，可以外接电阻，也可以自行短接。

笼型异步电动机作为一般生产机械使用，而绕线型异步电动机用在起重机、锻压机等设备上。

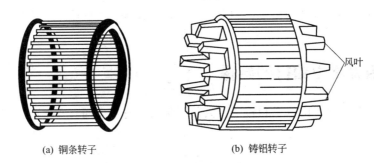

(a) 铜条转子　　　(b) 铸铝转子

图 6-3　笼型转子

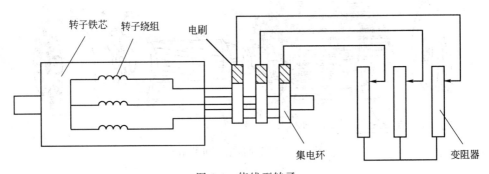

图 6-4　绕线型转子

6.2　三相异步电动机的工作原理

三相异步电动机是利用在定子绕组中通入对称三相交流电产生的旋转磁场与转子绕组内的感应电流相互作用而旋转工作的。如图 6-5 所示，当三相异步电动机的转子绕组闭合，定子绕组通入电流后，在定子、转子之间的气隙内形成一个旋转磁场，旋转速度为 n_0，该磁场与转子绕组之间产生相对运动，转子绕组切割旋转磁场，产生感应电动势与感应电流；在旋转磁场作用下，流过电流的转子绕组受到电磁力 F，电磁力对转轴形成电磁转矩，使电动机的转子旋转起来，旋转速度为 n。

下面先分析定子的旋转磁场，然后再讨论电动机工作的情况。

6.2.1 定子的旋转磁场

1) 旋转磁场的产生

三相异步电动机的定子绕组是对称的（即三相绕组匝数相等、结构相同、空间位置彼此互差 120°），假设定子绕组星接，通入对称三相电流：

$$i_U = I_m \sin\omega t$$
$$i_V = I_m \sin(\omega t - 120°) \quad (6-1)$$
$$i_W = I_m \sin(\omega t + 120°)$$

对称三相电流的波形如图 6-6 所示，并规定：电流从绕组首端流入时取正，从尾端流入时取负，且每相定子绕组只有一个线圈。

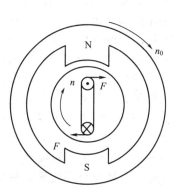

图 6-5 异步电动机工作原理

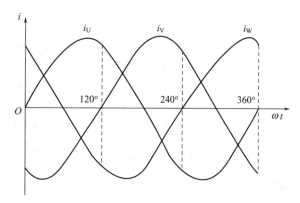

图 6-6 对称三相电流波形

旋转磁场是三相合成磁场。为了分析合成磁场的变化规律，下面从几个不同的特定时间来分析三相交流电通入定子绕组后所形成的合成磁场，如图 6-7 所示。

(1) 当 $\omega t = 0°$ 时：$i_U = 0$，U 相绕组内没有电流；i_V 为负，V 相绕组中的电流是从末端 V_2 流入，首端 V_1 流出；i_W 为正，W 相绕组中的电流是从首端 W_1 流入，尾端 W_2 流出。根据右手螺旋法则，可确定合成磁场的方向及 N 极与 S 极，如图 6-7(a) 所示。

(2) 当 $\omega t = 120°$ 时：i_U 为正，电流从 U_1 流入，U_2 流出；$i_V = 0$，V 相绕组内没有电流；i_W 为负，电流从 W_2 流入，W_1 流出，如图 6-7(b) 所示。合成磁场在空间顺时针旋转了 120°。

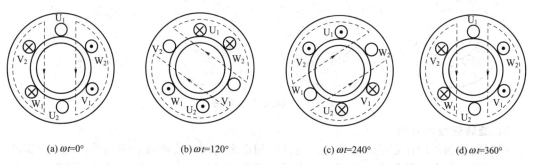

(a) $\omega t = 0°$ (b) $\omega t = 120°$ (c) $\omega t = 240°$ (d) $\omega t = 360°$

图 6-7 旋转磁场的产生

(3) 当 $\omega t = 240°$ 时：i_U 为负，i_V 为正，$i_W = 0$，如图 6-7(c) 所示。合成磁场在空间顺时针旋转了 240°。

(4) 当 $\omega t = 360°$ 时：$i_U = 0$，i_V 为负，i_W 为正，如图 6-7(d) 所示。合成磁场在空间顺

时针旋转了360°。

综上所述，当对称三相电流通入对称三相绕组时，三相合成磁场的轴线在旋转，必然会产生一个圆形旋转磁场（大小不变，转速 n_0 一定）。

2）旋转磁场的转速

旋转磁场的转速与磁极对数和定子绕组的排列有关，前述每相定子绕组产生的旋转磁场只有一对磁极。当电流变化一周时，该旋转磁场在空间也恰好旋转一周。

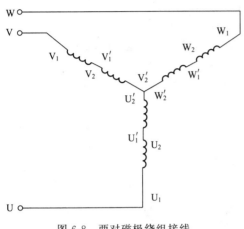

图 6-8　两对磁极绕组接线

如果每相绕组由两个串联的线圈组成，如图 6-8 所示。U 相绕组首端为 U_1，末端为 U_2'，V 相绕组首端为 V_1，末端为 V_2'，W 相绕组首端为 W_1，末端为 W_2'；每个线圈跨距为 1/4 圆周。当通以三相对称电流时，用同样的方法可以画出四个特定瞬间的电流分布和合成磁场图，如图 6-9 所示，可以看出，这是一个四极旋转磁场。在电机理论中，习惯上把一对磁极所占的角度 360°，称为电气角。在四极电机中，每对磁极以机械角度计算是 180°，电气角是机械角的 2 倍。对 p 对磁极电机来说，电气角是机械角的 p 倍。如图 6-8 可知，当电流变化一周（$\omega t = 360°$），磁场在空间旋转角度以电气角计算是 360°，以机械角计算是 180°，即 1/2 圆周，因此，四极电机旋转磁场的转速 n_0 为

$$n_0 = \frac{60 f_1}{2}$$

如果是 p 对磁极，异步电动机旋转磁场转速的一般表达式为

$$n_0 = \frac{60 f_1}{p} \text{r/min} \tag{6-2}$$

因为异步电动机旋转磁场转速与电流变化的角频率以电气角计算是相等的，所以又称为同步转速。

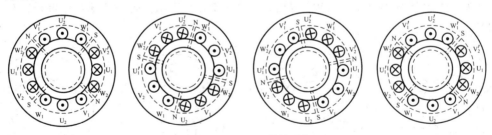

图 6-9　四极电机旋转磁场

3）旋转磁场的方向

旋转磁场的转向由定子绕组中通入电流的相序来决定。改变旋转磁场的转向，只需改变通入三相绕组中电流的相序，即把三相定子绕组首端（U_1，V_1，W_1）的任意两根与电源的连线对调，就改变了定子绕组中电流的相序，旋转磁场的转向也就改变了。

6.2.2　转差率

由于异步电动机转子和旋转磁场的旋转方向一致，没有外界的驱动转矩作用，转子的转

速 n 不可能等于同步转速 n_0；如果 $n=n_0$，转子和旋转磁场之间没有相对运动，转子绕组不可能切割旋转磁场的磁力线，也就不能产生感应电动势、感应电流和电磁转矩，因而不能拖动机械负载维持电动机的稳定运行，所以异步电动机的转速 n 总是小于同步转速 n_0，只能是异步的，这也是异步电动机名字的由来。(n_0-n) 称为转差速度，用转差率 s 来表示转子转速 n 与同步转速 n_0 相差的程度，即

$$s=\frac{n_0-n}{n_0} \tag{6-3}$$

转差率是异步电动机的一个重要参数，也可以用百分数表示。例如，电动机刚启动瞬间 $n=0$，则 $s=1$。随着转速的升高，s 不断减小。在特殊情况下 $n=n_0$，则 $s=0$。三相异步电动机的额定转差率 s_N 一般为 0.02~0.06，特殊情况下在 0.07 以上，例如高转差率电动机，适用于传动飞轮转矩较大的机械，如冲床、剪床、锻冶机械等。

式(6-3) 也可以改写成

$$n=(1-s)n_0$$

【例 6-1】 已知电动机额定转速 $n_N=720\text{r/min}$，电源频率 $f_1=50\text{Hz}$，试问该电动机是几极电机？额定转差率为多少？

解：由式(6-2) 可知，同步转速 n_0 应略大于额定转速 n_N，极对数 p 为正整数，有

$$p=\frac{60f_1}{n_0}\approx\frac{60\times 50}{720}=4.17$$

所以 $p=4$，该电动机为 8 极电动机，$n_0=750\text{r/min}$

$$s_N=\frac{n_0-n_N}{n_0}=\frac{750-720}{750}=0.04$$

6.2.3 三相异步电动机的电量

三相异步电动机的电磁关系与变压器相似，定子绕组相当于变压器一次绕组，转子绕组相当于变压器二次绕组，因此变压器的电磁分析方法也可用于异步电动机的分析。

三相异步电动机每相等效电路如图 6-10 所示。

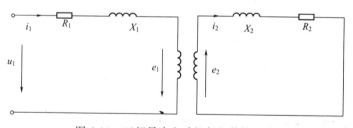

图 6-10 三相异步电动机每相等效电路

定子每相绕组的感应电势有效值为

$$E_1=4.44K_{dp1}f_1N_1\Phi_m \tag{6-4}$$

式中，K_{dp1} 是与定子绕组结构有关的绕组系数；N_1 为定子每相绕组的匝数；Φ_m 为旋转磁场的磁通最大值。

若忽略定子绕组电阻 R_1 与漏抗 X_1，则有

$$U_1\approx E_1$$

于是旋转磁场的磁通最大值为

$$\Phi_m=\frac{E_1}{4.44K_{dp1}f_1N_1}\approx\frac{U_1}{4.44K_{dp1}f_1N_1} \tag{6-5}$$

转子绕组的感应电势有效值为
$$E_2 = 4.44 K_{dp2} f_2 N_2 \Phi_m \tag{6-6}$$
式中，K_{dp2} 是与转子绕组结构有关的绕组系数；N_2 为转子每相绕组的匝数。

由于三相异步电动机的旋转磁场以 $(n_0 - n)$ 的转速相对转子旋转，设旋转磁场的极对数为 p，则转子感应电流的频率 f_2 为
$$f_2 = \frac{n_0 - n}{60} p = \frac{n_0 - n}{n_0} \times \frac{n_0}{60} p = s f_1 \tag{6-7}$$

将式(6-7)代入式(6-6)可得
$$E_2 = s \cdot 4.44 K_{dp2} f_1 N_2 \Phi_m = s E_{20} \tag{6-8}$$
式中，$E_{20} = 4.44 K_{dp2} f_1 N_2 \Phi_m$ 为转子不动时转子每相绕组中的感应电动势。

转子绕组每相漏抗 X_2 为
$$X_2 = 2\pi f_2 L_{\sigma 2} = s \cdot 2\pi f_1 L_{\sigma 2} = s X_{20} \tag{6-9}$$
式中，$X_{20} = 2\pi f_1 L_2$ 为转子不动时的每相漏抗。

转子每相绕组的电流 I_2 应为
$$I_2 = \frac{E_2}{\sqrt{R_2^2 + X_2^2}} = \frac{s E_{20}}{\sqrt{R_2^2 + (s X_{20})^2}} \tag{6-10}$$

转子电路的功率因数
$$\cos\varphi_2 = \frac{R_2}{\sqrt{R_2^2 + X_2^2}} = \frac{R_2}{\sqrt{R_2^2 + (s X_{20})^2}} \tag{6-11}$$

根据式(6-10)和式(6-11)，画出 $I_2 = f(s)$ 和 $\cos\varphi_2 = f(s)$ 曲线如图 6-11 所示。

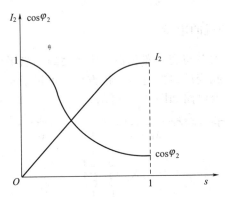

图 6-11　I_2、$\cos\varphi_2$ 与 s 的关系曲线

由图 6-11 可以看出：转子电流 I_2 随 s 增加而增大，功率因数 $\cos\varphi_2$ 随 s 的增加而减小。当 $s=0$ 时，$I_2=0$，$\cos\varphi_2=1$；当 $s=1$ 时，I_2 很大，$\cos\varphi_2$ 最低。

通过以上分析可知：转子电路中的各电量、漏抗都与转差率有关，即与转速有关。

6.3　三相异步电动机的机械特性

三相异步电动机的机械特性是指电动机转速 n 和电磁转矩 T 之间的关系，即 $n=f(T)$。由于异步电动机的转速与转差率之间的关系，机械特性也可写为 $T=f(s)$。

6.3.1　三相异步电动机的电磁转矩

三相异步电动机的电磁转矩是由旋转磁场的磁通 Φ 与转子电流有功分量 $I_2 \cos\varphi_2$ 相互作

用而产生的，有：
$$T = C_T \Phi_m I_2 \cos\varphi_2 \tag{6-12}$$

式中，C_T 是与电动机结构有关的常数。

将式(6-5)、式(6-10)、式(6-11) 代入式(6-12) 可得
$$T = K U_1^2 \frac{s R_2}{R_2^2 + (s X_{20})^2} \tag{6-13}$$

式中，K 为与电动机结构有关的常数。

从式(6-13) 可以看出：

(1) 电动机参数一定时，电磁转矩 T 与电源电压平方 U_1^2 成比例；

(2) 转子电阻 R_2 对电磁转矩 T 也有影响。

6.3.2 三相异步电动机的机械特性

当电源电压和转子电阻一定时，式(6-13) 所对应的曲线 $T = f(s)$ 如图 6-12(a) 所示。在研究和使用电动机时，常用特性曲线 $n = f(T)$ 如图 6-12(b) 所示；它是将 $T = f(s)$ 曲线顺时针方向旋转 90°，横轴为电磁转矩 T，纵轴将转差率 s 转换成转速 n。

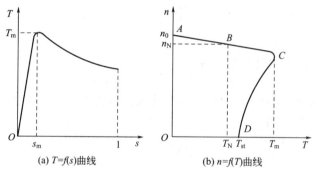

图 6-12 三相异步电动机的特性曲线

由图 6-12(b) 可以看出：三相异步电动机从理想空载到额定负载运行时，转速从同步转速 n_0 下降到额定转速 n_N，转速变化不大，这种特性称为硬机械特性，适用于一般金属切削机床。A 点为理想空载点。

1) 额定转矩 T_N

如图 6-12(b) 所示，曲线上 B 点对应电动机的额定转矩，称为额定转矩点。额定转矩 T_N 与电动机输出功率的关系是
$$T_N = \frac{P_N}{\Omega_N} = \frac{P_N}{2\pi n_N/60} = 9550 \frac{P_N(\text{kW})}{n_N} \text{N·m} \tag{6-14}$$

式(6-14) 中，P_N 是电动机额定功率，kW；Ω_N 是电动机额定角速度，rad/s；n_N 是电动机额定转速，r/min。

2) 最大转矩 T_m

如图 6-12(b) 所示，曲线上 C 点对应电动机的最大转矩，称为最大转矩点。对式(6-13) 求导数，并令
$$\frac{dT}{ds} = 0$$

可求得最大转矩时的临界转差率
$$s_m = \frac{R_2}{X_{20}} \tag{6-15}$$

再将式 (6-15) 代入式 (6-13),求得最大转矩

$$T_m = K \frac{U_1^2}{2X_{20}} \tag{6-16}$$

由式(6-15) 和式(6-16) 可知:

(1) 当电动机电源频率一定时,临界转差率 s_m 与转子电阻 R_2 成正比,而与电源电压 U_1 无关;

(2) 当电动机参数一定时,最大转矩 T_m 与电源电压平方 U_1^2 成正比,与转子电阻 R_2 无关。电源电压 U_1 的波动对 T_m 影响很大,例如电源电压降低到额定电压的 80%,T_m 下降到原来的 64%。过低的电源电压可能使电动机不能启动;如果在运行中电源电压下降过多,可能使电动机的电磁转矩小于负载转矩而停转。这些情况的发生会使电动机电流增加,可能超过额定电流,如不及时断开电源,将烧毁电动机。当电源电压低于额定电压的 85% 时,一般就不允许三相异步电动机投入运行。

最大转矩 T_m 表示电动机的过载能力。当电动机受到冲击性负载时,只要负载转矩不超过最大转矩,电动机的运行仍能保持稳定性;当负载超过最大转矩后,电动机才会因带不动负载而发生堵转,可能会严重烧坏电动机。最大转矩 T_m 与额定转矩 T_N 之比,称为过载系数。即

$$\lambda_m = \frac{T_m}{T_N} \tag{6-17}$$

一般三相异步电动机的过载系数为 1.8~2.2。

3) 启动转矩 T_{st}

如图 6-12(b) 所示,曲线上 D 点对应电动机的启动转矩,称为启动转矩点。此点 $n=0$,$s=1$,代入式(6-13),有

$$T_{st} = K U_1^2 \frac{R_2}{R_2^2 + X_{20}^2} \tag{6-18}$$

从式(6-18) 可以看出:

(1) 当电动机参数一定时,启动转矩 T_{st} 与电源电压平方 U_1^2 成比例;

(2) 转子电阻 R_2 对启动转矩 T_{st} 有影响。当电阻 R_2 适当增大时,临界转差率 s_m 增大,最大转矩点下移,机械特性变软,启动转矩 T_{st} 增加;选择合适的电阻 R_2,可以使 $T_{st} = T_m$。绕线型异步电动机就是利用增加转子回路电阻来提高启动转矩的。

电动机的启动转矩 T_{st} 表示电动机刚接入电源时带负载启动的能力。如果启动转矩 T_{st} 小于启动时的负载转矩 T_L,电动机不能启动,必须及时切断电源,否则很容易烧坏电动机。启动转矩 T_{st} 与额定转矩 T_N 之比,称为电动机的启动系数。即

$$\lambda_{st} = \frac{T_{st}}{T_N} \tag{6-19}$$

一般异步电动机的启动系数约为 1~2。

6.4 三相异步电动机的使用

6.4.1 三相异步电动机的启动

异步电动机接入三相电源后,电动机从静止状态过渡到稳定运转状态的过程叫做启动。

1) 启动性能

电动机启动瞬间,$n=0$,$s=1$,旋转磁场对静止的转子相对转速很大,磁通切割转子

绕组的速度很快，这时转子绕组中感应电动势和产生的转子电流都很大，定子电流必然相应增大。如果是直接启动，即启动时加到电动机上的是额定电压，则启动电流 $I_{st}=(4\sim7)I_N$。对于启动频繁或容量较大的电动机，这样的启动电流对线路是有影响的，会造成输电线路压降增大，影响供电质量和邻近电网的其他用电设备正常工作，此时必须采取减小启动电流的措施。

虽然电动机的启动电流 I_{st} 很大，但启动转矩 T_{st} 不大，只有 $(1\sim2)T_N$。所以，要改善其启动性能，即减小启动电流和增大启动转矩，可根据实际情况，选用以下启动方法。

2）启动方法

笼型异步电动机启动时，可采用全压启动和降压启动；绕线型三相异步电动机则采用转子电路串电阻或串频敏变阻启动。

（1）笼型异步电动机全压启动　启动时，通过开关或接触器将异步电动机直接接到额定电压的电源上，这种方法称为全压启动，也叫直接启动。全压启动方法简单，如果电源容量足够大，对一般小容量笼型异步电动机可尽量采用。一台笼型异步电动机是否适合全压启动，也可参考经验公式(6-20)来确定，即电源允许的启动电流大于等于电动机直接启动电流，用标幺值表示

$$\frac{3}{4}+\frac{S_N}{4P_N}\geqslant\frac{I_{st}}{I_N} \tag{6-20}$$

式中，S_N 为电源总容量，kV·A；P_N 为电动机容量，kW。

（2）笼型异步电动机降压启动　降压启动目的是减小启动电流对电网的影响，但它同时也使启动转矩降低，所以这种启动方法只适用于空载或轻载启动。

① 星-角（Y-△）换接降压启动。星-角换接降压启动方法只适用于正常运行时定子绕组角接的笼型异步电动机，将电动机定子绕组的六个出线端引出，如图 6-13 所示。启动时，接触器触点 KM_1 和 KM_3 闭合，定子绕组接成星形，此时加在电动机绕组上的电压是额定电压的 $1/\sqrt{3}$；待电动机转速升高到稳定值后，将接触器触点 KM_3 断开，触点 KM_1 和 KM_2 闭合，定子绕组改为三角形，电动机在全压下正常运行，启动完毕。

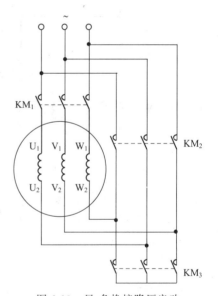

图 6-13　星-角换接降压启动

定子绕组的两种接法如图 6-14 所示，$|Z|$ 为启动时每相绕组的等效阻抗。

定子绕组 Y 连接，即降压启动时，有

$$I_{lY}=I_{pY}=\frac{U_l/\sqrt{3}}{|Z|}$$

定子绕组△连接，即直接启动时，有

$$I_{l\triangle}=\sqrt{3}I_{p\triangle}=\sqrt{3}\frac{U_l}{|Z|}$$

所以

$$\frac{I_{lY}}{I_{l\triangle}}=\frac{1}{3} \text{ 或 } I_{lY}=\frac{1}{3}I_{l\triangle}$$

即降压启动时的电流为直接启动时的 1/3。

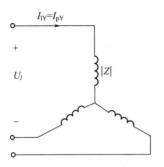
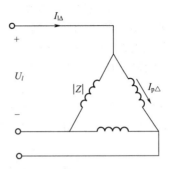

图 6-14 星-角换接降压启动时的启动电流

由于转矩和电压的平方成正比,所以启动转矩也减小到直接启动时的 1/3,因此,这种方法只适合于空载或轻载启动。

② 自耦变压器降压启动。自耦变压器(也称启动补偿器)降压启动是利用三相自耦变压器降低电动机端电压启动,如图 6-15 所示。启动时,接触器触点 KM_2、KM_3 闭合,将自耦变压器的高压侧接至电网,低压侧接电动机。待电动机转速升高到稳定值后,接触器触点 KM_2、KM_3 断开,KM_1 闭合,自耦变压器被切除,电动机通过接触器触点 KM_1 接入电网,在全压下正常运行,启动完毕。

设自耦变压器降压比为 k,可推导出电源线路(即自耦变压器原边)的启动电流和电动机启动转矩均为直接启动时的 k^2 倍(见例 6-2)。所以采用自耦变压器降压启动,也使启动电流和启动转矩减小,一般只适用于空载或轻载启动。

自耦变压器低压侧通常有几个抽头,可以根据需要选择不同的抽头比,例如,QJ_2 型有三种抽头,其电压等级分别是电源电压的 55%,64%,73%;QJ_3 型也有三种抽头,分别为 40%,60%,80%,以满足不同的启动要求。自耦变压器降压启动适用于容量较大或正常运行不能角接的笼型异步电动机。

(3) 绕线型异步电动机启动

① 转子电路串电阻启动。绕线型异步电动机转子电路串入适当启动电阻 R_{st} 启动后,随着转速不断上升,再逐渐减小启动电阻 R_{st},最后将启动电阻 R_{st} 全部短路,启动过程结束。

图 6-15 自耦变压器降压启动

由式(6-10)可知,在绕线型异步电动机转子电路中串入适当的启动电阻 R_{st},转子电流 I_2 减小,所以定子电流 I_1 也随着减小。由图 6-16 可知,绕线型异步电动机转子电路串入适当启动电阻 R_{st},可以增大启动转矩,如果 R_{st} 选择适当,可以使启动转矩 T_{st} 等于最大转矩 T_m;再此基础上继续增大 R_{st},T_{st} 反而减小。

通过以上分析,绕线型异步电动机转子电路串入适当的启动电阻 R_{st} 降低了启动电流,增大了启动转矩。值得注意的是,转子电路串入的启动电阻实际上是分段逐步切除的,此类启动多用于起重机、卷扬机、锻压机和转炉等设备。

② 转子电路串频敏变阻启动。频敏变阻器实际上就是一个铁芯损耗很大的三相电抗器,外形与一台三相变压器相似。为了增大铁耗,铁芯由很厚的钢板叠成;每相只有一个绕组,

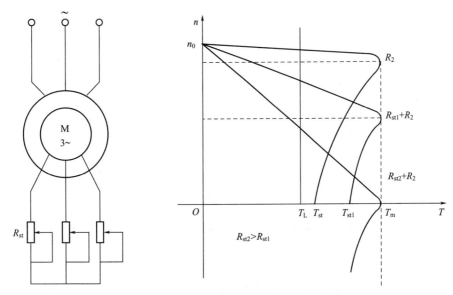

图 6-16 转子电路串电阻启动

分别套在 3 个铁芯柱上,三相绕组接成 Y 形,然后接到转子滑环上,如图 6-17(a) 所示;频敏变阻器的一相等值电路如图 6-17(b) 所示,其中 R_p 是频敏变阻器每相绕组自身的电阻,其值较小;R_{mp} 是反映频敏变阻器铁芯损耗的等效电阻,X_{mp} 是频敏变阻器静止时的每相电抗。

频敏变阻器是利用铁芯涡流损耗随频率变化来改变启动电阻的。电动机启动瞬间,$n=0$,$s=1$,转子频率 $f_2=f_1$ 较高,频敏变阻器铁芯中涡流损耗很大,对应的等效电阻 R_{mp} 也很大,从而限制了启动电流,增大了启动转矩,获得较好的启动性能。随着转速的升高,转子频率 f_2 降低,铁芯损耗随频率的二次方成正比下降,使 R_{mp} 减小(这时 sX_{mp} 也变小),相当于随转速升高,启动电阻值能自动且连续地减小。启动结束后,R_{mp} 和 sX_{mp} 也都很小,闭合接触器 KM,切除频敏变阻器,转子绕组直接短路,电动机运行在固有机械特性上。

在启动过程中,频敏变阻器能自动地减小电阻,是一种静止的无触点变阻器;如果它的参数选择适当,可以在启动过程中获得近似恒定的较大启动转矩,使启动过程既快又平稳,因此获得图 6-17(c) 中曲线 2 所示的机械特性,曲线 1 为电动机的固有机械特性。由于频敏变阻器结构简单,运行可靠,价格便宜,维护方便,因此使用非常广泛。

【例 6-2】 Y225M-4 型三相异步电动机的额定数据如下:$P_N=45$kW,$U_N=380$V,$I_N=84.2$A,$n_N=1480$r/min,$\cos\varphi_N=0.88$,$\eta_N=0.923$,$f_1=50$Hz,$I_{st}/I_N=7.0$,$T_{st}/T_N=1.9$,$T_m/T_N=2.2$,求:

(1) 额定转矩 T_N;

(2) 启动转矩 T_{st};

(3) 最大转矩 T_{max};

(4) 若负载转矩 $T_L=500$N·m,当电压分别为 $U=U_N$ 和 $U'=0.9U_N$ 两种情况下电动机能否启动?

(5) 若采用自耦变压器降压启动,用 64% 的抽头,线路的启动电流和电动机的启动转矩分别是多少?

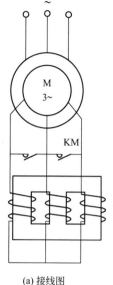
(a) 接线图

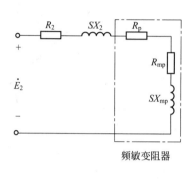
(b) 频敏变阻器的一相等值电路

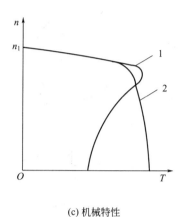
(c) 机械特性

图 6-17 转子电路串频敏变阻器启动

解：(1) $T_N = 9550 \dfrac{P_N}{n_N} = 9550 \dfrac{45}{1480} \text{N·m} = 290.4 \text{N·m}$

(2) $T_{st} = \left(\dfrac{T_{st}}{T_N}\right) T_N = 1.9 \times 290.4 \text{N·m} = 551.8 \text{N·m}$

(3) $T_m = \left(\dfrac{T_m}{T_N}\right) T_N = 2.2 \times 290.4 \text{N·m} = 638.9 \text{N·m}$

(4) 当电压为 $U = U_N$ 时，$T_{st} = 551.8 \text{N·m} > 1.1 T_L = 550 \text{N·m}$（留有余量），所以电动机能启动；

当电压为 $U' = 0.9 U_N$ 时，启动转矩

$$T'_{st} = \left(\dfrac{U'}{U_N}\right)^2 T_{st} = 0.9^2 \times 551.8 \text{N·m} = 447 \text{N·m} < 500 \text{N·m}$$

所以电动机不能启动。

(5) 采用自耦变压器降压启动，降压比 $k = 0.64$。直接启动时，$I_{st\triangle} = 7 I_N = 589.4 \text{A}$

设降压启动时电动机中的启动电流（即变压器二次侧电流）为 I'_{st}，则 $I'_{st}/I_{st\triangle} = 0.64$，即

$$I'_{st} = k I_{st\triangle} = 0.64 \times 589.4 \text{A} = 377.2 \text{A}$$

设降压启动时线路的启动电流（即变压器一次侧电流）为 I''_{st}，因为变压器一、二次侧中电流之比等于电压比的倒数，所以也等于 0.64，即 $I''_{st}/I'_{st} = 0.64$，有

$$I''_{st} = k I'_{st} = 0.64 \times 377.2 \text{A} = 241.4 \text{A}$$

或者

$$I''_{st} = k^2 I_{st\triangle} = 0.64^2 \times 589.4 \text{A} = 241.4 \text{A}$$

设降压启动时的启动转矩为 T'_{st}，则

$$T'_{st} = k^2 T_{st} = 0.64^2 \times 551.8 \text{N·m} = 226 \text{N·m}$$

6.4.2 三相异步电动机的调速

调速就是在同一负载下通过改变电气参数能得到不同的转速，以满足生产过程的要求，

例如各种切削机床的主轴运动根据加工工艺的要求及走刀量大小等的不同,要求有不同的转速,以获得最高的生产率和保证加工质量。如果采用电气调速,就可以大大简化机械变速机构。根据

$$n=(1-s)n_0=(1-s)\frac{60f_1}{p}$$

可以看出:改变电源频率 f_1、极对数 p 和转差率 s 都能实现调速,其中改变电源频率 f_1 和极对数 p 用于笼型异步电动机,调节转差率 s 用于绕线型异步电动机。

1) 变频调速

如图 6-18 所示,变频调速装置由整流器和逆变器两大部分组成。整流器先将频率 f 为 50Hz 的三相交流电变换为直流电,再由逆变器变换为频率 f_1 可调、电压有效值 U_1 也可调的三相交流电,供给笼型异步电动机。由于频率可以连续调节,因此变频调速属于无级调速,机械特性较硬。

图 6-18 变频调速装置

变频调速通常有下列两种调速方式。

① 低于额定转速调速时,$f_1 < f_{1N}$,如果保持 $U_1 = U_{1N}$,f_1 减小,根据式(6-5),磁通将增加,这会使电动机磁路饱和,增加励磁电流和铁芯损耗,导致电机过热,这是不允许的。所以,调频同时要调压,即保持 U_1/f_1 不变。从式(6-5) 和式(6-12) 可知,此时磁通和转矩也都近似不变,这属于恒转矩调速。

② 高于额定转速调速时,$f_1 > f_{1N}$,若保持 U_1/f_1 不变,增加频率 f_1 的同时电压 U_1 也要增加,电压 U_1 超过额定电压是不允许的。所以,应保持电压 U_1 近似为额定电压。从式(6-5) 和式(6-12) 可知,增加频率 f_1,磁通和转矩都将减小,转速增大,使功率近似不变,这属于恒功率调速。

2) 变极调速

改变笼型异步电动机定子绕组的接线方式,进而改变其旋转磁场磁极对数来实现调速。由于磁极是成对变化的,所以这种调速是有级的,不能连续调节。

如图 6-19(a) 所示,若将 U 相绕组两个线圈顺向串联,将产生四极磁场($p=2$);如图 6-19(b)所示,若将两个线圈反向并联,将产生两极磁场($p=1$)。这也是多速电动机的原理。

3) 变转差调速

在绕线型异步电动机转子电路串入附加电阻改变转差率来实现调速。由式(6-15) 可知,在绕线型异步电动机转子电路串入不同的附加电阻,临界转差率 s_m 也不同,但最大转矩 T_m 相等,因而得到一组人为机械特性,如图 6-16 所示,附加电阻相当于启动电阻,在同一负载转矩下,可获得不同的转速。所以,改变转子附加电阻的大小也就改变了转差率 s,达到调速的目的。

由图 6-16 可见,这种调速方法使机械特性变软,稳定性差,电阻耗能大;但设备简单,投资少,操作方便,在起重运输机械上得到较广泛的应用。

6.4.3 三相异步电动机的制动

由于惯性,电动机断开电源后会继续转动一段时间后才停转。为了提高生产率,保证安

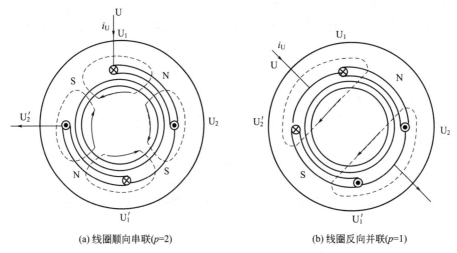

(a) 线圈顺向串联($p=2$)　　　　(b) 线圈反向并联($p=1$)

图 6-19　变极调速

全，有些生产机械要求电动机能准确、迅速停车，这就需要对电动机进行制动。制动的方法有电磁抱闸机械制动和电气制动。用电气方法迫使电动机迅速停转称为电气制动，这里只介绍电气制动的原理。

常用的电气制动方法有能耗制动、反接制动和发电反馈制动。

1）能耗制动

如图 6-20(a) 所示，三相异步电动机实现能耗制动的方法是断开 KM_1，将定子绕组从三相交流电源上断开，然后立即闭合 KM_2，将任意两相绕组加上直流励磁。流过定子绕组的直流电流在空间产生一个恒定静止的磁场，而转子由于惯性继续按原方向在静止磁场中旋转，因而切割磁力线在转子绕组中感应电动势而产生方向相同的电流。根据左手定则可以判断该电流再与静止磁场作用产生的电磁转矩 T 是与转子旋转方向相反的，具有制动性质，

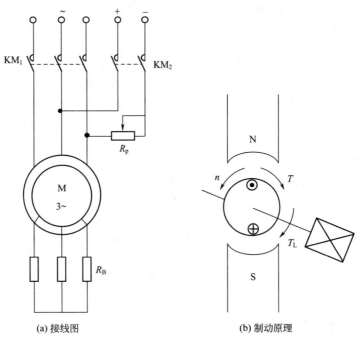

(a) 接线图　　　　(b) 制动原理

图 6-20　能耗制动

因而系统减速,如图 6-20(b) 所示。制动转矩的大小与直流电流的大小有关,直流电流可通过电位器 R_p 来调节,其值约为 (0.5~1) 倍额定电流。

能耗制动的实质是将转子的动能转化为电能,并消耗在转子回路的电阻上,故称为能耗制动。这种方法的优点是制动平稳准确,缺点是需要直流电源。

2) 反接制动

反接制动是电动机需要停车时,通过任意对调三相定子绕组的两相电源来实现的。将三根电源线中任意两根对调,使旋转磁场反向旋转,而转子由于惯性继续按原方向转动,电磁转矩变为制动转矩,如图 6-21 所示。当电动机转速下降到接近于零时,应利用某种控制电器迅速断开电源,否则可能会反转。

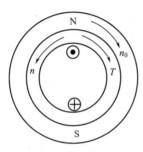
图 6-21 反接制动

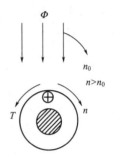
图 6-22 发电反馈制动

因为反接制动时旋转磁场与转子的相对转速很大,制动电流也很大,所以功率较大的电动机进行反接制动时,要在其定子或转子电路中串入电阻以限制制动电流,有些中型车床和铣床的主轴采用此法制动。反接制动方法简单、快速,但耗能大,冲击较强烈,易损坏机械零件。

3) 发电反馈制动

起重机快速下放重物时,重物拖动转子,使其转速 $n>n_0$,电磁转矩也是制动的,如图 6-22 所示。实际上这时电动机已转入发电机运行,将重物的位能转换为电能而反馈到电网,所以称为发电反馈制动。另外,当多速电动机从高速调到低速的过程中,也会出现发电反馈制动,这里不再赘述。

6.5 三相异步电动机的铭牌数据

电动机外壳都有铭牌,上面标记有电动机的型号、各种额定数据和连接方式等,如图 6-23 所示,它是技术人员正确合理选择和使用电动机的主要依据。

1) 型号

电动机产品的型号一般由汉语拼音大写字母和阿拉伯数字组成,其中汉语拼音字母是根据电动机的相关名称选择有代表意义的汉字,再用该汉字的第一个拼音字母表示。如:

$$Y112M-2$$

其中 Y 是产品代号,表示异步电动机;112 是规格代号,表示中心高 112mm;M 表示中机座;2 表示两极。

我国生产的异步电动机种类很多,主要产品系列如下。

Y 系列:小型笼型异步电动机系列,主要用于金属切削机床、通用机械、矿山机械和农业机械等。

YB 系列:防爆式笼型异步电动机系列。

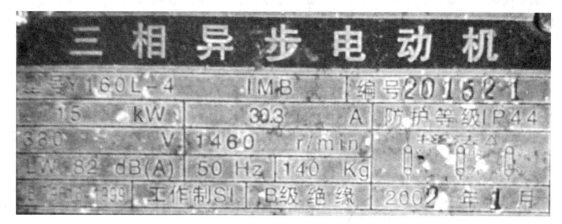

图 6-23 三相异步电动机铭牌

YD 系列：小型三相变极多速异步电动机系列，有双速、三速、四速三种类型，主要用于各式机床及起重传动设备等需要多种速度的传动装置。

YR 系列：中型高压三相绕线转子异步电动机系列，功率范围为 250～1250kW，主要用于磨机、造纸机械以及可满载启动的各种机械的电力拖动，但不适用于卷扬机等频繁启动及经常逆转的场合。

YCT 系列：电磁调速异步电动机系列，主要用于印染、纺织、化工、造纸及要求变速的机械上。

YZR、YZ 系列：起重和冶金专用三相异步电动机系列。其中，YZR 为绕线型，YZ 为笼型。

此外，还有其他各种类型的异步电动机，可查阅有关产品目录和手册。

2）额定电压 U_N

额定电压 U_N 指电动机额定运行时，加在定子绕组出线端的线电压，单位为 V。

3）额定电流 I_N

额定电流 I_N 指电动机在额定电压、额定频率下，轴上输出额定功率时，定子绕组中的线电流，单位为 A。

4）额定功率 P_N

额定功率 P_N 指电动机在额定运行时，轴上输出的机械功率，单位为 kW。

5）额定转速 n_N

额定转速 n_N 指电动机在额定电压、额定频率下，轴上输出额定功率时的转子转速，单位为 r/min。

6）工作制

工作制通常分为连续运行、短时运行和断续运行三种，分别用代号 S_1、S_2、S_3 表示。

7）绝缘等级

绝缘等级是按电动机绕组所用的绝缘材料在使用时容许的极限温度来分级的。不同等级绝缘材料的极限温度如表 6-1 所示。

表 6-1 绝缘材料的绝缘等级和极限温度

绝缘等级	A	E	B	F	H
极限温度/℃	105	120	130	155	180

8) 防护等级

防护等级系统提供了一个以电器设备和包装的防尘、防水及防碰撞程度来对产品进行分类的方法。防护等级多以 IP（表示国际防护）后跟随两个数字来表述，数字用来明确防护的等级，第一个数字表示灯具离尘、防止外物侵入的等级，第二个数字表示灯具防湿气、防水侵入的密闭程度，数字越大表示其防护等级越高。例如 IP44，第一个数字 4 表示防护大于 1mm 的固体；第二个数字 4 表示防溅，任何方向的溅水对电机应无有害的影响。电机最常用的防护等级有 IP11、IP21、IP22、IP23、IP44、IP54、IP55 等。

9) 额定功率因数 $\cos\phi_N$

额定功率因数 $\cos\phi_N$ 指电动机在额定运行时定子侧的功率因数。

此外，铭牌上还标有定子相数和绕组接法等。对绕线型异步电动机还常标明转子绕组的额定电压（指定子加额定电压，转子绕组开路时集电环间的电压）和额定运行时的转子电流等技术数据。

【例 6-3】 一台异步电动机的额定数据如下：$P_N = 5.5\text{kW}$，$U_N = 380\text{V}$，$I_N = 11.3\text{A}$，$n_N = 1440\text{r/min}$，$\cos\phi_N = 0.88$，$f_1 = 50\text{Hz}$，在额定情况下运行，求：

(1) 额定转差率 s_N；(2) 额定负载转矩 T_N；(3) 额定效率 η_N。

解： 同步转速 n_0 应略大于额定转速 n_N，由式(6-2)可知，$n_0 = 1500\text{r/min}$。

(1) $s_N = \dfrac{n_0 - n_N}{n_0} = \dfrac{1500 - 1440}{1500} = 0.04$

(2) $T_N = 9550\dfrac{P_N}{n_N} = 9550\dfrac{5.5}{1440}\text{N}\cdot\text{m} = 36.5\text{N}\cdot\text{m}$

(3) 额定输入功率

$$P_{1N} = \sqrt{3}U_N I_N \cos\phi_N = \sqrt{3} \times 380 \times 11.3 \times 0.88\text{W} = 6544\text{W}$$

额定效率

$$\eta_N = \dfrac{P_N}{P_{1N}} \times 100\% = \dfrac{5.5 \times 10^3}{6544} \times 100\% = = 84.05\%$$

6.6 继电-接触器控制系统

由电动机拖动生产机械完成某种任务称为电力拖动。由于电力拖动效率高，控制方便，易于实现自动控制和远距离操作，所以在现代工农业生产和日常生活中应用非常广泛。

电力拖动控制主要是对电动机的启动、反转、制动、调速、停止等实行自动控制和自动保护。在对控制要求不高的场合，普遍采用继电器-接触器的控制方式，称为继电接触器控制系统。该系统采用的是有触点的控制器件，比如继电器、接触器、闸刀开关和按钮等，自动化程度低，控制精度差，但具有简便、易维护、经济性好等优点，因此在对控制要求不高的场合仍广泛应用。

随着新型元器件和电子技术的迅速发展，控制系统中出现了无触点控制器件，这类控制器件具有效率高、反应快、体积小、寿命长等优点，使得控制系统的自动化程度、安全程度和控制精度都有很大提高。同时，随着计算机技术的发展，控制系统中又出现了数字控制技术、可编程（PLC）控制技术等，使控制系统进入到现代控制系统的崭新阶段。

任何复杂的控制电路，都是由各种基本单元电路组成。要了解一个控制电路的原理，必须了解其中各个电器元件的结构、动作原理以及它们的控制作用。因此，本节主要讨论继电接触器控制系统中常用低压电器和一些基本控制电路。

6.6.1 常用低压电器

继电-接触器控制电路是由各种电气元器件组成的,所以,首先要掌握一些常用低压控制电器的结构、工作原理及应用。

低压控制电器,简称低压电器。低压电器是指工作在直流 1500V、交流 1200V 以下的各种电器,通常根据动作性质将控制电器分成手动电器和自动电器两类。例如,刀开关、组合开关、按钮等是需要由工作人员手动操作,称为手动电器;而熔断器、接触器、热继电器和行程开关等则是依照指令、电信号或其他物理量的变化而自动动作,称为自动电器。

1) 刀开关

刀开关是结构最简单的一种电器,如图 6-24(a) 所示。它是由静触头、手柄、触刀、铰链、支座和绝缘底板组成的。

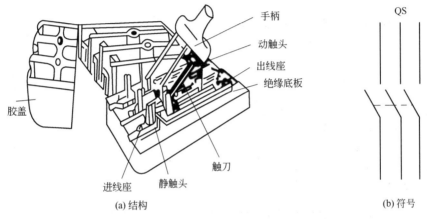

图 6-24 刀开关

刀开关用于不频繁接通和切断电路,选用刀开关时应根据电源的负载情况确定其额定电压和额定电流。

刀开关分为单极(单刀)、双极(双刀)和三极(三刀),其图形符号及文字符号如图 6-24(b) 所示。

使用刀开关时要注意:

(1) 胶木盖一定要盖上,以防电弧烧伤。

(2) 不准用无灭弧装置的刀开关切断大电流。由于电感和空气电离的作用,用刀开关切断电流时,刀片与刀座分开时会产生电弧,尤其当切断较大电流时,电弧持续不易熄灭。

(3) 不允许将刀开关倒装和平装,以免发生不必要的误动作。

2) 组合开关

组合开关又称转换开关,实质上也是一种刀开关,但是它的刀片属于转动式。组合开关的种类很多,下面以常用的 HZ10 系列组合开关为例进行介绍。

如图 6-25(a) 所示,HZ10 系列组合开关的基本结构是:三对静触片分别装于三层绝缘胶木触点座内,与顶层绝缘板叠装起来,一端伸出盒外作为接线柱;三个动触片则套在装有手柄的绝缘转动方轴上。转动手柄即可使三对触点(彼此相差一定角度)同时接通或断开。

组合开关常作为机床电气控制电路的电源引入开关,用于不频繁地接通或分断电路;也可以直接启动小容量的笼型异步电动机。用组合开关直接控制三相交流异步电动机的启动和停止的接线如图 6-25(b) 所示。其中三对静触点中的各一个接三相电源,另外三个接三相交流异步电动机的出线端。

组合开关有单极、双极、三极和多极结构，其图形符号和文字符号如图 6-25(c) 所示。

使用组合开关时要注意：由于组合开关无灭弧装置，动作时间较长，当分断功率因数很低的感性负载时，在触点分断时会产生过电压，在触点间重新燃弧，烧坏触点，甚至断不开负载。在控制系统中，组合开关常作电源引进开关用，当需要检修控制电路和设备时断开空载线路，使被检修部分不带电，防止人身触电事故。

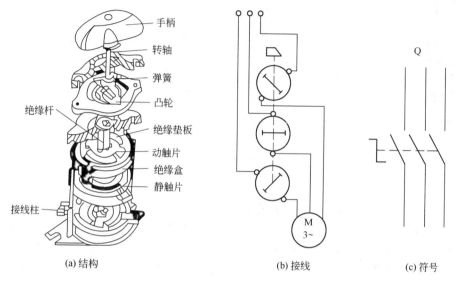

图 6-25　组合开关

3）熔断器

熔断器是电动机或电路中使用的最简单短路保护装置，主要由熔体（俗称保险丝）和安装熔体的绝缘管或绝缘座所组成。熔断器内装有熔体，串接在电路中。当电路正常工作时，熔体不会熔断；当电路发生短路或严重过载时，熔体就会立即熔断，从而自动断开电路，起到保护线路和设备的作用。

常用的熔断器结构有插入式、螺旋式和管式，分别如图 6-26(a)、(b)、(c) 所示。其中管式熔断器的熔断性能好，熔体可换，但安装尺寸大，成本较高。插入式熔断器成本最低，熔丝可换；使用时应注意保持动、静点接触良好，怕振动。螺旋式熔断器的熔体熔断时指示器跳出，从瓷帽玻璃处可以观察到，更换熔断器芯比较安全方便。熔断器的图形符号和文字符号如图 6-26(d) 所示。

选择熔断器的关键是选择熔体的额定电流。

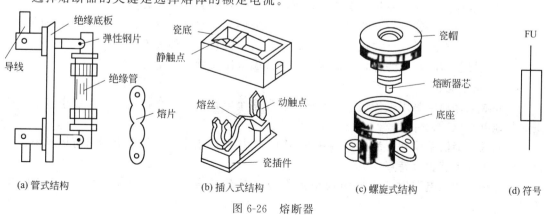

图 6-26　熔断器

第 6 章　三相异步电动机及其控制

4）按钮

按钮通常用来接通或断开控制电路，进而间接控制电动机或其他电气设备的运行，也称控制按钮，外形如图 6-27(a) 所示。

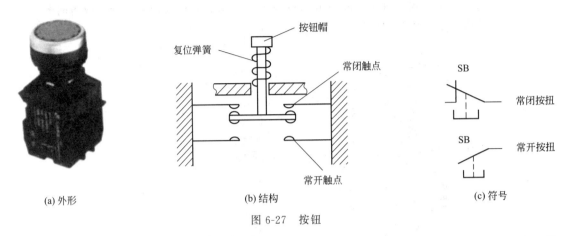

(a) 外形　　　　　　　　(b) 结构　　　　　　　　(c) 符号

图 6-27　按钮

按钮未施加任何外力的状态结构如图 6-27(b) 所示。此时，若静触点与动触点处于接通状态，该对触点称为常闭触点；若处于断开状态，则该对触点称为常开触点。将按钮帽按下时，动触点向下运动，先断开常闭静触点，然后接通常开静触点；将按钮帽松开时，按钮帽在复位弹簧作用下恢复原来位置，动触点向上运动，先断开常开静触点，然后接通常闭静触点。按钮的图形符号和文字符号如图 6-27(c) 所示。

5）交流接触器

交流接触器是利用电磁铁的电磁吸力而工作的，常用来接通或断开电动机或其他电气设备的电路。

交流接触器主要包括触点系统、电磁系统（铁芯和线圈）和灭弧装置部分。

根据用途不同，接触器的触点分为主触点和辅助触点。主触点接在电动机的主电路中，用来切换大电流电路；辅助触点接在控制电路中，只能用来切换小电流电路。

CJ10 系列交流接触器外形如图 6-28(a) 所示，通常有三对常开主触点，两对常开辅助触点和两对常闭辅助触点。交流接触器的结构如图 6-28(b) 所示，线圈套在静铁芯上，接于控制电路中。当线圈加以额定电压通电时，电磁力将动铁芯（也称衔铁）吸合，通过绝缘杆使固定于衔铁上的动触点动作，使主触点闭合接通大电流的主电路；同时常开辅助触点闭合，常闭辅助触点断开，使与之连接的相应控制电路接通、断开。当线圈断电时，触点系统在复位弹簧的作用下恢复原状。交流接触器的图形符号和文字符号如图 6-28(c) 所示。

由于主触点流过数值较大的主电路电流，断开瞬间会产生电弧。为了使电弧迅速熄灭，触点通常做成具有双断点桥式触点，此外还要加装灭弧装置（如灭弧罩等）。

在选用接触器时，应注意它的额定电流、线圈电压及触点数量等。

6）中间继电器

中间继电器通常是用来传递信号和同时控制多个电路，也可直接用它来控制小容量电动机或其他电气执行元件。

中间继电器的结构和交流接触器基本相同，与接触器相比，中间继电器具有体积小、动作灵敏、无灭弧装置等特点。

在选用中间继电器时，主要考虑电压等级、常开和常闭触点数量、吸引线圈的电压等级。

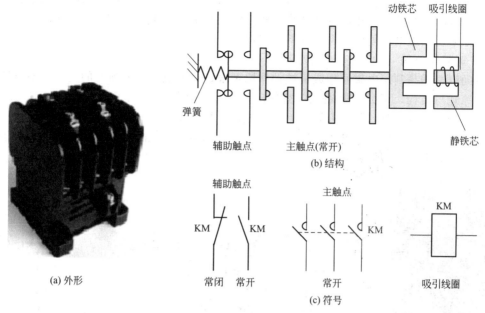

图 6-28 交流接触器

7）热继电器

热继电器是利用膨胀系数不同的双金属片遇热后弯曲变形，去推动触点，从而断开电动机的控制电路，其用途是对电动机和其他用电设备进行过载保护。

热继电器的外形如图 6-29(a) 所示，包括发热元件、常开触点、常闭触点等。热继电器的结构如图 6-29(b) 所示，发热元件 2 绕在双金属片 1 上，串接在电动机的主电路中，而常闭触点串联在电动机的控制电路。电动机正常工作时，双金属片不起作用；当电动机过载时，流过发热元件的电流超过其整定电流，经一定时间后，发热元件的发热量增大，足以使双金属片因受热而有较大弯曲，从而推动导板 3，使温度补偿双金属片 4 和推杆 5 相应移动，动触点 10 离开静触点 11，控制电路中接触器线圈断电，主触点断开电源，电动机停转，从而达到过载保护的目的。热继电器的图形符号和文字符号如图 6-29(c) 所示。

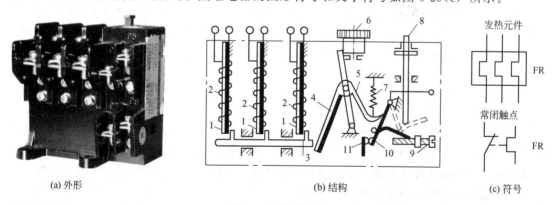

图 6-29 热继电器

1—双金属片；2—发热元件；3—导板；4—温度补偿片；5—推杆；6—凸轮；
7—弹簧；8—复位按钮；9—螺钉；10—动触点；11—静触点

由于热惯性，热继电器不能作短路保护，而且电动机启动或短时过载时，热继电器也不应动作，以保证电动机的正常运行。

热继电器的整定电流是指热继电器长期运行而不动作的最大电流。当电动机过载,电流为整定电流的 1.2 倍时,热继电器必须动作。整定电流的调整可通过整定机构(凸轮旋钮)完成。如果要热继电器复位,需要按下复位按钮。

8) 时间继电器

时间继电器是利用电磁原理或机械动作原理来延迟触点接通或断开的自动控制电器。按其动作原理与结构,可分为电磁式、空气阻尼式、电动机式和电子式等。其中空气阻尼式(又称气囊式)时间继电器结构简单,延时范围较大(有 0.4~60s 和 0.4~180s 两种),有通电延时和断电延时两种类型,所以在这里仅以通电延时空气阻尼式时间继电器为例进行介绍,其外形如图 6-30(a) 所示。

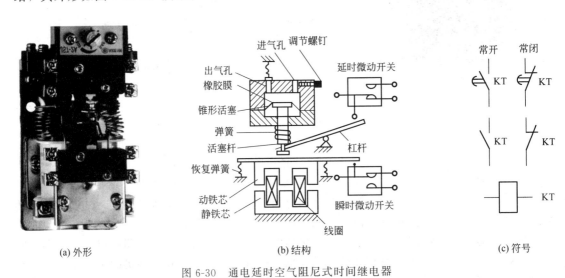

图 6-30 通电延时空气阻尼式时间继电器

空气阻尼式时间继电器是利用空气阻尼作用来实现动作延时,其结构如图 6-30(b) 所示。线圈通电后将动铁芯吸下,瞬时动作微动开关动作,瞬动触点切换,使动铁芯与活塞杆之间有一段距离;在弹簧的作用下,活塞杆连同活塞及其橡胶膜一起向下移动,因锥形活塞的表面固定有一层橡胶膜,活塞下移时在橡胶膜的上面造成空气稀薄的空间,活塞受到下面空气的压力,只能慢慢下移,当移动到一定位置时,杠杆使延时动作微动开关动作,延时动作触点切换,完成通电延时的全部动作。继电器延时时间即自电磁铁线圈通电时起至延时微动开关动作时止的时间。通过调节螺钉调节进气孔的大小可以调节延时时间。吸引线圈断电后,在恢复弹簧的作用下,动铁芯复位,空气经排气孔被迅速排出,此时瞬时动作微动开关和延时动作微动开关都进行瞬时反切换。通电延时空气阻尼式时间继电器的图形符号和文字符号如图 6-30(c) 所示。

断电延时空气阻尼式时间继电器实际上是把铁芯倒装而成。吸引线圈通电时,瞬时动作微动开关和延时动作微动开关都瞬时进行切换。吸引线圈断电时,瞬时动作微动开关立即进行反切换,延时动作微动开关则需经过延时后才能反切换。

时间继电器的触点符号如图 6-31 所示。

空气阻尼式时间继电器的时间调节平滑,延时范围较大,所以应用较广泛。但它的橡胶膜硬度随温度而变化,进气孔道的大小不易精确调节,因此准确度较低,对于要求准确延时的场合不宜加以采用。随着电子技术的发展,电子式时间继电器、可编程时间继电器和数字式时间继电器已广泛应用;其定时精度更高,定时时间范围更宽,使用更方便。

选用时间继电器时,应注意触点的额定电压、线圈电压、延时范围和误差,延时与不延

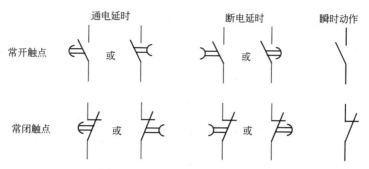

图 6-31 时间继电器的触点符号

时触点种类和数目,以及操作频率与寿命等。

9)自动空气断路器

自动空气断路器也叫自动开关,是一种常用低压保护电器,可实现短路、过载和失压保护。它的结构形式很多,主要由触点系统、灭弧机构、操作机构和保护装置(各种脱扣器)等组成,一般结构如图 6-32 所示。

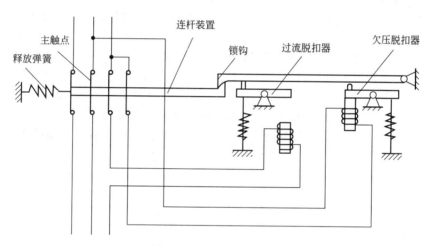

图 6-32 自动空气断路器

自动空气断路器的主触点通常是由手动操作机构来闭合,开关的脱扣机构是一套连杆装置。主触点闭合后,被锁钩锁住。如果电路发生故障,脱扣机构就在有关脱扣器的作用下将锁钩脱开,主触点在释放弹簧的作用下迅速分断。脱扣器包括过流脱扣器和欠压脱扣器等,它们都是电磁铁。在正常情况下,过流脱扣器的衔铁释放;若发生严重过载或短路故障时,主电路串联的线圈就将产生较强的电磁吸力把衔铁往下吸而顶开锁钩,使主触点断开。欠压脱扣器的工作恰好相反,在电压正常时,吸住衔铁,主触点闭合;一旦电压严重下降或断电时,衔铁就被释放而使主触点断开;当电源电压恢复正常时,必须重新闭合后才能工作,实现了失压保护。

10)限位(行程)开关

行程开关又称限位开关,它是利用机械部件的位移来切换电路的自动电器。

行程开关有直线式、单滚轮式和双滚轮式等。直线式行程开关的结构和工作原理与按钮类似,其外形、结构和符号如图 6-33 所示。首先将行程开关安装在适当位置,当预装在生产机械运动部件上的撞块压下推杆时,行程开关的常闭触点打开,常开触点闭合。撞块离开推杆时,弹簧将推杆和触点恢复原状。

第 6 章 三相异步电动机及其控制 **127**

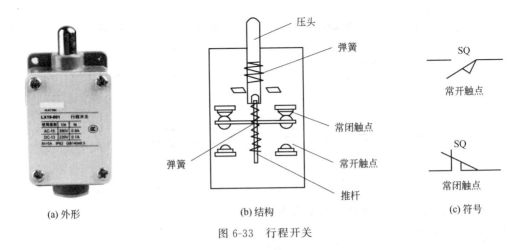

图 6-33 行程开关

6.6.2 三相异步电动机常用控制电路

1) 点动控制电路

点动控制就是按下按钮时电动机转动,松开按钮电动机就停转。许多生产机械在调整试车或运行时要求点动控制。如龙门刨床横梁的上、下移动,摇臂钻床立柱的夹紧与放松,桥式起重机吊钩、大车运行的操作控制等都需要点动控制。

点动控制的原理图如图 6-34 所示,左侧为主电路,由电源开关 QS、熔断器 FU、接触器 KM 的主触头和电动机 M 组成;右侧为控制电路,由按钮 SB 和接触器 KM 线圈组成。合上电源开关 QS,按下按钮 SB,接触器 KM 线圈通电,常开主触点 KM 闭合,电动机 M 通电运行。放开按钮,接触器 KM 线圈失电,常开主触点 KM 释放,电动机断电停转。

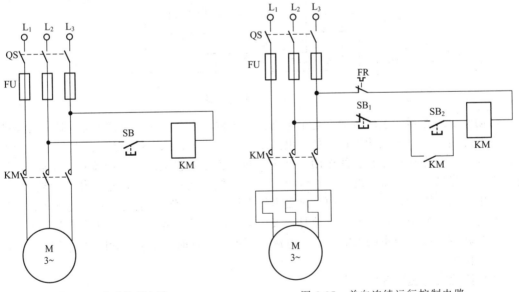

图 6-34 点动控制电路　　　　图 6-35 单向连续运行控制电路

2) 单向连续运行控制电路

大多数生产机械需要连续工作,例如水泵、通风机、机床等。因此,在点动控制电路中,按钮两端并连接触器的一个常开辅助触点便可实现电动机的连续运转。控制电路如图 6-35 所示,合上电源开关 QS,按下按钮 SB_2,接触器 KM 线圈通电,辅助常开触点 KM 闭合,此时松开按钮 SB_2,线圈仍通过辅助触点继续保持通电,使电动机继续运行。接触器用自己的常开辅助触点锁住自己的线圈电路,这种作用称为自锁,该触点也称为自锁触点。若使电动机停止运转,按下常闭按钮 SB_1,使接触器 KM 线圈断电,主触点和自锁触点同时失电,电动机也跟着停转。按钮 SB_1 则称为停止按钮,按钮 SB_2 称为启动按钮。

电路中熔断器 FU 起短路保护作用,热继电器 FR 起过载保护作用,接触器 KM 除了通断电动机的电源外,还兼有失压、欠压保护作用。

3) 正反转控制电路

很多生产机械在工作中要求有正、反两个方向的运动,如起重机的升降、机床工作台的进退、主轴的正反转等,这可由电动机的正反转来控制实现。

由异步电动机的工作原理可知,要想实现电动机的正反转,只需将电动机接到三相电源上的任意两根线对调即可。这样,需要有两个接触器来进行换相,也需要由两个控制电路来分别进行控制。所以,若在电动机单向连续运行控制电路基础上再增加一个接触器及相应的控制电路就可实现正反转控制,电路如图 6-36 所示。当正转接触器 KM_1 工作时,电动机正转;当反转接触器 KM_2 工作时,由于调换了两根电源线,所以电动机反转。

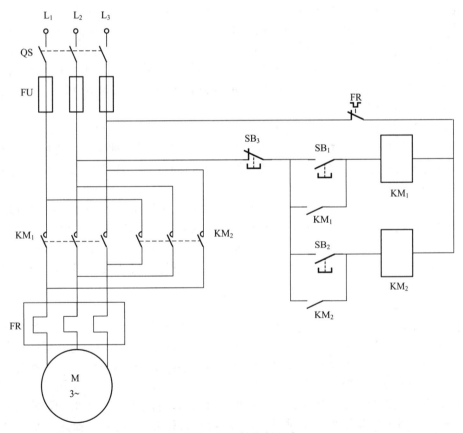

图 6-36 正反转控制电路

从图 6-36 可以看出,一旦操作者发生误操作,在电动机正转时未按停止按钮 SB_3,直接按下反转启动按钮 SB_2,使反转接触器 KM_2 与正转接触器 KM_1 的线圈电路同时接通,这将造成电源短路事故。所以在正反转控制电路中,必须保证两个接触器不同时工作。

为了避免电源短路情况出现,把图 6-36 加以改进,将两个接触器的常闭辅助触点分别串联到另一接触器的线圈支路上,实现两个接触器不能同时工作,这种作用称为电气互锁,控制电路如图6-37(a)所示,这两个常闭辅助触点因而称为互锁触点。但这种控制电路也有缺点,即电动机反转时,必须先按停止按钮后,再按另一转向的启动按钮。

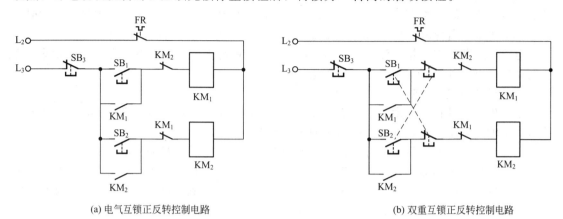

(a) 电气互锁正反转控制电路　　　　　　(b) 双重互锁正反转控制电路

图 6-37　带有互锁的正反转控制电路

在电气互锁正反转控制电路的基础上,采用复合按钮的机械互锁,即将两个启动按钮的常闭触点分别串联到另一接触器线圈的控制支路上,控制电路部分如图6-37(b)所示。这样,若电动机正转时要反转,直接按反转启动按钮SB_2,其常闭触点断开,正转接触器KM_1线圈失电,主触点断开;而串联在反转接触器线圈支路中的KM_1常闭触点恢复闭合,反转启动按钮SB_2常开触点闭合,接触器KM_2线圈通电自锁,电动机反转。这种电路叫双重互锁正反转控制电路。

4) 行程控制电路

行程控制是利用行程开关测量运动部件所达到的位置,并将此信号回送控制电路,从而改变运动部件的运动状态,以实现对运动部件的限位保护、自动循环、程序控制、变速和制动等控制。

用行程开关控制工作台往复运动的示意图和控制电路如图6-38所示,其主电路与电动机的正反转控制电路相同。按下正转启动按钮SB_1时,接触器KM_1线圈通电,KM_1常开触点闭合,电动机驱动工作台向左运动,直到撞块推动SQ_1的推杆,SQ_1常闭触点打开,接触器KM_1线圈失电,电动机停转,工作台停止运行;按下反转启动按钮SB_2时,电动机反转,工作台向右运行。

5) 时间控制电路

在自动化生产线中,常要求按照一定时间启动或停止某些设备,或者各种操作之间有准确的时间间隔等,这些都需要时间控制。时间控制就是利用时间继电器进行延时控制。例如工作台的自动往复运动、电动机的Y-△换接启动、能耗制动控制电路等。下面以工作台的自动往复运动为例介绍时间控制电路。

图6-38中的工作台,如果要求它运行到左端终点后,自动停车一段时间,然后自行运行到右端终点,同理,自动停车一段时间后,再自行运行到左端终点,如此往复,可通过在图6-38(b)中接入行程开关的常开触点和时间继电器来实现,相应的控制电路如图6-39所示。

按下正转启动按钮SB_1时,接触器KM_1线圈通电,电动机正转,工作台向左运动,直至终点,撞块推动SQ_1的推杆,SQ_1常闭触点打开,接触器KM_1线圈失电,电动机停转,工作台停止运行;与此同时,行程开关SQ_1的常开触点SQ_1闭合,时间继电器KT_2的线圈通电,经过设定时间,时间继电器延时常开触点KT_2闭合,接触器KM_2线圈通电,电动机反转,工作台右行,直至终点,再经过设定时间,自动继续左行,进入下一个循环。若想工

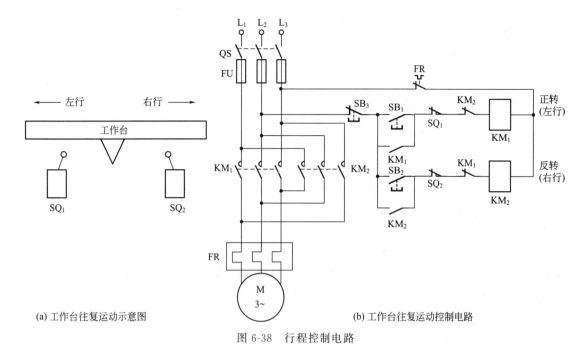

(a) 工作台往复运动示意图　　(b) 工作台往复运动控制电路

图 6-38　行程控制电路

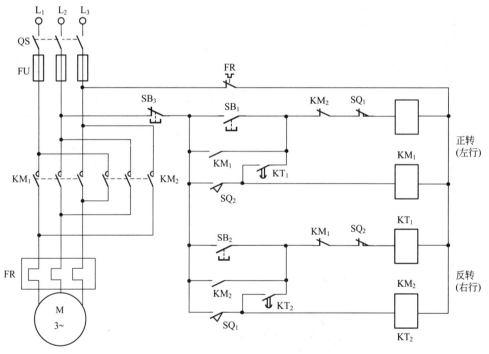

图 6-39　工作台自行往复运动控制电路

作台停止运行，按下停止按钮 SB_3，电动机停转。

6.7 应用举例

生产机械往往由多台电动机控制，需要它们相互配合完成一定的工作，这些电动机之间会有制约关系。比如，有时要求电动机按一定顺序启动，有时要求电动机按一定顺序停机，有时要求在不同地点能实现同一操作，有时要求不允许同时工作，有时要求不允许单独工作等等。这些要求反映在控制电路上称为联锁，由接触器的辅助触点在控制电路中的串、并联实现。下面以两台电动机为例介绍几种常见的联锁方法。

6.7.1 顺序控制电路

有些机床在主轴工作之前，必须先启动油泵电动机 M_1，使润滑系统有足够的润滑油以后，方能启动主轴电动机 M_2；而且机床主轴在工作时，只有主轴电动机 M_2 停转后，油泵电动机 M_1 才能停转，即电动机按一定顺序先后启动，也按一定顺序先后停转，相应的机床油泵和主轴电动机的联锁控制电路如图 6-40 所示。按下启动按钮 SB_1，接触器 KM_1 线圈通电自锁，KM_1 主触点闭合，油泵电动机 M_1 启动；再按下启动按钮 SB_2，主轴电动机 M_2 方能启动。如果油泵电动机 M_1 未启动，即使先按下启动按钮 SB_2，主轴电动机 M_2 也不能启动。停车时，先按下停止按钮 SB_4，接触器 KM_2 线圈失电，主轴电动机 M_2 先停转；再停止按钮 SB_3，油泵电动机 M_1 停转。若在按下停止按钮 SB_4 之前先按下停止按钮 SB_3，接触器 KM_1 和 KM_2 都不会失电，两台电动机都不会停转。

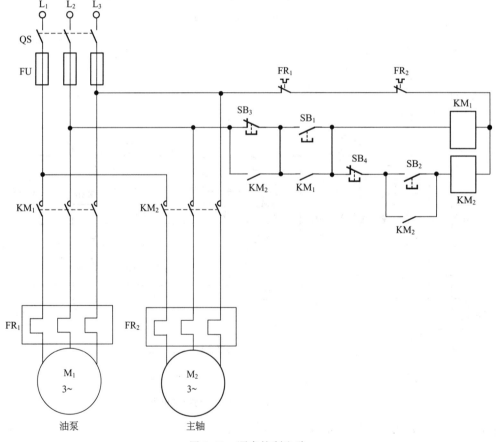

图 6-40 顺序控制电路

熔断器 FU_1、FU_2 在电路中起短路保护作用，而过载保护由热继电器 FR_1 和 FR_2 完成，因为两个热继电器的闭合触点是串联的，所以任何一台电动机发生过载而引起热继电器动作，都会使电动机 M_1、M_2 停止运转。

6.7.2 多地控制电路

某些生产机械，例如，万能铣床、龙门刨床等，为了便于调整操作和加工，要求在不同地点都能实现同一操作控制，即多地控制同一电路。这时只要把启动按钮常开触点并联，停止按钮常闭触点串联，便可实现。

两地控制电路如图 6-41 所示，设甲地停止按钮 SB_1，启动按钮 SB_3，乙地停止按钮 SB_2，启动按钮 SB_4。在甲地控制时，按下启动按钮 SB_3，接触器 KM 线圈得电，松开 SB_3，电动机正常运行，若想电动机停转，在甲地可以按下停止按钮 SB_1，也可以在乙地按下停止按钮 SB_3，实现两地控制。在乙地控制时的情况不再赘述。

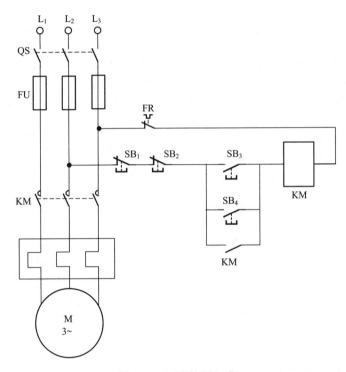

图 6-41 两地控制电路

实验项目五　异步电动机实验

1）实验目的
① 学习电机系统教学实验台的安全操作规程。
② 通过实验掌握测量异步电动机固有机械特性的方法。
③ 通过实验掌握异步电动机的启动方法、调速方法。
④ 通过实验掌握异步电动机改变转向的基本原理和方法。

2）实验原理
① 三相异步电动机的工作原理，见 6.2 节。
② 三相异步电动机的使用原理，见 6.4 节。

3）实验设备
实验设备见表 6-2。

表 6-2 异步电动机实验设备

序号	名称	型号与规格	数量
1	电机导轨及涡流测功机	双路 0～30V 可调	1
2	绕线型异步电动机	$P_N=100W, U_N=220V(Y), I_N=0.55A, n_N=1420r/min$	1
3	三相对称启动电阻	0Ω、2Ω、5Ω、15Ω、∞	1
4	三相交流电源	0～450V	1
5	交流电压表	0～500V	1
6	交流电流表	0～3A	1
7	转速转矩测量仪	NMEL-13B	1

4) 实验内容

(1) 绕线型异步电动机的启动方法。异步电动机定子绕组 Y 形接法，转子外串调节电阻的大小由刷形开关来调节，调节电阻采用三相对称启动电阻，分为 0Ω，2Ω，5Ω，15Ω，∞五个挡，实验线路如图 6-42 所示。

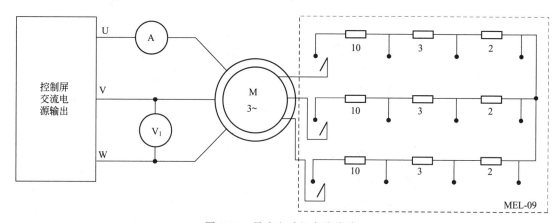

图 6-42 异步电动机实验线路

① 绕线型异步电动机的降压启动。

a. 异步电动机启动前，"转矩控制"和"转速控制"开关拨向"转矩控制"，"转速/转矩设定"调节旋钮逆时针调至负载转矩为零，三相调压器调至输出电压为零，三相对称启动电阻调至为零。

b. 合上交流电源，提高三相调压器的输出电压，使异步电动机的转速逐渐升高。在此过程中，观察电压升高时的转速变化。当电压为 220V 时降压启动过程结束，断开交流电源。

② 绕线型异步电动机的串阻启动，实验线路同前。

a. 合上交流电源，保持三相调压器的输出电压为额定电压。

b. 用刷形开关切换三相对称启动电阻，观察启动电阻分别为 0Ω、2Ω、5Ω、15Ω 时的转速变化。

(2) 测量绕线型异步电动机的固有机械特性

① 调零步骤同前。

② 合上交流电源，提高三相调压器输出电压，直至使异步电动机开始转动。注意并记录异步电动机的转向。

③ 逐渐提高三相调压器输出电压，直到使 $U_N=220V$，顺时针调节"转速/转矩设定"调节旋钮，使异步电动机工作在额定点上稳定运行，即 $I_N=0.55A$，$n_N=1420r/min$。

④ 逆时针调节"转速/转矩设定"旋钮，增加负载转矩，同时记录负载转矩和电机转速，并填入表 6-3 中。

表 6-3　固有机械特性　　　　　　　　　　　　　　$U=220V$

	T_N	$0.9T_N$	$0.8T_N$	$0.7T_N$	$0.6T_N$	$0.5T_N$	$0.4T_N$	$0.3T_N$	$0.2T_N$	$0.1T_N$	0
$T/N \cdot m$											
$n/(r/min)$											

（3）绕线型异步电动机转子外串调节电阻调速

① 调零步骤同前。

② 合上电源开关，调节三相调压器输出电压，直至 $U_N=220V$，使异步电动机空载运行。

③ 调节"转速/转矩设定"调节旋钮，使负载转矩 $T_2=0.5T_N$，保持负载转矩 T_2 不变。

④ 改变转子外串电阻，分别测出对应的稳定转速，并记录于表 6-4 中。

表 6-4　串阻调速　　　　　　$U=220V$　$T_2=N \cdot m$

R_{st}/Ω	0	2	5	15
$n/(r/min)$				

（4）绕线型异步电动机定子降低电源电压调速

① 调零步骤同前。

② 合上电源开关，调节三相调压器输出电压至 $U_N=220V$，使异步电动机空载运行。

③ 调节"转速/转矩设定"调节旋钮，使负载转矩 $T_2=0.5T_N$，并保持负载转矩 T_2 不变。

④ 降低定子电源电压，分别测出对应的稳定转速，记录于表 6-5 中。

表 6-5　降压调速　　　　　　　　$T_2=N \cdot m$

	U_N	$0.9U_N$	$0.8U_N$	$0.7U_N$	$0.6U_N$	$0.5U_N$
U/V						
$n/(r/min)$						

（5）绕线型异步电动机的反转方法

① 调零步骤同前。

② 合上电源开关，调节三相调压器输出电压，使异步电动机开始转动，注意并记录异步电动机的转向。

③ 切断电源开关，任意调换三相交流电源中的两相（改变交流电相序）。

④ 重新启动异步电动机，注意观察电动机的转向，并与改变交流电相序前的转向进行比较。

5）实验注意事项

① 人体不可接触带电线路。接线或拆线都必须在切断电源情况下进行。

② 学生独立完成接线或改接线路后，必须经指导教师检查允许，要求全组同学引起注

意后，方可合上电源。实验中如发生事故，应立即切断电源保护现场，并报告指导教师，待查清问题和妥善处理故障后，才能继续进行实验。

6) 预习与思考题

① 什么是异步电动机的机械特性，有几种？
② 异步电动机启动的要求是什么？启动方法有几种？
③ 异步电动机的调速方法有几种？
④ 异步电动机调速的原理是什么？

7) 实验报告要求

① 根据表 6-3 的数据，点绘异步电动机的固有机械特性曲线。
② 分析绕线式异步电动机转子外串调节电阻对电机转速的影响。
③ 分析绕线式异步电动机定子降低电源电压对电机转速的影响。
④ 绕线式异步电动机如何实现反转？

本章小结

1. 三相异步电动机主要由定子和转子两大部分组成，它们之间有空气隙。根据转子绕组结构不同，转子可分成笼型和绕线型两种。

2. 三相异步电动机是利用在定子绕组中通入对称三相交流电产生的旋转磁场与转子绕组内的感应电流相互作用而旋转工作的。旋转磁场的旋转速度为 n_0，该磁场与转子绕组之间产生相对运动，转子绕组切割旋转磁场，产生感应电动势与感应电流；在旋转磁场作用下，流过电流的转子绕组受到电磁力 F，电磁力对转轴形成电磁转矩，使电动机的转子旋转起来，旋转速度为 n。

3. 旋转磁场的转向由定子绕组中通入电流的相序来决定。同步转速（旋转磁场的旋转速度）为

$$n_0 = \frac{60 f_1}{p} \text{r/min}$$

4. 异步电动机的转速 n 总是小于同步转速 n_0，用转差率 s 来表示转子转速 n 与同步转速 n_0 相差的程度，即

$$s = \frac{n_0 - n}{n_0}$$

5. 三相异步电动机转子感应电流的频率、感应电动势、转子绕组每相漏抗、转子每相绕组的电流、转子电路的功率因数均与转差率 s 有关。

6. 三相异步电动机的机械特性是指 $n = f(T)$ 的关系，也可写为 $T = f(s)$：

$$T = K U_1^2 \frac{sR_2}{R_2^2 + (sX_{20})^2}$$

7. 笼型异步电动机启动时，可采用全压启动和降压启动；降压启动包括星-角换接降压启动和自耦变压器降压启动；绕线型异步电动机则采用转子电路串电阻或串频敏变阻启动。

8. 三相异步电动机的调速可以通过改变电源频率 f_1、极对数 p 和转差率 s 来实现调速，其中改变电源频率 f_1 和极对数 p 用于笼型异步电动机，调节转差率 s 用于绕线型异步电动机。

9. 三相异步电动机常用的电气制动方法有能耗制动、反接制动和发电反馈制动。

10. 使用电动机前应先了解电动机的铭牌，以确保安全使用。

11. 电力拖动控制主要是对电动机的启动、反转、制动、调速和停止实行自动控制和自动保护。在对控制要求不高的场合，普遍采用继电器-接触器的控制方式，称为继电接触器控制系统。

12. 要掌握继电-接触器控制原理就必须掌握各种常用低压控制电器和保护电器的动作原理、技术性能和使用注意事项。

13. 三相异步电动机常用控制电路有点动、单向连续运行、正反转控制、顺序联锁控制和多地控制等；还有短路保护、过载保护和失电压（欠电压）保护等基本保护环节，它们是设计、分析控制电路所必须熟练掌握的。

习题 6

6-1 三相异步电动机转子的转向与什么有关？如何改变三相异步电动机的转向？

6-2 已知 Y90S-4 型异步电动机的额定数据为：$P_N=11\text{kW}$，$f_N=50\text{Hz}$，$U_N=380\text{V}$，△连接，$\eta_N=0.78$，$\cos\varphi_N=0.78$，$n_N=1400\text{r/min}$，试求：(1) 额定电流；(2) 额定相电流；(3) 额定转矩；(4) 额定转差率；(5) 额定转子频率。

6-3 三相异步电动机断了一根电源线后，为什么不能启动？在运行中断了一相，为什么仍可能继续转动？这两种情况对电动机有何影响？

6-4 已知 Y132S-4 型三相异步电动机的额定数据为：$P_N=5.5\text{kW}$，$f_N=50\text{Hz}$，$U_N=380\text{V}$，$\eta_N=85.5\%$，$\cos\varphi_N=0.84$，$n_N=1440\text{r/min}$，$I_{st}/I_N=7$，$T_{st}/T_N=2.2$，$T_{max}/T_N=2.2$，试求：额定状态下的 (1) 转差率；(2) 额定电流；(3) 额定转矩；(4) 启动电流；(5) 启动转矩；(6) 最大转矩。

6-5 一台鼓风机上的驱动电动机，其额定数据为：$P_N=90\text{kW}$，$U_N=380\text{V}$，$I_N=200\text{A}$，△连接，$I_{st}/I_N=6.5$。需要进行降压启动，若车间电源电压是 380V，试求：(1) 能否用 Y-△降压启动？(2) 若能用 Y-△启动器启动，启动电流是多少？

6-6 (1) 把线圈电压为 220V 的交流接触器误接在 380V 的交流电源上会发生什么情况？(2) 把线圈电压为 380V 的交流接触器误接在 220V 的交流电源上会发生什么情况？

6-7 什么是自锁？什么是互锁？

6-8 试分析图 6-43 中各控制电路能否实现正常启动，并指出各控制电路存在的问题。

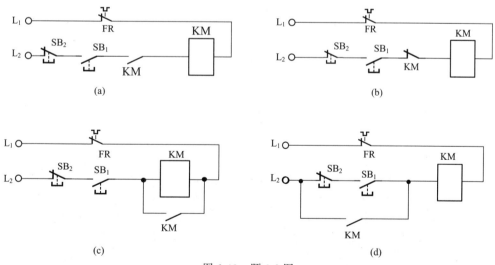

图 6-43 题 6-8 图

6-9 试画出既能实现对电动机点动控制，又能实现单向连续运行的控制电路。

6-10 试画出 3 台电动机 M_1、M_2 和 M_3 顺序启动的控制电路，要求：M_1 启动后 M_2 才能启动，M_2 启动后 M_3 才能启动，3 台电动机同时停车。

6-11 控制电路如图 6-44 所示，时间继电器 KT 的动作时间设定 x 秒，试分析控制电路的工作过程。

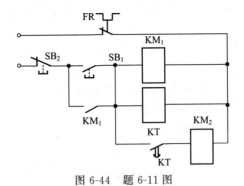

图 6-44 题 6-11 图

第7章

常用半导体器件

半导体器件是构成电子电路的基本元件,常用的有晶体二极管、晶体三极管等。它们所用的材料是经过特殊加工且性能可控的半导体材料。

7.1 半导体器件的基础知识

7.1.1 半导体的特点

物质按导电性能可分为导体、绝缘体和半导体。导体一般为低价元素,如铜、铁、铝等金属,其最外层电子受原子核的束缚力很小,因而极易挣脱原子核的束缚成为自由电子。因此在外电场作用下,这些电子产生定向运动(称为漂移运动)形成电流,呈现出较好的导电特性。高价元素(如惰性气体)和高分子物质(如橡胶、塑料)最外层电子受很强的原子核束缚力,极不易摆脱原子核的束缚成为自由电子,所以其导电性极差,可作为绝缘材料。而半导体材料最外层电子既不像导体那样极易摆脱原子核的束缚成为自由电子,也不像绝缘体那样被原子核束缚得那么紧,因此,半导体的导电特性介于二者之间。常用的半导体材料是硅、锗和砷化镓等。

半导体之所以能获得广泛的应用,主要是因为在各种外界条件的影响下,其导电能力将会发生很大的变化。

1) 掺入杂质后导电能力激增

在纯净的半导体材料(本征半导体)中掺入微量的某种杂质元素后,其导电能力将增大几十万倍到几百万倍。例如在纯净硅中加入百分之一的硼,即可使其电阻率从 $0.214 \times 10^6 \Omega \cdot m$ 减小到 $0.4\Omega \cdot m$,利用这种特性可制成各种不同的半导体器件,如二极管、三极管、场效应管等。

2) 光照影响导电能力

某些半导体材料受到光照射时,其导电能力将显著增强。例如硫化镉(GdS)材料在有光照和无光照的条件下,其电阻率有几十到几百倍的差别,利用半导体的这种光敏特性,可以制成各种光敏器件,如光敏电阻、光电管等。

3) 对温度的变化反应灵敏

当温度升高时,其电阻率减小,导电能力显著增强,例如纯锗,到温度从20℃升高到30℃时,其电阻率约降低一半。利用半导体的这种热敏特性,可以制成各种热敏器件,用于温度变化的检测。但是,半导体器件对温度变化的敏感,也常常会严重影响其正常工作。

7.1.2 本征半导体

纯净的具有晶体结构的半导体称为本征半导体。在晶体结构中,原子排列具有有序性,相邻两个原子的一对最外层电子（价电子）成为共有电子，它们一方面围绕自身的原子核运动，另一方面又出现在相邻原子所属的轨道上。即价电子不仅受到自身原子核的作用，同时还受到相邻原子核的吸引。于是，两个相邻的原子共有一对价电子，组成共价键结构。故晶体中，每个原子都和周围的4个原子用共价键的形式互相紧密地联系起来，如图7-1所示。

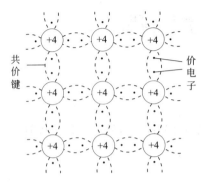

图7-1 本征半导体结构示意

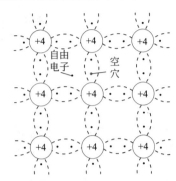

图7-2 本征半导体中的自由电子和空穴

共价键中的价电子受共价键的束缚。在室温或光照下，由于热运动，少数价电子可以获得足够的能量摆脱共价键的束缚而成为自由电子，同时必然在共价键中留下空位，称为空穴，这种空穴带正电，如图7-2所示。

由此可见，半导体中存在着两种载流子：带负电的自由电子和带正电的空穴。本征半导体中，自由电子与空穴是同时成对产生的，因此，它们的浓度是相等的。

价电子在热运动中获得能量产生了电子-空穴对。同时自由电子在运动过程中失去能量，与空穴相遇，使电子、空穴对消失，这种现象称为复合。在一定温度下，载流子的产生过程和复合过程是相对平衡的，载流子的浓度是一定的。本征半导体中载流子的浓度，除了与半导体材料本身的性质有关以外，还与温度有关，而且随着温度的升高，基本上按指数规律增加。因此，半导体中的载流子浓度对温度十分敏感。除此之外，半导体中的载流子浓度还与光照有关，人们正是利用此特性，制成光敏器件。

7.1.3 N型半导体和P型半导体

1) N型半导体

在本征半导体中，掺入微量5价元素，如磷、锑、砷等，则原来晶格中的某些硅（锗）原子被杂质原子代替。由于杂质原子的最外层有5个价电子，因此它与周围4个硅（锗）原子组成共价键时，还多余1个价电子。它不受共价键的束缚，而只受自身原子核的束缚，因此，它只要得到较少的能量就能成为自由电子，并留下带正电的杂质离子。带正电的杂质离子不能参与导电，如图7-3所示。显然，这种杂质半导体中电子浓度远远大于空穴的浓度，主要靠电子导电，所以称为N型半导体。由于5价杂质原子可提供自由电子，故称为施主原子。N型半导体中，自由电子称为多数载流子，空穴称为少数载流子。

2) P型半导体

在本征半导体中，掺入微量3价元素，如硼、镓、铟等，则原来晶格中的某些硅（锗）原子被杂质原子代替。由于杂质原子的最外层只有3个价电子，因此它与周围4个硅（锗）原子组成共价键时，就产生了"空位"。该"空位"易吸收其他硅原子的价电子，成为受主原子。失去价电子的硅原子的共价键中就产生一个空穴，如图7-4所示。显然，这种杂质半导体中空穴浓度远远大于电子的浓度，主要靠空穴导电，所以称为P型半导体。P型半导体中，空穴称为多数载流子，电子称为少数载流子。

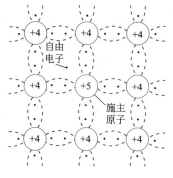

图 7-3　N 型半导体

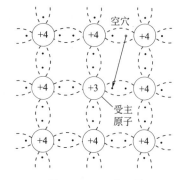

图 7-4　P 型半导体

7.1.4　PN 结及其单向导电性

在同一片半导体基片上，分别制造 P 型半导体和 N 型半导体，在它们的交界面处就形成了 PN 结。PN 结具有单向导电性。

1）PN 结的形成

当 P 型半导体和 N 型半导体制作在一起时，由于交界两侧半导体类型不同，存在电子和空穴的浓度差。P 区的空穴向 N 区扩散，N 区的电子向 P 区扩散，如图 7-5(a) 所示。由于扩散运动，N 区失掉电子产生正离子，P 区得到电子产生负离子，在 P 区和 N 区的接触面就产生正负离子层，称为空间电荷区。

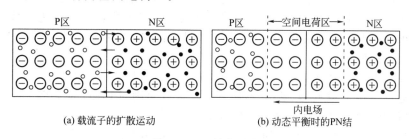

图 7-5　PN 结的形成

空间电荷区形成内电场，方向从 N 区指向 P 区。内电场对扩散运动起到阻碍作用，有利于少数载流子的漂移运动。电子和空穴的扩散运动随着内电场的加强而逐步减弱，直至扩散运动和漂移运动达到动态平衡为止。此时在界面处形成稳定的空间电荷区，形成 PN 结，如图 7-5(b) 所示。

2）PN 结的单向导电性

（1）PN 结的正向导通特性。给 PN 结加正向电压，即 P 区接电源正极，N 区接电源负极，此时称 PN 结为正向偏置，如图 7-6(a) 所示。这时 PN 结外加电场与内电场方向相反，当外电场大于内电场时，外加电场抵消内电场，使空间电荷区变窄，有利于多数载流子运动，形成正向电流 I。外加电场越强，正向电流 I 越大，这意味着 PN 结的正向电阻变小，PN 结处于导通状态。

（2）PN 结的反向截止特性。给 PN 结加反向电压，即电源正极接 N 区，负极接 P 区，称 PN 结反向偏置，如图 7-6(b) 所示。这时外加电场与内电场方向相同，使内电场的作用增强，PN 结变厚，多数载流子运动难以进行，有助于少数载流子运动，形成电流 I_S，少数载流子很少，所以电流很小，接近于零，即 PN 结反向电阻很大，PN 结处于截止状态。

综上所述，加正向电压时，PN 结电阻很小，电流 I 较大；加反向电压时，PN 结电阻

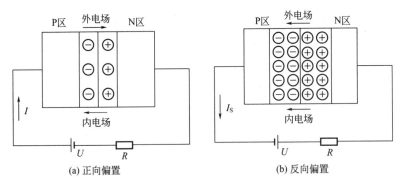

图 7-6　PN 结的单向导电性

很大，电流 I_S 很小。PN 结具有单向导电性。

3）PN 结的击穿特性

PN 结处于反向偏置时，在一定电压范围内，流过 PN 结的电流是很小的反向饱和电流。但是当反向电压超过某一数值后，反向电流急剧增加，这种现象称为反向击穿。PN 结的击穿分为雪崩击穿和齐纳击穿。通常，低掺杂浓度，但反向电压足够高时，阻挡层内电场很强，少数载流子在结区内受强烈电场的加速作用，获得很大的能量，在运动中与其他原子发生碰撞时，有可能将价电子"打"出共价键，形成新的电子、空穴对。这些新的载流子与原先的载流子一道，在强电场作用下碰撞其他原子打出更多的电子、空穴对，如此链锁反应，使反向电流迅速增大。这种击穿称为雪崩击穿。所谓"齐纳"击穿，是指当 PN 结两边掺入高浓度的杂质时，其阻挡层宽度很小，即使外加反向电压不太高（一般为几伏），在 PN 结内就可形成很强的电场，将共价键的价电子直接拉出来，产生电子-空穴对，使反向电流急剧增加，出现击穿现象。

发生击穿并不一定意味着 PN 结损坏。当 PN 结反向击穿时，只要注意控制反向电流的数值（一般通过串接电阻 R 实现），不使其过大，以免因过热而烧坏 PN 结，当反向电压（绝对值）降低时，PN 结的性能就可以恢复正常。稳压二极管正是利用了 PN 结的反向击穿特性来实现稳压的，当流过 PN 结的电流变化时，结电压保持基本不变。

7.2　半导体二极管

半导体二极管是最简单的半导体器件，用途广泛，例如用于整流、高频检波、元件保护以及用作开关元件等。本节主要介绍常用二极管的结构、特性和参数等。

7.2.1　二极管的结构和特性

1）二极管的结构

将一个 PN 结加上相应的两根外引线，然后用塑料、玻璃或铁皮等材料做外壳封装就成为二极管。其中，从 P 区引出的电极称为正极（或阳极），从 N 区引出的电极称为负极（或阴极）。电路符号如图 7-7 所示，其箭头方向表示正向电流的方向。根据所用材料不同，二

图 7-7　二极管的结构和符号

极管可分为锗管和硅管,也可按结构分为点接触型、面接触型和平面型。

2) 二极管的特性

二极管由一个PN结构成,因此它具有单向导电性。在外加电压的作用下,二极管电流的变化规律称为二极管的伏安特性曲线,如图7-8所示。

当正向电压低于某一数值U_{th}时,正向电流很小几乎为零,该电压称为门限电压或死区电压。只有当正向电压高于U_{th}后,才有明显的正向电流,电流与电压呈指数关系,即

$$i_D = I_S(e^{\frac{u_D}{U_T}} - 1)$$

式中,I_S为二极管的反向饱和电流;U_T为温度电压当量,$U_T = kT/q$,$k = 1.38 \times 10^{-23}$ J/K,为普朗克常数;T为热力学温度,单位为K,常温时$U_T \approx 26$mV。

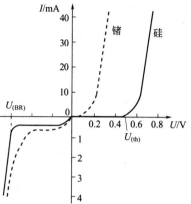

图7-8 二极管的伏安特性

实际电路中二极管导通时的正向压降硅管约为0.6~0.8V,锗管约为0.1~0.3V,又称为导通电压,用$U_{D(on)}$表示。通常认为,当正向电压$u_D > U_{D(on)}$时,二极管导通;$u_D < U_{D(on)}$时,二极管截止。

二极管加反向电压,反向电流数值很小,且基本不变,称反向饱和电流。硅管反向饱和电流为纳安(nA)数量级,锗管的为微安数量级。当反向电压加到一定值$U_{(BR)}$时,反向电流急剧增加,二极管内PN结击穿。$U_{(BR)}$称为反向击穿电压,一般在几十伏以上(高反压管可达几千伏)。

7.2.2 二极管的主要参数

二极管的参数是表征二极管的性能及其适用范围的数据,是选择和使用二极管的重要参考依据。二极管的主要参数有以下几个。

1) 最大整流电流I_F

I_F是二极管允许通过的最大正向平均电流。工作时应使平均工作电流小于I_F,如超过I_F,二极管将过热而烧毁。此值取决于PN结的面积、材料和散热情况。

2) 最大反向工作电压U_{RM}

U_{RM}是允许施加在二极管两端的最大反向工作电压。当反向电压超过此值时,二极管可能被击穿。为了留有余地,通常取击穿电压的一半作为U_{RM}。

3) 反向电流I_R

I_R是指二极管未击穿时的反向电流值。此值越小,二极管的单向导电性越好。由于反向电流是由少数载流子形成,所以I_R值受温度的影响很大。

4) 最高工作频率f_M

f_M是保证二极管单向导电性的最高工作频率。f_M值主要取决于PN结结电容的大小,结电容越大,则二极管允许的最高工作频率越低。

7.2.3 二极管的应用

二极管的应用范围很广,主要是利用二极管的单向导电特性。它可以构成各种应用电路,如二极管整流电路、检波、钳位、限幅以及在脉冲与数字电路中作为开关元件。在分析二极管应用电路时,关键是判断二极管的导通或截止。理想二极管导通时用短路线代替;截

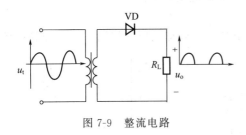

图 7-9 整流电路

止时,可认为断路,即认为二极管反向电阻为无穷大。下面介绍二极管的一些应用。

1) 整流

利用二极管的单向导电性可以将交流电压变为单方向的脉动电压称为整流。简单的整流电路如图 7-9 所示。

2) 检波

收音机从载波信号中检出音频信号称为检波。工作原理与整流相似。载波信号经过二极管后负半波被削去,经过电容使高频信号旁路,负载上得到低频信号。原理性电路如图 7-10 所示。

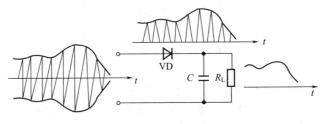

图 7-10 检波电路

3) 限幅

限幅的作用是限制输出电压的幅度。某二极管限幅电路如图 7-11(a) 所示,设 u_i 为正弦波,且 $U_m=U_S$。当 $u_i<U_S$ 时,VD 截止,此时电阻 R 中无电流,故 $u_o \approx u_i$。当 $u_i>U_S$ 时,VD 导通,此时如果忽略二极管压降,则 $u_o=u_i$。输出波形如图 7-11(b) 所示,从而达到限幅的目的。

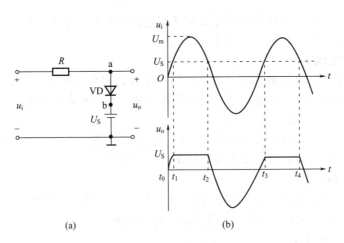

图 7-11 限幅电路

4) 钳位与隔离

当二极管正向导通时,由于正向压降很小,可以忽略,所以强制使其阳极电位与阴极电位基本相等,这种作用称为二极管的钳位作用。当二极管加反向电压时,二极管截止,相当于断路,阳极与阴极被隔离,称为二极管的隔离作用。例如在图 7-12 所示电路中,当输入端 A 的电位 $U_A=+3V$,B 的电位 $U_B=0V$ 时,因为 A 端电位比 B 端电位高,所以 VD_A 优先导通,如果忽略二极管正向压降,则 $U_F \approx +3V$。当 VD_A 导通后,VD_B 上加的是反向电压，因而截止。在这里，VD_A 起钳位作用，把输出端 F 的电位钳制在 $+3V$，VD_B 起隔离作用，把输入端 B 和输出端 F 隔离出来。

【例 7-1】 如图 7-13 所示限幅电路。已知输入电压 $u_i = 10\sin\omega t$ V，试分析限幅电平 U_S 分别为 0V、6V 和 $-6V$ 时输出电压的波形。

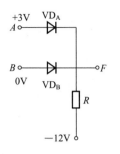

图 7-12 钳位与隔离作用电路

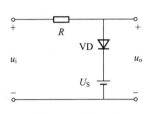

图 7-13 例 7-1 图

解： 当 $U_S = 0V$ 时，$u_i > 0$，二极管导通，$u_o = 0V$；$u_i < 0V$，二极管截止，$u_o = u_i$。波形如图 7-14(a) 所示，即限幅电平为 0V。

当 $U_S = 6V$ 时，$u_i > 6V$，二极管导通，$u_o = 6V$；$u_i < 6V$，二极管截止，$u_o = u_i$。波形如图 7-14（b）所示，即限幅电平为 6V。

当 $U_S = -6V$ 时，$u_i > -6V$，二极管导通，$u_o = -6V$；$u_i < -6V$，二极管截止，$u_o = u_i$。波形如图 7-14(c) 所示，即限幅电平为 $-6V$。

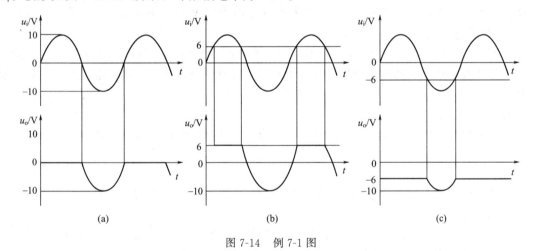

图 7-14 例 7-1 图

7.3 稳压二极管

7.3.1 稳压二极管的伏安特性

稳压二极管是一种硅材料制成的面接触型二极管，简称为稳压管。稳压管有着与普通二极管相类似的伏安特性，正向特性为指数关系，但反向击穿特性曲线比较陡直，如图 7-15 (a) 所示。稳压管在反向击穿时，在一定的电流范围内端电压几乎不变，表现出很好的稳压特性。只要控制反向电流不超过一定值，管子不会因过热而烧坏。

稳压管的正常工作区域是反向击穿区，电气符号如图 7-15(b)。

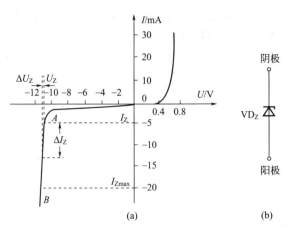

图 7-15 稳压二极管的伏安特性曲线及符号

7.3.2 稳压二极管的主要参数

1) 稳定电压 U_Z

稳定电压是稳压管工作在反向击穿区时的稳定工作电压。由于稳定电压随着工作电流的不同而略有变化,因而测试 U_Z 时应使稳压管的电流为规定值。稳定电压 U_Z 是根据要求挑选稳压管的主要依据之一。不同型号的稳压管,其稳定电压值不同。同一型号的管子,由于制造工艺的分散性,各个管子的 U_Z 值也有差别。例如 2CW18 稳压管,其 $U_Z=10\sim12\mathrm{V}$。

2) 稳定电流 I_Z

稳定电流是使稳压管正常工作时的最小电流,也记作 I_{Zmin}。如果,稳压管的电流低于此值时稳压效果较差,甚至不稳压。只要不超过稳压管的额定功率,工作电流越大,稳压效果越好。

3) 动态电阻 r_Z

动态电阻是稳压管工作在稳压区时,两端电压变化量与电流变化量之比。即

$$r_Z = \frac{\Delta U_Z}{\Delta I_Z}$$

因此,r_Z 值越小,则稳压性能越好。同一稳压管,一般工作电流越大时,r_Z 值越小。

4) 额定功耗 P_{ZM}

P_{ZM} 等于稳压管的稳定电压值 U_Z 与最大稳定电流的乘积。稳压管的功耗超过此值时,管子由于过热而烧坏。P_{ZM} 取决于稳压管允许的温升。

5) 温度系数 α

α 指稳压管温度变化 1℃ 时,所引起的稳定电压变化的百分比。一般情况下,稳定电压大于 7V 的稳压管,α 为正值,即当温度升高时,稳定电压值增大。而稳定电压小于 4V 的稳压管,α 为负值,即当温度升高时,稳定电压值减小。稳定电压在 4~7V 间的稳压管,其 α 值较小,稳定电压值受温度影响较小,性能比较稳定。

7.4 半导体三极管

半导体三极管又称双极型三极管,后面简称三极管,它是构成各种电子电路的重要元件。

7.4.1 三极管的结构

通过一定的工艺，将两个 PN 结结合在一起就构成了三极管。分为 NPN 型和 PNP 型两大类。结构示意图和符号如图 7-16 所示。

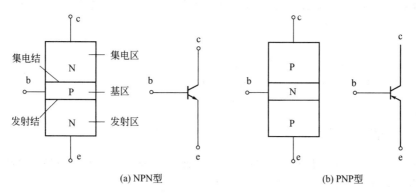

图 7-16 三极管结构示意图和符号

无论是 NPN 型还是 PNP 型的三极管，内部有三个区域，分别称为发射区、基区和集电区，并相应地引出三个电极，即发射极（e）、基极（b）和集电极（c）。在三个区的两两交界处，形成两个 PN 结，分别称为发射结和集电结。一般基区很薄且杂质浓度很低，发射区掺杂浓度很高，集电结面积很大。

三极管符号中，箭头方向代表发射极电流的方向。三极管有硅管和锗管。

7.4.2 三极管的电流放大作用

三极管有特殊的内部结构，如果有合适的外部条件就有电流放大作用。在图 7-17 中，三极管的发射结正向偏置，集电结反向偏置，因此三极管工作在放大区。

1）三极管内部载流子的运动

（1）发射区向基区发射电子。由于发射结正向偏置，发射区的多数载流子（自由电子）大量地扩散到基区形成 I_{En}。同时，空穴也从基区向发射区扩散形成 I_{Pn}。由于发射区杂质浓度远高于基区浓度，后者作用可忽略不计，可以说发射极电流 I_E 是发射区的多数载流子的扩散形成的。

（2）电子在基区的扩散与复合。因为基区很薄，杂质浓度又很低，扩散到基区的自由电子中只有极少部分与空穴复合形成 I_{Bn}，而大部分扩散到集电结一侧。

（3）集电结收集电子。由于集电结面积大且加了反向偏置电压，通过扩散到达集电结一侧的自由电子将在电场力的作用下，越过集电结到达集电极，形成集电极漂移电流 I_{Cn}。同时，集电区中的空穴和基区中的电子在结电场的作用下作漂移运动形成 I_{CBO}。但常温下，I_{CBO} 很小，可忽略不计。

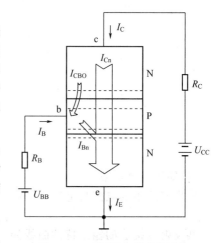

图 7-17 三极管内部载流子的运动及电流关系

2）三极管的电流放大作用

三极管在外加电压的作用下，发射区向基区注入的电子大部分到达集电区形成集电极电

流 I_C，只有小部分在基区复合形成了基极电流 I_B，显然 $I_C \gg I_B$，且发射极电流为

$$I_E = I_B + I_C$$

当发射结正向偏置电压改变时，即基极电流改变时，发射区注入的电子数将跟随改变，从而集电极电流 I_C 产生相应的变化，由于 $I_C \gg I_B$，因此很小的变化就能引起较大的变化，这就是三极管的电流放大作用。通常用集电极电流与基极电流之比来反映三极管的放大能力，令

$$\bar{\beta} \approx \frac{I_C}{I_B}$$

$\bar{\beta}$ 称为三极管共发射极电流的直流电流放大系数，当三极管制成后该值就确定了，其值远大于 1。

7.4.3 三极管的特性曲线

三极管各极电流与电压间的关系可用伏安特性曲线来表示，可以用晶体管特性图示仪测得。下面对共发射极接法的特性曲线进行讨论。

1) 输入特性曲线

输入回路的电流与电压之间的关系曲线称为三极管的输入特性曲线，即

$$i_B = f(u_{BE}) \big|_{u_{CE} = 常数}$$

共发射极接法的输入特性曲线如图 7-18(a) 所示，由图可见曲线形状与二极管的正向伏安特性相类似，呈指数关系，但它与 u_{CE} 有关。当 u_{CE} 等于零时，也存在门限电压，只有发射结电压大于该门限电压时，电流才明显增加。当 u_{CE} 增加时曲线右移，但当 $u_{CE} > 1V$ 后，曲线右移很小，所以图中只画出两条曲线，实际应用中，u_{CE} 总是大于 1V 的。

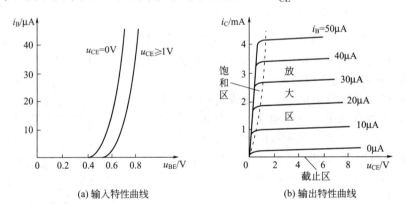

(a) 输入特性曲线　　(b) 输出特性曲线

图 7-18　三极管的特性曲线

2) 输出特性曲线

输出回路中的电流与电压之间的关系曲线称为三极管的输出特性曲线，即

$$i_C = f(u_{CE}) \big|_{i_B = 常数}$$

共发射极接法的输出特性曲线如图 7-18(b) 所示，对于每一个确定的 i_B 都有一条曲线，因此输出特性是一族曲线。对于某一条 i_B 曲线，当 u_{CE} 从零逐渐增大时，i_C 也逐渐增大，而当 u_{CE} 增大到一定数值时，u_{CE} 再增大，i_C 几乎不变。输出特性曲线分为以下三个区域。

（1）截止区。一般将 $i_B \leq 0$ 的区域称为截止区，在图中为 $i_B = 0$ 曲线的下方区域。此时 i_C 也近似为零。由于各极电流都基本上等于零，三极管处于截止状态，此时三极管没有放大作用。其实 $i_B = 0$ 时，i_C 并不等于零，而是等于穿透电流 I_{CEO}。一般硅三极管的穿透电流小于 $1\mu A$，锗三极管的穿透电流约几十至几百微安。

(2) 放大区。略上翘的平行线族区域，此时发射结正向偏置，集电结反向偏置。在此区域内，当 i_B 一定时，i_C 基本不随 u_{CE} 变化而变化，$I_C \approx \bar{\beta} I_B$。在这个区域内，当基极电流发生微小的变化量 Δi_B 时，相应的集电极电流将产生较大的变化量 Δi_C，此时二者的关系为

$$\beta = \frac{\Delta i_C}{\Delta i_B}$$

该式体现了三极管的电流放大作用，其中 β 称为三极管共发射极交流电流放大系数，是三极管的一个重要参数。

(3) 饱和区。曲线靠近纵轴附近，各条输出特性曲线的快速上升区域，此时发射结和集电结都处于正向偏置状态。在这个区域，不同 i_B 值的各条特性曲线几乎重叠在一起，即当 u_{CE} 较小时，管子的集电极电流 i_C 基本上不受基极电流 i_B 的控制，这种现象称为饱和。此时三极管失去了电流放大作用。

一般认为 $u_{CE} = u_{BE}$，三极管处于临界饱和状态。三极管饱和时集电极和发射极之间的电压叫饱和管压降，用 U_{CES} 表示。在深度饱和时，小功率管管压降通常小于 0.3V。

7.4.4 三极管的主要参数

三极管的性能常用有关参数表示，作为工程上选用三极管的依据，其主要参数有：电流放大系数、极间反向电流和极限参数。

1）电流放大系数

(1) 共发射极电流放大系数。直流电流放大系数 $\bar{\beta}$ 定义为三极管的集电极直流电流与基极直流电流之比，即

$$\bar{\beta} \approx \frac{I_C}{I_B}$$

交流电流放大系数 β 定义为三极管的集电极交流电流与基极交流电流之比，即

$$\beta = \frac{\Delta i_C}{\Delta i_B}$$

可见，两者的定义是不同的，但数值接近，因此在实际应用中，当工作电流不十分大时，可认为 $\bar{\beta} \approx \beta$，且为常数，故可混用而不加区分。

(2) 共基极电流放大系数。直流电流放大系数 $\bar{\alpha}$ 定义为三极管的集电极直流电流与发射极直流电流之比，即

$$\bar{\alpha} \approx \frac{I_C}{I_E}$$

交流电流放大系数 α 定义为三极管的集电极交流电流与发射极交流电流之比，即

$$\alpha = \frac{\Delta i_C}{\Delta i_E}$$

一般情况下，$\bar{\alpha} \approx \alpha$，且为常数，故可混用而不加区分，接近于 1 而小于 1。α 与 β 的关系为

$$\alpha = \frac{\beta}{1+\beta}$$

2）极间反向电流

三极管的极间反向电流 I_{CBO} 和 I_{CEO} 是衡量三极管质量的重要参数。

I_{CBO} 是发射极开路时，集电极和基极之间的反向饱和电流。I_{CEO} 是基极开路时，集电极流向发射极的电流，也叫穿透电流。两者都由少数载流子的漂移形成，均随温度的上升而

增大。I_{CBO} 和 I_{CEO} 越小，三极管受温度的影响越小，三极管性能越稳定。两者的相互关系是

$$I_{CEO}=(1+\beta)I_{CBO}$$

3) 极限参数

为了三极管能够安全工作，必须对电压、电流和功耗加以限制。

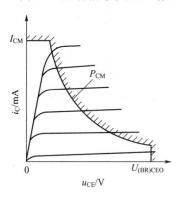

图 7-19 三极管的极限参数

（1）集电极最大允许电流 I_{CM}。三极管的电流放大系数 β 与工作电流有关，当 i_C 过大时 β 将明显下降，放大电路将产生明显失真，因此 i_C 不能太大。

（2）集电极最大允许损耗功率 P_{CM}。当三极管工作时，发射结正向偏置，集电结反向偏置，功率损耗主要集中在集电结上。该功耗使集电结温度升高而使三极管发热。P_{CM} 就是由允许的最高集电结结温决定的最大集电极功耗。

（3）反向击穿电压。$U_{(BR)CBO}$ 为发射极开路时，集电极-基极间的反向击穿电压。$U_{(BR)CEO}$ 为基极开路时，集电极-发射极间的反向击穿电压。$U_{(BR)EBO}$ 为集电极开路时，发射极-基极间的反向击穿电压。一般存在如下关系 $U_{(BR)CBO}>U_{(BR)CEO}>U_{(BR)EBO}$。

由集电极最大允许损耗功率 P_{CM}、集电极最大允许电流 I_{CM} 和反向击穿电压 $U_{(BR)CEO}$ 可以确定三极管的安全工作区域，如图 7-19 所示。

7.5 场效应管

场效应管是利用输入回路的电场效应来控制输出回路电流的半导体器件，是单极型三极管。具有高输入电阻、低噪声、温漂小、便于集成等优点，因此，得到广泛的应用。

场效应管根据结构的不同，有结型场效应管和绝缘栅场效应管（又称为金属-氧化物-半导体场效应管，简称为 MOS 管）两种类型，后者又分为增强型和耗尽型。每类从参与导电的载流子划分为 N 沟道和 P 沟道。场效应管有三个电极，栅极（g 极）、源极（s 极）和漏极（d 极），符号如图 7-20 所示。下面以 N 沟道增强型 MOS 管为例介绍场效应管的输出特性曲线和转移特性。

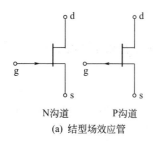
(a) 结型场效应管

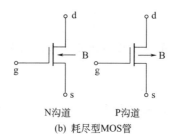
(b) 耗尽型MOS管

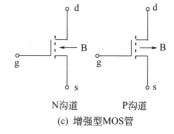
(c) 增强型MOS管

图 7-20 场效应管的符号

7.5.1 场效应管的特性曲线

1) 输出特性曲线

输出特性曲线描述漏极电流 i_D 与漏-源电压 u_{DS} 之间的函数关系，即

$$i_D = f(u_{DS})|_{u_{GS}=常数}$$

如图 7-21(a) 所示，场效应管的输出特性曲线可分为三个区域。

(1) 可变电阻区。预夹断轨迹左侧的区域，该区域中曲线近似为不同斜率的直线。当 u_{GS} 一定时，直线的斜率也唯一的确定，故漏极-源极间的等效电阻有确定的值。因此在该区域中，可以通过改变漏-源电压 u_{DS} 来控制漏-源电阻的阻值。

(2) 恒流区。恒流区是栅-源电压 u_{GS} 一定时电流基本不变的区域，亦叫饱和区。该区域中各曲线近似为一组横轴的平行线，漏极电流有栅-源电压控制。场效应管构成放大电路时应该令管子工作在该区域，故也叫放大区。

(3) 夹断区。靠近横轴的区域，导电沟道消失，漏极电流 $i_D \approx 0$，场效应管处于截止状态，故也叫截止区。导电沟道由无到有对应的栅-源电压称为开启电压 $U_{GS(th)}$。

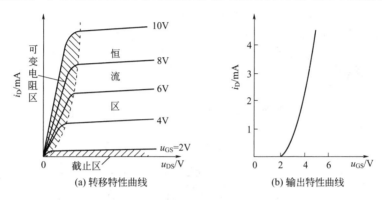

图 7-21 场效应管的特性曲线

2) 转移特性曲线

当场效应管工作在恒流区时，可以用一条转移特性曲线代替恒流区的一组平行线，如图 7-21(b) 所示。转移特性描述了漏极电流 i_D 与栅-源电压 u_{GS} 之间的函数关系，即

$$i_D = f(u_{GS})|_{u_{DS}=常数}$$

理论和实践证明，漏极电流随栅-源电压的增加近似按平方律上升，具体的电流方程如下。

结型和耗尽型 MOS 管：$i_D = I_{DSS}\left(1 - \dfrac{u_{GS}}{U_{GS(off)}}\right)^2$

增强型 MOS 管：$i_D = I_{DO}\left(\dfrac{u_{GS}}{U_{GS(th)}} - 1\right)^2$，其中 I_{DO} 是 $u_{GS} = 2U_{GS(th)}$ 时的漏极电流。

7.5.2 场效应管的主要参数

1) 直流参数

(1) 开启电压 $U_{GS(th)}$ 和夹断电压 $U_{GS(off)}$。开启电压 $U_{GS(th)}$ 指增强型管中，漏极电流开始大于零所需的栅-源电压。夹断电压 $U_{GS(off)}$ 指耗尽型管中，漏极电流减小到规定的微小电流时的栅-源电压。

(2) 饱和漏极电流 I_{DSS}。对于耗尽型管，当 $u_{GS} = 0$ 时的漏极电流。

(3) 直流输入电阻 R_{GS}。栅-源间加一定电压时的栅源直流电阻值。

2) 交流参数

(1) 低频跨导 g_m。在场效应管的恒流区，u_{DS} 为某一定值时，漏极电流的变化量与引起它变化的栅-源电压变化量之比，即

$$g_m = \frac{\Delta i_D}{\Delta u_{GS}}\bigg|_{u_{DS}=\text{常数}}$$

该参数反映了栅源电压对漏极电流的控制作用。

（2）漏源动态电阻 r_{ds}。指 u_{GS} 为某一定值时，漏-源电压的变化量与漏极电流的变化量之比，即

$$r_{ds} = \frac{\Delta u_{DS}}{\Delta i_D}\bigg|_{u_{GS}=\text{常数}}$$

该参数反映了漏源电压对漏极电流的影响。在场效应管的恒流区，该值很大。

3）极限参数

（1）最大漏极电流 I_{DM}。I_{DM} 指管子正常工作时允许的最大漏极电流。

（2）最大漏源电压 $U_{(BR)DS}$ 和最大栅源电压 $U_{(BR)GS}$。

（3）最大耗散功率 P_{DM}。

7.6 应用举例

如图 7-22 所示为一简单的收音机电路的电路模型，它不仅有电阻、电容、电感等器件，还有电源、二极管和三极管。

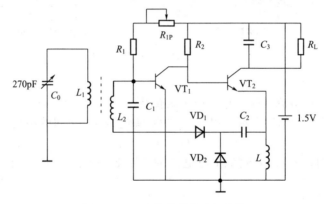

图 7-22 一个简单的收音机电路

实验项目六 常用电子仪器的使用

1）实验目的

① 了解示波器、函数信号发生器、直流稳压电源、交流毫伏表及数字万用表的使用方法及注意事项。

② 重点掌握用双踪示波器观察波形和读取波形参数的方法。

2）实验原理

在电子技术实验中，用来测试电路的静态和动态工作状况的最常用的电子仪器有示波器、函数信号发生器（正弦波信号或多种波形信号）、直流稳压电源、万用表（指针式或数字式）及交流毫伏表等。

它们的主要用途如下。

直流稳压电源：为电路提供能源及静态工作点。

函数信号发生器：为电路提供各种频率和幅度的输入信号供放大用。

示波器：观察电路中各点的波形，以监视电路是否正常工作。还用以测量波形的周期、幅度、相位差及观察电路的特性曲线等。

交流毫伏表：测量电路的输入、输出等处的正弦信号的有效值。

万用表：具有测量交、直流电压、电流以及电阻等多种功能。

要正确地观测实验现象，准确地测量实验数据，就必须掌握这些仪器的使用方法和一般的测量技术，这是必须掌握的基本实验技能。实验中要对各种电子仪器进行综合使用，可按照信号流向，以连线简捷、调节顺手、观察与读数方便等原则进行合理布局，各仪器与被测实验装置之间的布局与连接如图 7-23 所示。接线时应注意，为防止外界干扰，各仪器的公共接地端应连接在一起，称共地。信号源和交流毫伏表的引线通常用屏蔽线或专用电缆线，示波器接线使用专用电缆线，直流电源的接线用普通导线。

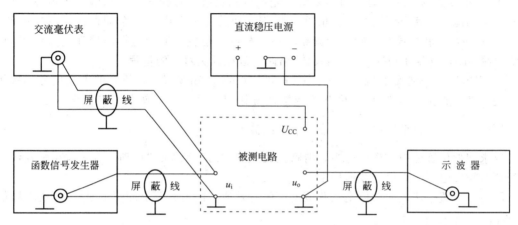

图 7-23　模拟电子电路中常用电子仪器布局图

通过实验，初步学会示波器、函数信号发生器、直流稳压电源、数字万用表及交流毫伏表的使用方法，为在模拟、数字实验中正确地使用这些仪器打下基础。因此，在动手之前必须仔细地阅读各仪器的说明。

3）实验设备

实验设备见表 7-1。

表 7-1　常用电子仪器使用的实验设备

序号	名称	型号与规格	数量
1	双踪示波器	MOS-620CH	1
2	函数信号发生器	BXY1-VC1642E	1
3	交流毫伏表	HYDX0-SH2172	1
4	直流稳压电源	ZH4794	1
5	数字万用表	FLUKE17B	1

4）实验内容

（1）直流稳压电源的使用

① 使稳压电源的两路输出分别为 +12V 和 +3V，调节微调旋钮，用数字万用表的"DCV"挡测量输出电压值。

② 使稳压电源的两路输出分别为 $-2V$ 和 $-0.5V$，调节微调旋钮，用数字万用表的"DCV"挡测量输出电压值。

（2）函数信号发生器和交流毫伏表的使用。将函数信号发生器的频率旋钮调到 1kHz，调节"输出微调"旋钮，使电压表指示 14.1V 位置，将"输出衰减"开关分别置 0dB、20dB、40dB、60dB，用交流毫伏表分别测出相应的电压值，并记录到表 7-2 中。

表 7-2　交流毫伏表实验数据

输出衰减/dB	0	20	40	60
实际输出电压/V				

（3）示波器的使用

① 用示波器测量波形的周期和幅值。先调好扫描线零点位置，然后输入示波器的校准信号，恰当地选择伏/格及扫描时间/格的量程，使荧光屏上出现 5 个周期、幅度适中的方波。将 Y 轴幅度和扫描时间的微调旋钮放在"校准"位置。准确地算出校准信号的周期和幅值（峰-峰），并说明扫描时间/格及伏/格两个波段开关对应的量程。

② 用示波器分别观测 1kHz 5V、500mV、50mV、5mV（有效值）的正弦信号。将伏/格开关及微调旋钮、扫描时间/格开关及微调旋钮置合适位置，使荧光屏上出现 2～5 个周期、幅度适中（占整个屏面高度的 $\frac{1}{3} \sim \frac{1}{2}$）的波形。

要求波形位置适中，辉度适当，清晰悦目。取"内"触发、"自动"方式、正触发极性。适当调节触发电平，以保证波形稳定。

注意：交流毫伏表的读数是正弦波电压的有效值，而示波器上测得的是峰-峰值或峰值。峰-峰值 $= 2\sqrt{2} \times$ 有效值。

5）实验注意事项

为防止干扰，实验电路与各仪器的公共端必须连在一起。

实验项目七　二极管应用电路调试与分析

1）实验目的

① 熟悉模拟电路实验箱的使用方法。
② 掌握半导体二极管的结构及特性。
③ 学会判断半导体二极管的质量和极性。学会在路测试半导体器件的方法。
④ 掌握半导体二极管应用电路的连接与测试方法。

2）实验原理

二极管由一个 PN 结构成，硅二极管的正向导通电压约为 0.7V，锗二极管的正向导通电压约为 0.2V。当外加正向电压，也即 P 端电位高于 N 端电位时，二极管导通呈低电阻，当外加反向电压，也即 N 端电位高于 P 端电位时，二极管截止呈高电阻。也就是说二极管具有单向导电性。因此可应用万用表的电阻挡鉴别二极管的极性和判别其质量的好坏。

稳压二极管是一种特殊的面接触型硅二极管，在正常情况下稳压二极管工作在反向击穿区，具有稳压作用。

3）实验设备

实验设备见表 7-3。

表 7-3　二极管应用电路调试与分析实验设备

序号	名称	型号与规格	数量
1	双踪示波器	MOS-620CH	1
2	函数信号发生器	BXY1-VC1642E	1
3	交流毫伏表	HYDX0-SH2172	1
4	模拟电路实验箱		1
5	数字万用表	FLUKE17B	1

4）实验内容

（1）二极管的质量判断和极性判别。实验电路如图 7-24 所示。

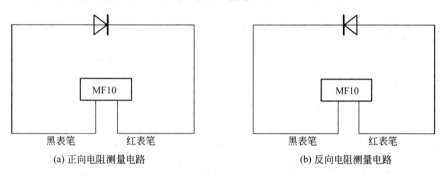

(a) 正向电阻测量电路　　　　　　　　(b) 反向电阻测量电路

图 7-24　二极管的极性判别电路

首先，把 MF10 万用表置于电阻挡 $R\times 100$ 或 $R\times 1K$ 挡，一般不用 $R\times 1$ 挡，因为输出电流太大；同时也不宜采用 $R\times 10K$ 挡，因为电压太高，可能有些管子会被损坏。判别电路如图 7-24 所示。将两表笔分别接二极管的两个管脚，测出电阻值；然后更换二极管管脚，再测一次，从而得到两个电阻测量出的电阻数值，分别为正向电阻和反向电阻。图 7-24（a）为正向电阻测量。图 7-24（b）为反向电阻测量。正常情况下，性能质量较好的二极管，正反向电阻差异很大（大几百倍），当然是反向电阻大于正向电阻。若两次测的正反向电阻值均很小或接近于 0，说明二极管内部 PN 结击穿。同理，如果正、反向阻值均很大或接近于无穷大，说明二极管内部已断路；如果正、反向电阻阻值相差不大，则说明其性能变坏或已失效。以上就是判断二极管质量的方法。如果两次测量结果阻值相差较大，则认为二极管质量是好的，那么，正向电阻值一般在几百欧姆至几千欧姆之间，反向电阻阻值一般在几百千欧姆以上。其中数值小的阻值黑表笔对应为二极管的正极；则红表笔对应为二极管的负极。

采用数字万用表测试不能采用此种方法，如果是数字万用表，则可用二极管测量挡，本挡显示值为二极管的正向压降伏特值，此时红表笔对应为二极管的正极。当二极管反接时即显示过量程"1"。

（2）二极管应用测试电路

① 半波整流测试电路：测试电路如图 7-25 所示，输入 1kHz、有效值为 3V 的正弦信号，用双踪示波器观察 U_i 和 U_o 的波形，记录对应关系。

② 箝位测试电路：测试电路如图 7-26 所示，调节电位器，使 U_i 等于 3V，并按表 7-4 分别将 U_i 接到二极管 A 点和 B 点，用万用表分别测出相应的 U_o 值，记录结果。

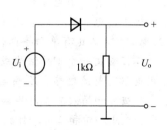

图 7-25　半波整流测试电路

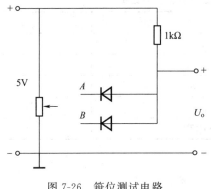

图 7-26 箝位测试电路

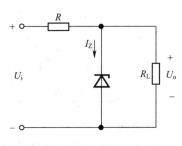

图 7-27 稳压管测试电路

表 7-4 箝位测试表

U_A/V	U_B/V	U_o/V
0	0	
0	3	
3	0	
3	3	

③ 稳压管测试电路：测试电路如图 7-27 所示，按表 7-5 测试电路并记录结果。

表 7-5 稳压二极管测试表

U_i/V	9	10	11	12	13	14
U_o/V						
I_Z/mA						

5）实验注意事项

为防止干扰，实验电路与各仪器的公共端必须连在一起。

6）预习与思考题

① 复习有关二极管、三极管的内容。

② 为什么用万用表不同电阻挡测二极管的正向（或反向）电阻值时，测得的阻值不同？

③ 根据半导体二极管、三极管结构及工作原理，试分析在路如何判断半导体二极管、三极管的好坏。

本章小结

半导体有自由电子和空穴两种载流子参与导电。本征半导体中，两者浓度相等；N 型半导体中，电子为多数载流子；P 型半导体中多数载流子为空穴。构成半导体器件的核心是 PN 结，PN 结具有单向导电性。

二极管由一个 PN 结构成，也具有单向导电性，即正偏导通，反偏截止。常见的二极管应用电路有整流电路、限幅电路等。

三极管和场效应管内部都有两个 PN 结，都具有放大作用。三极管因偏置条件的不同，有放大、截止和饱和三种工作状态。它是电流控制器件，即以小的基极电流对大的集电极电流进行控制，所以有电流放大作用。而场效应管是电压控制器件，用栅-源电压控制漏极电流。

习题 7

7-1 如图 7-28 所示，设二极管均为理想二极管，试判断二极管的导通与否，并求各电路的输出电压。

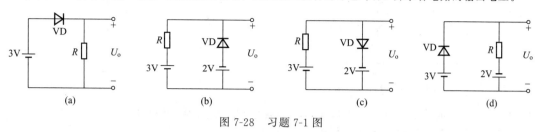

图 7-28　习题 7-1 图

7-2 如图 7-29 所示，设二极管的导通电压是 0.7V，求各电路的输出电压。

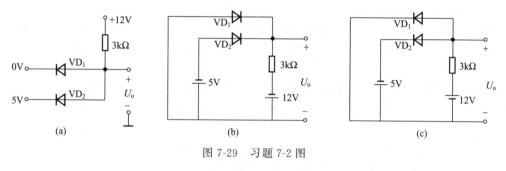

图 7-29　习题 7-2 图

7-3 如图 7-30 所示，设二极管是理想的，$u_i = 10\sin\omega t$ V，画出图 7-30 电路的输出电压的波形。

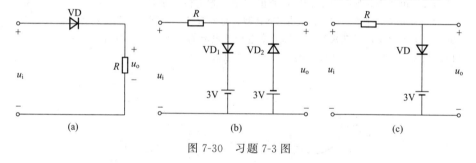

图 7-30　习题 7-3 图

7-4 如图 7-31 所示，设二极管为理想的，$u_i = 8\sin\omega t$ V，画出输出电压的波形。

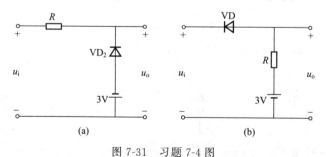

图 7-31　习题 7-4 图

7-5 如图 7-32 所示电路，设二极管的导通电压 $U_{D(on)} = 0.7$V，求输出电流和输出电压。

7-6 如图 7-33 所示的电路中，发光二极管的导通电压为 1.5V，正向电流为 5~15mA 时才能正常工作。试问：
(1) 开关 S 在什么位置时发光二极管才能发光？
(2) 电阻 R 的取值范围是多少？

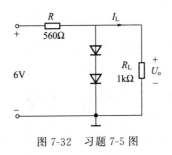
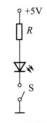

图 7-32 习题 7-5 图   图 7-33 习题 7-6 图

7-7 工作在放大区的三极管,如果当基极电路从 $12\mu A$ 增大到 $22\mu A$ 时,集电极电流从 $1mA$ 增大到 $2mA$。求该三极管的共射交流电流放大系数 β。

7-8 有两只三极管,一只的 $\beta=150$,$I_{CEO}=200\mu A$;另一只的 $\beta=100$,$I_{CEO}=10\mu A$,其他参数大致相同。你认为应选用哪只管子?为什么?

7-9 如图 7-34 所示的电路中,三极管均为硅管,静态时各极电位如图所示。试判断三极管的工作状态。

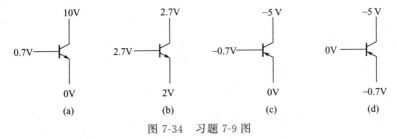

图 7-34 习题 7-9 图

7-10 在正常的放大电路中,静态时测得三极管的三个管脚电位分别是 $V_1=-11V$,$V_2=-8.2V$,$V_3=-8V$。试判断该三极管是 NPN 型还是 PNP 型;是硅管还是锗管。三个管脚各是什么电极?

7-11 在正常的放大电路中两只三极管,已知两个电极的电流的大小和方向如图 7-35 所示。试求它们另一个电极的电流;标出电流的实际方向;标出三个电极的名称。

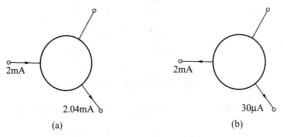

图 7-35 习题 7-11 图

7-12 判断图 7-36 中各场效应管是否有可能工作在恒流区。

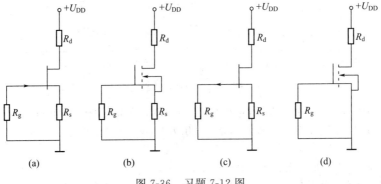

图 7-36 习题 7-12 图

第 8 章 基本放大电路

人类生产活动的某些信号源十分微弱，必须经过接收、转换、处理和放大才能利用。放大电路是电子设备中最常用的基本单元之一，具有将微弱的电信号加以放大的能力，广泛应用于通信、自动控制、科学研究、交通运输、军事装备中。

8.1 放大电路的概念和主要性能指标

8.1.1 放大的概念

日常生活中常常需要将弱小的信号给予放大。例如，在收音机中，天线感应到的信号只有微伏的数量级，不能直接驱动扬声器工作。只有经放大电路将其放大成足够强的电信号才能使扬声器发声，其原理框图如图 8-1 所示。

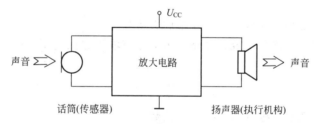

图 8-1 扩音机示意图

所谓放大是将弱小信号的幅值增大，其本质是能量的转换与控制，是在较小的输入信号的控制下，通过放大电路将直流电源的能量转换成大的交流能量输出，驱动负载，这样在放大电路中必须存在控制能量的有源元件，如三极管或场效应管等。为了实现不失真的线性放大，三极管应工作在线性放大区，场效应管工作在恒流区，使输出量和输入量始终保持线性关系，电路才会不失真。

由于任何稳态信号源都可分解为若干频率正弦信号（谐波）的叠加，所以放大电路常以正弦波作为测试信号。

8.1.2 放大电路的性能指标

为了衡量放大电路的性能，规定了各种技术指标。放大电路的技术指标很多，这里只介绍几个主要的性能指标。如图 8-2 所示，放大电路可以看成是一个有源线性二端口网络，左端口为输入端口，在内阻为 R_S 的信号源 $\dot{U}_S$ 的作用下，形成的输入电压和输入电流分别为 $\dot{U}_i$ 和 $\dot{I}_i$。右端口为输出端口，输出电压和输出电流分别为 $\dot{U}_o$ 和 $\dot{I}_o$，R_L 为负载电阻。

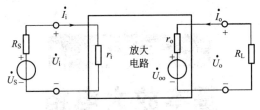

图 8-2 放大电路示意图

1) 放大倍数

放大倍数是直接衡量放大电路放大能力的重要指标,是输出量与输入量之比。对于小功率放大电路,人们常常只关心电路单一指标的放大倍数,如电压放大倍数,而不研究其功率放大能力。

(1) 电压放大倍数。放大电路输出电压与输入电压之比,即

$$\dot{A}_u = \frac{\dot{U}_o}{\dot{U}_i} \tag{8-1}$$

(2) 电流放大倍数。放大电路输出电流与输入电流之比,即

$$\dot{A}_i = \frac{\dot{I}_o}{\dot{I}_i} \tag{8-2}$$

(3) 电压对电流放大倍数。放大电路输出电压与输入电流之比,即

$$\dot{A}_{ui} = \frac{\dot{U}_o}{\dot{I}_i} \tag{8-3}$$

其量纲为电阻,有些文献也称其为互阻放大倍数。

(4) 电流对电压放大倍数。放大电路输出电流与输入之比电压,即

$$\dot{A}_{iu} = \frac{\dot{I}_o}{\dot{U}_i} \tag{8-4}$$

其量纲为电导,有些文献也称其为互导放大倍数。

2) 输入电阻

放大电路的输入电阻是从输入端口向放大电路内看进去的等效电阻,等于输入电压与输入电流之比,即

$$r_i = \frac{\dot{U}_i}{\dot{I}_i} \tag{8-5}$$

放大电路与信号源相连就成为信号源的负载,因此放大电路必然从信号源索取电流,输入电阻 r_i 反映了放大电路对信号源的影响程度。

3) 输出电阻

放大电路的输出电阻是指从输出端口向放大电路内看进去的等效电阻。令信号源置零(保留其内阻 R_s)、负载 R_L 开路,此时在输出端接入一信号源电压 $\dot{U}$,设其产生的电流为 $\dot{I}$,则放大电路的输出电阻为

$$r_o = \frac{\dot{U}}{\dot{I}} \bigg|_{R_L = \infty, \dot{U}_S = 0} \tag{8-6}$$

实践中也可通过实验方法测得负载开路输出电压 $\dot{U}_{oo}$ 和有载时输出电压 $\dot{U}_o$，则输出电阻的关系式为

$$r_o = \left(\frac{\dot{U}_{oo}}{\dot{U}_o} - 1\right) R_L \tag{8-7}$$

输出电阻越小，输出电压受负载的影响就越小，若输出电阻等于零，则输出电压将不受负载大小的影响，实现恒压输出。可见，输出电阻的大小反映了放大电路带负载能力的大小，r_o 越小，带负载能力越强。

4) 通频带

因为放大电路中通常含有电抗元件，所以放大电路的放大能力和输入信号的频率有关。放大电路电压放大倍数的数值与信号频率的关系曲线称为幅频特性曲线，典型的幅频特性曲线如图 8-3 所示。在中频段，电压放大倍数近似为常量且为最大，用 $|\dot{A}_{um}|$ 表示中频电压放大倍数的大小。在低频段，当放大倍数下降为中频段的 $\frac{1}{\sqrt{2}}$ 倍时，对应的频率称为下限截止频率，记作 f_L。在高频段，当放大倍数下降为中频段的 $\frac{1}{\sqrt{2}}$ 倍时，对应的频率称为上限截止频率，记作 f_H。把 f_H 和 f_L 之间的频率范围称为中频段，亦即放大电路的通频带，用 f_{bw} 表示，即

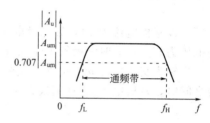

图 8-3 放大电路的幅频特性

$$f_{bw} = f_H - f_L \tag{8-8}$$

通频带越宽，表明放大电路对不同频率信号的适应能力越强。如果放大电路的通频带小于信号的频带，放大后的信号不能重现原来的形状，输出信号就产生了失真。

5) 最大不失真输出电压

最大不失真输出电压定义为当输入电压再加大就会使输出电压波形产生失真时的临界输出电压，常采用峰-峰值。

6) 非线性失真系数

由于放大器件的非线性，输出波形不可避免地发生失真。输出波形中的谐波成分的总量与基波成分之比称为非线性失真系数，该值越小越好。

放大电路性能指标还有其他指标，如最大输出功率和效率等。

8.2 共射极放大电路

组成放大电路除了必须有放大器件参加外，还要达到两个要求，一是要使放大器件工作在放大区，二是要保证信号能顺利进入放大器并在放大后能顺利送到负载。以工程估算和图解法为主的静态分析和以微变等效电路为主的动态分析是分析计算放大电路的常用方法。这些方法对基本放大电路及各种实际应用电路均有普遍意义。

8.2.1 共射极放大电路的组成和工作原理

常见的阻容耦合共射极放大电路如图 8-4 所示，图中，三极管 VT 的发射极为输入回路和输出回路所共有，故称共射极放大电路。信号源 u_S 的内阻为 R_S，R_L 为放大电路的等效负载电阻。直流电源 U_{CC} 和基极偏置电阻 R_b 及集电极负载电阻 R_c 构成直流偏置电路，令

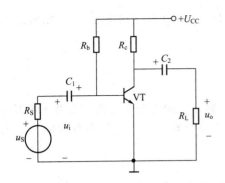

图 8-4 阻容耦合基本共射极放大电路

三极管 VT 工作在放大区。电容 C_1 是输入端的耦合电容，隔断放大电路与信号源之间的直流联系，同时将输入的交流信号加到三极管的发射结上，即起"隔直通交"作用。电容 C_2 是输出端的耦合电容，也起"隔直通交"作用，将放大了的交流信号输送出去。为了减小对信号的衰减，耦合电容 C_1 和 C_2 容量要足够大，一般采用电解电容。以上是 NPN 型三极管的放大电路，如果是 PNP 管放大电路，只需将电源 U_{CC} 和电容 C_1 及 C_2 的极性改变一下即可。

在上述电路中，输入交流信号 $u_S=0$ 时，电路只有在直流电源 U_{CC} 的激励下形成的直流电流和直流电压，设基极电流为 I_B，集电极电流为 I_C，基极、发射极间电压为 U_{BE}，集电极、发射极间电压为 U_{CE}，此时三极管工作在放大区，为直流工作状态，简称静态。

当输入交流信号 $u_S \neq 0$ 时，信号 u_S 经输入端的耦合电容 C_1 加到晶体管的基极和发射极之间时，基极电流 i_B 在基极直流电流 I_B 的基础上叠加了交流成分 i_b，所以

$$i_B = I_B + i_b$$

由于三极管的电流控制作用，将引起集电极电流的变化，集电极电流 i_C 也在集电极直流电流为 I_C 的基础上叠加了交流成分 i_c，即

$$i_C = I_C + i_c$$

集电极电流 i_C 的变化在集电极负载电阻 R_c 上产生压降使三极管输出端电压发生变化，经输出端的耦合电容去掉直流成分后输出交流电压 u_o。此时放大电路处于交流工作状态，简称动态。

如果三极管工作在放大区，集电极电流 i_C 的变化量 i_c 是基极电流 i_B 变化量 i_b 的 β 倍。只要器件的参数合适，输出电压的幅值就能比输入信号电压的幅值大，即实现了电压放大。

8.2.2 静态分析

通过基本共射放大电路工作原理的分析可以知道，放大电路中交流量和直流量是并存的，而电抗器件的存在使直流量流经的通路和交流信号流经的通路是不一致的。因此，分析放大电路首先要确定直流通路和交流通路。

1) 直流通路与静态工作点的近似估算

（1）直流通路。直流通路是指在直流电源的激励下直流电流流经的通路，主要用来研究放大电路的静态工作点。在画直流通路时，将信号源置零（注意保留其内阻），电容视为开路，电感视为短路（忽略其直流电阻）即可。图 8-5 是图 8-4 所示阻容耦合基本共射放大电路的直流通路。

（2）静态工作点。放大电路中，输入信号为零时的电路状态称为静态，此时电路中只有直流电源作用下的直流电压和电流。静态时基极直流电流、集电极直流电流、基极与发射极间直流电压和集电极与发射极间直流电压称为放大电路的静态工作点 Q，记为 I_{BQ}、I_{CQ}、U_{BEQ} 和 U_{CEQ}。

（3）静态工作点的近似估算。三极管导通时，发射结电压变化很小，因此在近似估算中将 U_{BEQ} 视为常数，当已知量处理。一般，硅管为 0.6～0.8V，锗管为 0.1～0.3V，可取相应范围中的某一个值。

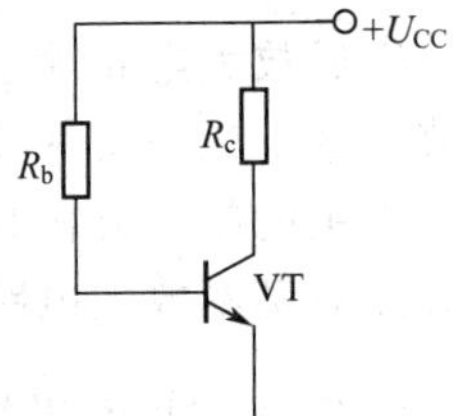

图 8-5 阻容耦合共射放大电路直流通路

在图 8-5 的直流通路中，由基极回路可以写出静态时基极电流 I_{BQ}

$$I_{BQ} = \frac{U_{CC} - U_{BEQ}}{R_b} \tag{8-9}$$

根据三极管中的电流关系，可求出静态集电极电流 I_{CQ}

$$I_{CQ} \approx \beta I_{BQ} \tag{8-10}$$

那么，可以由集电极输出回路求出静态时三极管的管压降 U_{CEQ} 为

$$U_{CEQ} = U_{CC} - I_{CQ} R_c \tag{8-11}$$

【例 8-1】 放大电路如图 8-4 所示，已知三极管是硅管，其共射交流电流放大系数 $\beta = 50$，$U_{CC} = 12V$，$R_b = 300 k\Omega$，$R_c = R_L = 4 k\Omega$。试估算静态工作点（取 $U_{BEQ} = 0.7V$）。

解：在如图 8-5 的直流通路中，由式（8-9）～式（8-11）得

$$I_{BQ} = \frac{U_{CC} - U_{BE}}{R_b} = \frac{12 - 0.7}{300 \times 10^3} \approx 0.038 (mA) = 38 \mu A$$

$$I_{CQ} = \beta I_{BQ} = 50 \times 0.038 = 1.9 (mA)$$

$$U_{CEQ} = U_{CC} - I_{CQ} R_c = 12 - 1.9 \times 4 = 4.4 (V)$$

2）静态工作点的图解法

图解分析法是指在三极管的输入特性曲线、输出特性曲线上，直接用作图的方法分析放大电路。图解法也分为静态分析和动态分析。下面介绍用图解法确定静态工作点的步骤。

已知三极管的输入、输出特性曲线及电路参数，原则上通过作图的方法可以确定晶体管工作点在输入特性上、输出特性上的位置。但是，在实际应用时输入特性上的 Q 点往往采用估算法。下面介绍输出特性上 Q 点的图解法。

在如图 8-6(a) 所示的输出回路中，以虚线为界，左侧是三极管，电流和电压的关系可用三极管的输出特性曲线来描述

$$i_C = f(u_{CE}) \big|_{i_B = 常数}$$

右侧应遵循下式

$$u_{CE} = U_{CC} - i_C R_c \tag{8-12}$$

式（8-12）叫直流负载线方程，其斜率 $K_直 = -\dfrac{1}{R_c}$。在输出特性上，画出直流负载线 $\overline{MN}$。直流负载线与 $i_B = I_{BQ}$ 的输出特性曲线相交的点即为静态工作点。

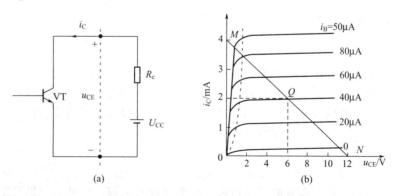

图 8-6 图解法求静态工作点

【例 8-2】 放大电路如图 8-4 所示。已知 $U_{CC} = 12V$，$R_b = 280 k\Omega$，$R_c = 3 k\Omega$。三极管输出特性曲线如图 8-6(b) 所示。试用图解法确定静态工作点（取 $U_{BEQ} = 0.7V$）。

解：(1) 由式（8-9），估算静态时基极电流 I_{BQ}：

$$I_{BQ} = \frac{U_{CC} - U_{BEQ}}{R_b} = \frac{12 - 0.7}{280} \approx 0.04 (\text{mA}) = 40 \mu A$$

（2）在输出特性上画出直流负载线 $\overline{MN}$：

由直流负载线方程 $u_{CE} = U_{CC} - i_C R_c$，当 $u_{CE} = 0$ 时，$i_C = \frac{U_{CC}}{R_c} = \frac{12}{3} = 4$ （mA）；当 $i_C = 0$ 时，$u_{CE} = U_{CC} = 12V$。因此，直流负载线经过（0，4）点和（12，0）点，如图8-6（b）所示。

（3）$i_B = 40\mu A$ 线与直流负载线 $\overline{MN}$ 的交叉点即为静态工作点 Q 点。从图上读出 $I_{CQ} = 2\text{mA}$，$U_{CEQ} = 6V$。

8.2.3 动态分析

1）交流通路

交流通路是在输入交流信号的作用下，交流信号流经的通路，主要用来研究放大电路的交流性能指标。在画交流通路时，常忽略一些器件对交流信号的阻碍作用。将大电容视为短路（忽略其容抗），大电感视为开路；由于直流电源其内阻比较小，故对交流信号也视为短路。图8-7是阻容耦合共射放大电路的交流通路。

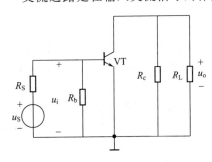

图 8-7 阻容耦合共射放大电路的交流通路

2）三极管简化的微变等效电路

三极管是非线性器件，但是在静态工作点合适的前提下，当输入交流信号很小时，其动态工作点可认为在线性范围内变动，这时三极管中各极电压和电流的关系近似为线性关系。因此可以给三极管建立一个小信号的线性模型，即微变等效电路。

在三极管的输入特性曲线中，信号很小时，动态范围内一段曲线可当作直线。因此，输入电压的变化量与输入电流的变化量成比例，比例系数称为三极管的输入电阻，用 r_{be} 表示，即

$$r_{be} = \frac{\Delta u_{BE}}{\Delta i_B}\bigg|_{u_{CE}=\text{常数}} = \frac{u_{be}}{i_b}\bigg|_{u_{CE}=\text{常数}}$$

工程上三极管的输入电阻用近似公式估算，即

$$r_{be} = r_{bb'} + (1+\beta)\frac{26\text{mV}}{I_{EQ}} \tag{8-13}$$

其中 $r_{bb'}$ 是基区体电阻，对于小功率管，约为 $100 \sim 500\Omega$，一般取 300Ω。

由三极管输出特性，放大区的特性曲线可近似看成一组等间距的平行线族，集电极电流由基极电流控制，两者的变化量成比例，即动态范围内一段曲线可当作直线。因此，集电极电流的变化量与基极电流的变化量成比例，即

$$\beta = \frac{\Delta i_C}{\Delta i_B}\bigg|_{u_{CE}=\text{常数}} = \frac{i_c}{i_b}\bigg|_{u_{CE}=\text{常数}} \tag{8-14}$$

所以，$i_c = \beta i_b$，β 是三极管的共发射极交流电流放大系数。可见，三极管工作在放大区时，输出端可用一个受控电流源 βi_b 来表示。

在简化的三极管微变等效电路模型中只有两个线性器件，如图8-8所示。

3）微变等效电路分析法

在放大电路的交流通路中，用三极管的微变等效电路模型代替三极管可得到放大电路的

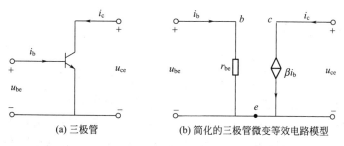

(a) 三极管　　　　　　(b) 简化的三极管微变等效电路模型

图 8-8　简化的三极管微变等效电路模型

微变等效电路,就可以计算放大电路的电压放大倍数、输入电阻和输出电阻等重要的交流性能指标。

图 8-9(a)、(b) 分别是阻容耦合基本共射放大电路的交流通路和微变等效电路。

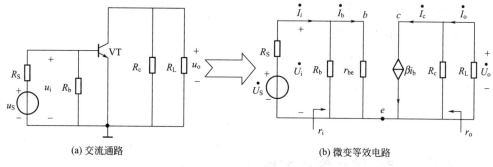

(a) 交流通路　　　　　　(b) 微变等效电路

图 8-9　阻容耦合基本共射放大电路的交流等效电路

(1) 电压放大倍数。由图 8-9(b),放大电路的输出电压

$$\dot{U}_o = -\dot{I}_c R'_L = -\beta \dot{I}_b R'_L \tag{8-15}$$

输入电压

$$\dot{U}_i = \dot{I}_b r_{be} \tag{8-16}$$

其中 $R'_L = R_c // R_L$,即集电极负载电阻和放大电路的负载电阻并联的等效电阻。因此电压放大倍数等于

$$\dot{A}_u = \frac{\dot{U}_o}{\dot{U}_i} = \frac{-\dot{I}_c R'_L}{\dot{I}_b r_{be}} = \frac{-\beta \dot{I}_b R'_L}{\dot{I}_b r_{be}} = -\frac{\beta R'_L}{r_{be}} \tag{8-17}$$

(2) 输入电阻

$$\dot{I}_i = \dot{I}_b + \dot{I}_{R_b} = \frac{\dot{U}_i}{r_{be}} + \frac{\dot{U}_i}{R_b} = \dot{U}_i \left(\frac{1}{r_{be}} + \frac{1}{R_b} \right)$$

$$r_i = \frac{\dot{U}_i}{\dot{I}_i} = R_b // r_{be} \tag{8-18}$$

通常,$R_b \gg r_{be}$,因此 $r_i \approx r_{be}$。可见这种放大电路的输入电阻较小。

(3) 输出电阻。按定义,信号源置零,令 $\dot{U}_S = 0$(保留其内阻 R_S)并断开负载 R_L。由于 $\dot{U}_S = 0$,$\dot{I}_i = 0$,所以 $\dot{I}_b = 0$,从而受控电流源 $\beta \dot{I}_b = 0$。因此在输出端接入的信号源电压 $\dot{U}$ 的激励下产生的电流 $\dot{I}$ 将全部流过 R_c。因此放大电路的输出电阻

$$r_o \approx R_c \tag{8-19}$$

(4) 源电压放大倍数 $\dot{A}_{uS}$

$$\dot{A}_{uS} = \frac{\dot{U}_o}{\dot{U}_S} = \frac{\dot{U}_i \cdot \dot{U}_o}{\dot{U}_S \cdot \dot{U}_i} = \frac{\dot{U}_i}{\dot{U}_S} \dot{A}_u = \frac{R_i}{R_S + R_i} \dot{A}_u \tag{8-20}$$

【例 8-3】 某放大电路如图 8-4 所示,电容为足够大的电解电容。已知三极管为硅管,其共射电流放大系数 $\beta = 50$,基区体电阻为 $r_{bb'} = 300\Omega$;静态时发射极电流为 $I_{EQ} = 2\text{mA}$;$R_b = 280\text{k}\Omega$,$R_c = R_L = 3\text{k}\Omega$。试求放大电路的电压放大倍数、输入电阻和输出电阻。

解:(1) 电压放大倍数

$$\dot{A}_u = \frac{\dot{U}_o}{\dot{U}_i} = \frac{-\dot{I}_c R'_L}{\dot{I}_b r_{be}} = \frac{-\beta \dot{I}_b R'_L}{\dot{I}_b r_{be}} = -\frac{\beta R'_L}{r_{be}} = -50 \times \frac{1.5 \times 10^3}{963} \approx -78$$

其中,$r_{be} = r_{bb'} + (1+\beta)\frac{26\text{mV}}{I_{EQ}} = 300 + (1+50)\frac{26}{2} = 963(\Omega)$

(2) 输入电阻:由式(8-18)

$$r_i = \frac{\dot{U}_i}{\dot{I}_i} = R_b // r_{be} = 180 \times 10^3 // 963 \approx 0.96(\text{k}\Omega)$$

(3) 输出电阻:由式(8-19)

$$r_o \approx R_c = 3\text{k}\Omega$$

8.3 静态工作点稳定的放大电路

由于环境温度的变化、电源电压的波动、元器件老化形成的参数变化等因素影响,将使静态工作点偏移原本合适的位置,致使放大电路性能不稳定,甚至无法正常工作。环境温度的变化较为普遍,也不易克服,而且由于半导体器件是对温度十分敏感的器件,因此在诸多影响因素中,以温度的影响最大。

8.3.1 稳定静态工作点的必要性及条件

半导体器件对温度十分敏感,如温度上升,三极管的反向饱和电流 I_{CBO} 增加,穿透电流 $I_{CEO} = (1+\beta)I_{CBO}$ 也增加,发射结正向电压 U_{BE} 下降,电流放大倍数 β 增大,最终都引起集电极电流 I_{CQ} 变大,反映在输出特性曲线上是静态工作点的上移。

Q 点过高,则在输入信号的上半周三极管的工作状态可能进入饱和区,使输出电压和输出电流产生失真,这种失真叫饱和失真。反之 Q 点过低,在输入信号的下半周,三极管可能进入截止区,使放大电路的输出波形产生失真,这种失真叫截止失真。如图 8-10 所示。

静态工作点不稳定,引起放大电路的动态参数不稳定,容易产生波形失真,影响输出电压的动态范围,有时电路甚至不

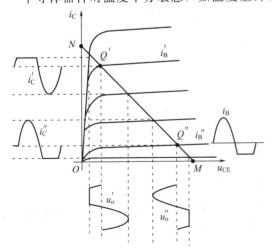

图 8-10 静态工作点不合适引起输出波形失真

能正常工作。图 8-11(a) 所示电路就是针对该问题的一类解决方案,与基本共射放大电路相比,电路增加了发射极电阻 R_e,基极电位采用上下两个电阻 R_{b1} 和 R_{b2} 确定,并对 R_e 并联了电容 C_e,C_e 要足够大,一般为几十微法,使得其对交流通路不产生影响。

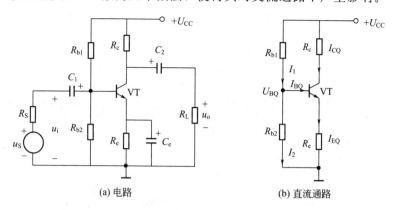

(a) 电路 (b) 直流通路

图 8-11 静态工作点稳定电路

8.3.2 分压式偏置放大电路的分析

1) 稳定静态工作点的原理

在图 8-11(b) 所示的直流通路中
$$I_1 = I_{BQ} + I_2$$
为了稳定静态工作点,适当选择电阻参数,保证满足以下关系式
$$I_2 \gg I_{BQ}$$
此时三极管的基极电位
$$U_{BQ} \approx \frac{R_{b2}}{R_{b1} + R_{b2}} U_{CC} \tag{8-21}$$

可见,基极电位主要由两个分压电阻 R_{b1}、R_{b2} 和直流电源 U_{CC} 决定,与温度无关,因此当温度发生变化时,基极电位 U_{BQ} 基本不变。

当温度升高时,集电极电流 I_{CQ} 变大,引起发射极电流 I_{EQ} 变大,发射极电阻上的压降增大,所以提高了发射极电位 U_{EQ}。因为基极电位 U_{BQ} 基本不变,所以,三极管发射结压降 U_{BEQ} 势必减小,基极电流 I_{BQ} 和集电极电流 I_{CQ} 随之减小。这样基本抵消了由于温度升高而使集电极电流变大的部分,迫使集电极电流 I_{CQ} 回落下来,其值基本不变,所以稳定了静态工作点,即

$$t(℃)\uparrow \rightarrow I_{CQ}\uparrow \rightarrow U_{EQ}\uparrow \xrightarrow{U_{BQ}基本不变} U_{BEQ}\downarrow \rightarrow I_{BQ}\downarrow \rightarrow I_{CQ}\downarrow$$

上述稳定过程中,发射极电阻将三极管的输出电流(集电极电流)的变化通过一定方式返送到输入回路,最终使输出电流基本不变,即引入了电流负反馈。

2) 静态工作点的估算

在图 8-11(b) 所示的直流通路中,将 U_{BEQ} 视为常数,当已知量处理,则
$$U_{BQ} \approx \frac{R_{b2}}{R_{b1} + R_{b2}} U_{CC}$$
$$I_{CQ} \approx I_{EQ} = \frac{U_{BQ} - U_{BEQ}}{R_e} \tag{8-22}$$
$$I_{BQ} = \frac{I_{EQ}}{1+\beta} \tag{8-23}$$

$$U_{CEQ} \approx U_{CC} - I_{CQ}(R_c + R_e) \tag{8-24}$$

3) 交流性能指标的计算

首先画出微变等效电路，再求交流性能指标。画出图 8-11(a) 所示放大电路的微变等效电路，见图 8-12。在图中，如果 $R_b = R_{b1} // R_{b2}$，则与图 8-9(b) 一致。

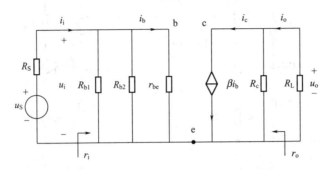

图 8-12 静态工作点稳定电路的微变等效电路

（1）电压放大倍数

$$\dot{A}_u = \frac{\dot{U}_o}{\dot{U}_i} = \frac{-\dot{I}_c R'_L}{\dot{I}_b r_{be}} = \frac{-\beta \dot{I}_b R'_L}{\dot{I}_b r_{be}} = -\frac{\beta R'_L}{r_{be}} \tag{8-25}$$

其中 $R'_L = R_c // R_L$。

（2）输入电阻

$$R_i = \frac{\dot{U}_i}{\dot{I}_i} = R_b // r_{be} = R_{b1} // R_{b2} // r_{be} \tag{8-26}$$

（3）输出电阻

按定义，令信号源置零，即 $\dot{U}_S = 0$（保留其内阻 R_S）并断开负载 R_L。由于 $\dot{U}_S = 0$ 时，$\dot{I}_b = 0$，从而受控电流源 $\beta \dot{I}_b = 0$。因此

$$R_o \approx R_c \tag{8-27}$$

【**例 8-4**】 在图 8-13 所示放大电路中，三个电容可视为足够大。已知三极管是硅管，$\beta = 50$，$r_{bb'} = 200\Omega$；$U_{CC} = 12V$，$R_{b1} = 30k\Omega$，$R_{b2} = 10k\Omega$，$R_{e1} = 200\Omega$，$R_{e2} = 2k\Omega$，$R_c = 5.1k\Omega$，$R_L = 3.3k\Omega$。(1) 试估算静态工作点（取 $U_{BEQ} = 0.7V$）；(2) 试计算电压放大倍数、输入电阻和输出电阻。

解：(1) 估算静态工作点

画出直流通路，如图 8-13(b) 所示。

$$U_{BQ} \approx \frac{R_{b2}}{R_{b1} + R_{b2}} U_{CC} = \frac{10}{30+10} \times 12 = 3(V)$$

$$I_{CQ} \approx I_{EQ} = \frac{U_{BQ} - U_{BEQ}}{R_{e1} + R_{e2}} = \frac{3 - 0.7}{2.2} = 1.05(mA)$$

$$I_{BQ} = \frac{I_{EQ}}{1 + \beta} = \frac{1.05}{1 + 50} \approx 20(\mu A)$$

$$U_{CEQ} \approx U_{CC} - I_{CQ}(R_c + R_{e1} + R_{e2}) = 12 - 1.05 \times (5.1 + 2 + 0.2) = 4.3(V)$$

(2) 求电压放大倍数、输入电阻和输出电阻

首先确定交流通路，进而画出放大电路的微变等效电路，如图 8-14 所示。

在图 8-14 中，$\dot{U}_o = -\dot{I}_c R'_L = -\beta \dot{I}_b R'_L$，其中 $R'_L = R_c // R_L$

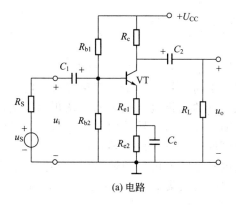
(a) 电路

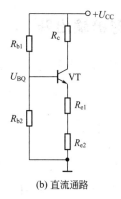
(b) 直流通路

图 8-13　例 8-4 电路图

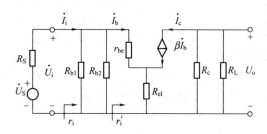

图 8-14　例 8-4 题图的微变等效电路

$$\dot{U}_i = \dot{I}_b r_{be} + \dot{I}_e R_{e1} = \dot{I}_b r_{be} + (1+\beta)\dot{I}_b R_{e1}$$

$$r_{be} = r_{bb'} + (1+\beta)\frac{26\mathrm{mV}}{I_{EQ}} = 200 + (1+50)\frac{26}{1.05} = 1.46(\mathrm{k}\Omega)$$

因此电压放大倍数等于

$$\dot{A}_u = \frac{\dot{U}_o}{\dot{U}_i} = \frac{-\dot{I}_c R'_L}{\dot{I}_b r_{be} + (1+\beta)\dot{I}_b R_{e1}} = -\frac{\beta R'_L}{r_{be} + (1+\beta)R_{e1}} = -8.59$$

设从三极管的基极和地端口向右看进去的等效电阻为 r'_i，见图 8-14

$$r'_i = \frac{\dot{U}_i}{\dot{I}_b} = \frac{\dot{I}_b r_{be} + (1+\beta)\dot{I}_b R_{e1}}{\dot{I}_b} = r_{be} + (1+\beta)R_{e1} = 11.66\mathrm{k}\Omega$$

则输入电阻等于

$$r_i = \frac{\dot{U}_i}{\dot{I}_i} = R_{b1} // R_{b2} // r'_i \approx 4.58\mathrm{k}\Omega$$

按定义，令 $\dot{U}_S = 0$（保留其内阻 R_S）并断开负载 R_L。由于 $\dot{U}_S = 0$ 时，$\dot{I}_i = 0$，所以 $\dot{I}_b = 0$，从而受控电流源 $\beta \dot{I}_b = 0$。因此放大电路的输出电阻为

$$r_o \approx R_c = 5.1\mathrm{k}\Omega$$

常用的放大电路除了共发射极放大电路外，还有共基极等其他结构的放大电路。这些放大电路是许多实际应用电路中重要的单元电路，也是集成放大模块中的基本结构模式。尽管这些放大电路的性能特点各不相同，但是它们的分析步骤和分析方法与前一节相同，也按照静态分析和动态分析进行。

8.4 射极输出器

在电子技术中十分关注信号的走向,在分析、设计、调试和检修工作中,常常会按照信号的走向分析。对于共发射极放大电路,信号是从晶体管的基极进入放大器,从集电极输出,发射极是输入和输出信号共同的参考点。如果信号是从晶体管的基极进入放大器,但是从发射极输出,这时集电极是输入信号和输出信号共同的参考点,这种电路称为共集电极放大电路,如图 8-15 所示,又被称为"射极输出器"。

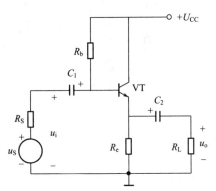

图 8-15 共集电极放大电路

1)静态工作点的估算

在如图 8-16(a)的直流通路上,首先由基极回路求出静态时基极电流

$$I_{BQ}=\frac{U_{CC}-U_{BEQ}}{R_b+(1+\beta)R_e} \tag{8-28}$$

根据三极管各个极的电流关系,可求出静态发射极电流

$$I_{EQ} \approx I_{CQ}=\beta I_{BQ} \tag{8-29}$$

再由输出回路可求出

$$U_{CEQ}=U_{CC}-I_{EQ}R_e \tag{8-30}$$

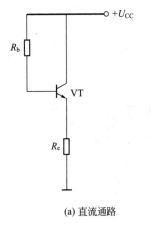

(a) 直流通路

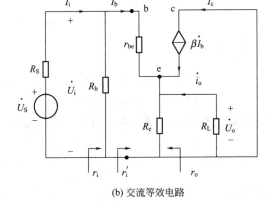

(b) 交流等效电路

图 8-16 共集电极放大电路的直流通路和交流等效电路

2)交流性能指标的计算

(1) 电压放大倍数。由图 8-16(b) 可知 $\dot{U}_o=\dot{I}_e R'_e=(1+\beta)\dot{I}_b R'_e$

$$\dot{U}_i=\dot{I}_b r_{be}+\dot{I}_e R'_e=\dot{I}_b r_{be}+(1+\beta)\dot{I}_b R'_e$$

其中 $R'_e=R_e//R_L$,即发射极电阻和放大电路的负载电阻并联的等效电阻。
因此电压放大倍数等于

$$\dot{A}_u=\frac{\dot{U}_o}{\dot{U}_i}=\frac{(1+\beta)\dot{I}_b R'_e}{\dot{I}_b r_{be}+(1+\beta)\dot{I}_b R'_e}=\frac{(1+\beta)R'_e}{r_{be}+(1+\beta)R'_e} \tag{8-31}$$

(2) 输入电阻。设从三极管的基极和地端口向右看进去的等效电阻为 r'_i,见图 8-16(b)

$$r'_i = \frac{\dot{U}_i}{\dot{I}_b} = \frac{\dot{I}_b r_{be} + (1+\beta)\dot{I}_b R'_e}{\dot{I}_b} = r_{be} + (1+\beta)R'_e$$

则输入电阻等于

$$r_i = \frac{\dot{U}_i}{\dot{I}_i} = R_b // r'_i = R_b // [r_{be} + (1+\beta)R'_e] \tag{8-32}$$

（3）输出电阻。射极输出器的输出电阻 r_o 采用图 8-17 所示电路进行分析。

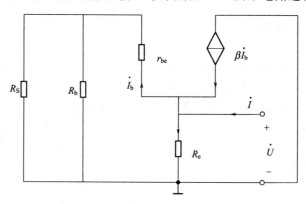

图 8-17 计算 r_o 的电路

按定义，即 $\dot{U}_S = 0$（保留其内阻 R_S）并断开负载 R_L。在输出端接入的信号源电压 $\dot{U}$ 的激励下，形成电流为 $\dot{I}$，则输出电阻

$$r_o = \frac{\dot{U}}{\dot{I}} = R_e // \frac{R'_S + r_{be}}{1+\beta} \tag{8-33}$$

其中 $R'_S = R_S // R_b$。

【例 8-5】 在图 8-15 所示放大电路中，已知三极管是硅管，$\beta = 60$，$r_{bb'} = 200\Omega$；$U_{CC} = 12V$，$R_b = 200k\Omega$，$R_e = 3k\Omega$，$R_L = 3k\Omega$，$R_S = 50\Omega$。（1）试估算静态工作点（取 $U_{BEQ} = 0.7V$）；（2）试计算电压放大倍数、输入电阻和输出电阻。

解：（1）估算静态工作点，直流通路如图 8-16(a) 所示。

$$I_B = \frac{U_{CC} - U_{BE}}{R_b + (1+\beta)R_e} = \frac{12 - 0.7}{200 + (1+60) \times 2} = 0.035(mA)$$

$$I_E = (1+\beta)I_B = (1+60) \times 0.035 = 2.14(mA)$$

$$U_{CE} = U_{CC} - I_E R_e = 12 - 3 \times 2.14 = 5.58(V)$$

（2）动态参量

$$r_{be} \approx 200 + (1+\beta)\frac{26}{I_E} = 200 + 61 \times \frac{26}{1.24} = 0.94(k\Omega)$$

$$R'_e = R_e // R_L = 1.5k\Omega$$

$$\dot{A}_u = \frac{(1+\beta)R'_e}{r_{be} + (1+\beta)R'_e} = \frac{(60+1) \times 1.5}{0.94 + (60+1) \times 1.5} = 0.99 \approx 1$$

$$r_i = R_b // [r_{be} + (1+\beta)R'_e] = 200 // [0.94 + (60+1) \times 1.5] = 200 // 92.4 = 63.2(k\Omega)$$

$$r_o = R_e // \frac{R'_S + r_{be}}{1+\beta} = 3 // \frac{0.05 // 200 + 0.94}{1+60} \approx 16.2(\Omega)$$

r_o 的数值非常小，这就说明射极输出器具有很强的带负载能力，能使负载 R_L 上的电压平稳,因此,射极输出器具有恒压输出的特性。

总之,射极输出器的主要特点是:

① 电压放大倍数接近于 1。没有电压放大作用,但有电流放大作用,$\dot{I}_e=(1+\beta)\dot{I}_b$,因而也有功率放大作用。输出电压与输入电压两者同相,且大小近似相等,输出电压具有跟随作用,因而常用做电压跟随器。

② 输入电阻高,输出电阻又很小,因此从信号源索取电流小,带负载能力强,常用于多级放大电路的输出级和末级。

8.5 多级放大电路

单个一级的放大电路很难满足系统要求的各项性能指标,因此,在实际应用中,往往将多个基本放大电路合理连接,构成多级放大电路。组成框图如图 8-18 所示。其中第一级称为输入级,最后一级称为输出级,其余各级称为中间级。

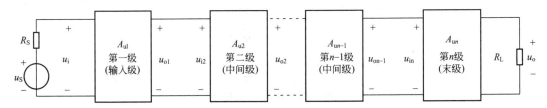

图 8-18 多级放大电路组成框图

8.5.1 多级放大电路的耦合方式

多级放大电路中,级与级之间的连接,称为级间耦合。常见的级间耦合方式有直接耦合、阻容耦合、变压器耦合和光电耦合,后三种都是通过隔直器件耦合的。

将前一级的输出端直接连接到后一级的输入端的连接方式称为直接耦合方式,如图 8-19 所示。由于省去了耦合器件,信号传输时损耗小,放大电路的低频性能好,不仅能放大交流信号,也能放大变化缓慢的信号,集成电路常采用直接耦合方式。但是由于没有隔直器件,直接耦合的多级放大电路中的各级静态工作点相互影响,不相互独立。如果第一级的工作点随温度的变化而变化(叫工作点的漂移)的话,将被逐级放大,产生零点漂移现象。所以,在集成电路中常采用差分放大电路来抑制零点漂移。

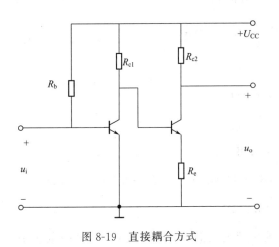

图 8-19 直接耦合方式

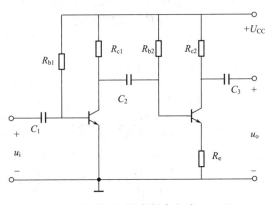

图 8-20 阻容耦合方式

将前一级的输出端通过电容连接到后一级的输入端的连接方式称为阻容耦合方式，如图 8-20 所示。由于耦合电容的容抗，信号传输时损耗较大，放大电路的低频性能差，不能放大变化缓慢的信号。耦合电容的容量必须足够大，常采用电解电容，因此集成电路无法采用阻容耦合方式。另一方面，耦合电容的隔直作用使阻容耦合的多级放大电路中的各级静态工作点相互独立，求解、设置静态工作点时各级单独处理即可，电路的分析、设计和调试简单易行。因此，在分立元件电路中得到广泛的应用。

8.5.2 多级放大电路的性能指标

一个 n 级放大电路，电压放大倍数定义为

$$\dot{A}_u = \frac{\dot{U}_o}{\dot{U}_i}$$

每级的电压放大倍数分别为

$$\dot{A}_{u1} = \frac{\dot{U}_{o1}}{\dot{U}_{i1}} = \frac{\dot{U}_{o1}}{\dot{U}_i}, \ \dot{A}_{u2} = \frac{\dot{U}_{o2}}{\dot{U}_{i2}}, \ \dot{A}_{u3} = \frac{\dot{U}_{o3}}{\dot{U}_{i3}}, \ \cdots, \ \dot{A}_{un} = \frac{\dot{U}_{on}}{\dot{U}_{in}} = \frac{\dot{U}_o}{\dot{U}_{in}}$$

由于前级的输出电压就是后级的输入电压，所以，多级放大电路的电压放大倍数为

$$\dot{A}_u = \dot{A}_{u1} \cdot \dot{A}_{u2} \cdot \dot{A}_{u3} \cdot \cdots \cdot \dot{A}_{un} \tag{8-34}$$

即多级放大电路的电压放大倍数等于各级电压放大倍数之积。应当注意，多级放大电路中的级与级之间是相互影响的，应将后一级的输入电阻视为前一级的负载。

一般，多级放大电路的输入电阻是第一级的输入电阻，即

$$r_i = \frac{\dot{U}_i}{\dot{I}_i} = r_{i1} \tag{8-35}$$

多级放大电路的输出电阻是最末一级的输出电阻，即

$$r_o = r_{on} \tag{8-36}$$

可见，多级放大电路的动态分析以单级放大电路的分析为基础，下面以阻容耦合放大电路为例介绍交流性能指标的计算方法。

图 8-21 是两级阻容耦合共射放大电路，电解电容 C_2 是耦合电容。画出两级微变等效电路，如图 8-22(a) 和 (b) 所示。

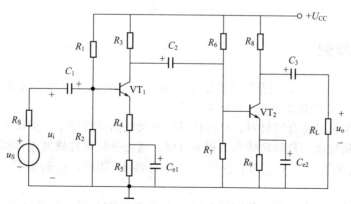

图 8-21 两级阻容耦合共射放大电路

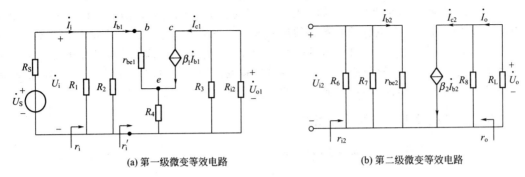

(a) 第一级微变等效电路　　　　　　　　(b) 第二级微变等效电路

图 8-22　两级阻容耦合共射放大电路的等效电路

(1) 求电压放大倍数

$$\dot{A}_u = \dot{A}_{u1} \cdot \dot{A}_{u2}$$

$$\dot{A}_{u1} = \frac{\dot{U}_{o1}}{\dot{U}_i} = \frac{-\dot{I}_{c1} r'_{i2}}{\dot{I}_{b1} r_{be1} + (1+\beta_1)\dot{I}_{b1} R_4} = -\frac{\beta_1 r'_{i2}}{r_{be1} + (1+\beta_1)R_4}$$

注意，上式中，$r'_{i2} = R_3 // r_{i2} = R_3 // R_6 // R_7 // r_{be2}$

$$\dot{A}_{u2} = \frac{\dot{U}_o}{\dot{U}_{i2}} = \frac{-\dot{I}_{c2} R'_L}{\dot{I}_{b2} r_{be2}} = -\frac{\beta_2 R'_L}{r_{be2}}$$

其中，$R'_L = R_8 // R_L$

(2) 求输入电阻。在图 8-22(b) 中，设从三极管的基极和地端口向右看进去的等效电阻为 r'_i

$$r'_i = \frac{\dot{U}_i}{\dot{I}_{b1}} = \frac{\dot{I}_{b1} r_{be1} + (1+\beta_1)\dot{I}_{b1} R_4}{\dot{I}_{b1}} = r_{be1} + (1+\beta_1)R_4$$

则多级放大电路的输入电阻等于第一级的输入电阻

$$r_i = \frac{\dot{U}_i}{\dot{I}_i} = r_{i1} = R_1 // R_2 // r'_i = R_1 // R_2 // [r_{be1} + (1+\beta_1)R_4]$$

(3) 求输出电阻

$$r_o = r_{o2} = R_8$$

8.6　应用举例

电路如图 8-23 所示。该电路能够在浴缸水位达到一定高度时发出提示警报声，提醒使用者水已放满，可以关闭水龙头，开始洗澡了。

安装时，如果浴缸是合成材料，可将传感器直接贴到浴缸壁上。如果浴缸是钢制的或者镀铁的，必须使用绝缘材料隔离传感器和浴缸壁。通过导线将传感器连接到报警电路，当水位达到传感器的位置时，VT_1、VT_2 导通，蜂鸣器 B_z 发声，这时电路中产生的电流约为 25mA。

为了避免水蒸气触发电路，使用时电路板必须密封防止短路。可以通过调节 R_z 使传感器的灵敏度降低。

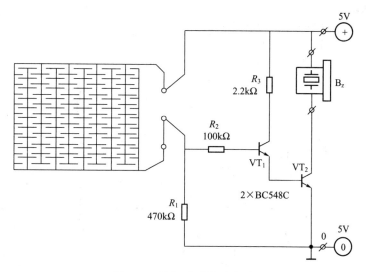

图 8-23 浴缸水满指示电路

本章小结

本章是模拟电子技术课程的基础,是需要掌握的重点内容之一。

(1) 放大电路的基本概念。放大电路由工作电源和放大核心器件以及相应的电阻电容等组成,判别电路能否进行放大应该从两方面进行:第一,放大器件应该工作于放大状态;第二,信号能顺利进入放大器和顺利送到负载。

所谓的放大是指将交流电信号的幅值由小增大;对放大电路的基本要求是进行不失真的线性放大,放大的实质是能量的转换。放大电路的主要性能指标有放大倍数、输入电阻和输出电阻。放大倍数用来衡量电路的放大能力;输入电阻的大小,反映对信号源的影响程度;输出电阻反映放大电路带负载的能力。

(2) 放大电路的基本分析方法。放大电路的分析分为静态分析和动态分析,静态分析确定电路中放大器件的工作状态,称为静态工作点 Q;动态分析主要确定放大电路对输入信号处理的性能指标。

对电容阻容耦合放大电路,将电容开路、电感短路、信号源置零就得到其直流通路,确定静态工作点,可以采用近似估算法和图解法。如果将电容短路、电感开路、直流电压源短路就得到其交流通路,动态分析是求解交流性能指标,可以采用图解法和微变等效电路法。

(3) 射极输出器。射极输出器,是信号从基极输入,从发射极输出的基本放大器。其特点为输入阻抗高,输出阻抗低,因而从信号源索取的电流小而且带负载能力强,所以常用于多级放大电路的输入级和输出级;也可用它连接两电路,减少电路间直接相连所带来的影响,起缓冲作用。

(4) 多级放大电路的电压放大倍数等于各级电压放大倍数之积;而输入电阻一般为第一级的输入电阻,输出电阻一般为末级输出电阻。因此,多级放大电路的分析以单级放大电路为基础。

习题 8

8-1 共发射极放大电路有什么特点?

8-2 共集电极放大电路有什么特点？

8-3 温度升高时，三极管的静态工作点如何变化？

8-4 试分析分压式偏置电路的工作原理。

8-5 分析图 8-24 所示电路有无电压放大能力。

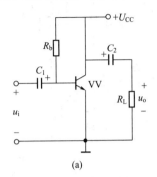 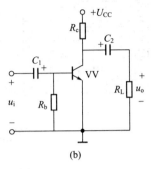

图 8-24 习题 8-5 图

8-6 如图 8-25 所示阻容耦合放大电路中，电容足够大，三极管为硅管，其 $\beta=100$，$r_{bb'}=300\Omega$，$U_{CC}=15V$，$R_b=360k\Omega$，$R_c=2k\Omega$，$R_L=2k\Omega$。(1) 试估算静态工作点（取 $U_{BEQ}=0.7V$）；(2) 画出放大电路的微变等效电路；(3) 求电压放大倍数、输入电阻和输出电阻。

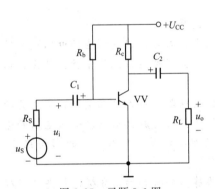 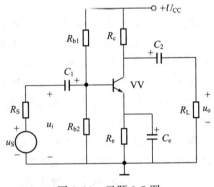

图 8-25 习题 8-6 图 　　　　　　　　图 8-26 习题 8-7 图

8-7 如图 8-26 所示放大电路中，已知三极管是硅管，其 $\beta=50$，$r_{bb'}=100\Omega$。$U_{CC}=12V$，$R_{b1}=8k\Omega$，$R_{b2}=2k\Omega$，$R_e=850\Omega$，$R_c=2k\Omega$，$R_L=3k\Omega$。(1) 试估算静态工作点（取 $U_{BEQ}=0.7V$）；(2) 求电压放大倍数、输入电阻和输出电阻；(3) 若负载开路，电压放大倍数怎么变？

8-8 如图 8-27 共集电极放大电路，已知三极管的 $\beta=60$，$r_{bb'}=200\Omega$。$U_{CC}=12V$，$R_b=200k\Omega$，$R_e=2k\Omega$，$R_L=3k\Omega$，信号源的内阻 $R_S=100\Omega$。(1) 试估算静态工作点（取 $U_{BEQ}=0.6V$）；(2) 求电压放大倍数、输入电阻和输出电阻。

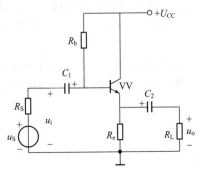 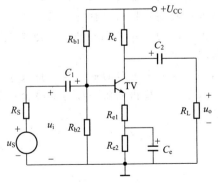

图 8-27 习题 8-8 图 　　　　　　　　图 8-28 习题 8-9 图

8-9 图 8-28 所示放大电路中，已知三极管是硅管，$\beta=50$，$r_{bb'}=100\Omega$。$U_{CC}=12V$，$R_{b1}=8k\Omega$，$R_{b2}=2k\Omega$，$R_{e1}=100\Omega$，$R_{e2}=750\Omega$，$R_c=2k\Omega$，$R_L=3k\Omega$。（1）试估算静态工作点（取 $U_{BEQ}=0.7V$）；（2）试计算电压放大倍数、输入电阻和输出电阻。

8-10 如图 8-29 所示两级放大电路中，三极管的电流放大系数均为 $\beta=50$，基区体电阻均为 $r_{bb'}=300\Omega$。$U_{CC}=15V$，$R_1=100k\Omega$，$R_2=15k\Omega$，$R_3=5k\Omega$，$R_4=100\Omega$，$R_5=750\Omega$，$R_6=100k\Omega$，$R_7=22k\Omega$，$R_8=3k\Omega$，$R_9=1k\Omega$，$R_L=1k\Omega$。试求：（1）静态工作点（取 $U_{BEQ}=0.7V$）；（2）电压放大倍数、输入电阻和输出电阻。

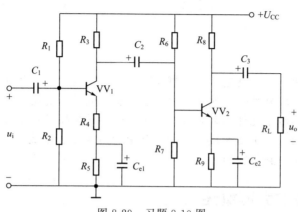

图 8-29 习题 8-10 图

第 9 章 集成运算放大器

集成电路是指利用半导体制造工艺,将晶体管、场效应管、二极管、电阻和电容等元器件及其连接制作在同一块硅片上,能够实现特定功能的电路。集成电路的出现,是电子技术领域的一个飞跃,使得电子元件逐渐向着微型化、低功耗和高可靠性方面发展。本章主要讲述集成运算放大器的组成、主要参数、放大电路中的负反馈、集成运算放大器的基本特性、集成运算放大器的应用电路等内容。

9.1 集成运算放大器概述

集成运算放大器,简称集成运放。它是模拟集成电路中的最主要的代表器件,应用极为广泛,一直在模拟集成电路中居主导地位。由于这种放大器早期是在模拟计算机中进行某些数学运算,故得名运算放大器。但现在的应用早已远远超出在模拟计算机作数学运算的范围,在波形变换、信号处理、自动控制、信号测量等领域也得到了广泛的应用。

9.1.1 集成运放电路的基本知识

1) 什么是集成电路

集成电路是一种采用特殊工艺,将晶体管、电阻、电容等元件集成在硅晶片上而形成的具有一定功能的器件,英文缩写为 IC,也称芯片。与分立元件电路相比,集成电路具有成本低、体积小、重量轻、耗能低、可靠性高等一系列优点。集成电路的外形有:圆壳式、双列直插式、扁平式等,如图 9-1 所示。

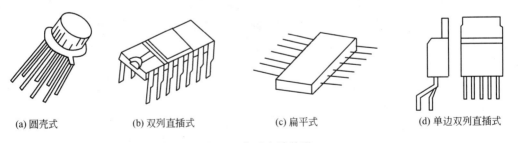

(a) 圆壳式　　(b) 双列直插式　　(c) 扁平式　　(d) 单边双列直插式

图 9-1　集成电路外形

2) 集成电路的分类

集成电路按其功能可分为数字集成电路和模拟集成电路。在数字集成电路中晶体管工作于开关状态,即稳态时是处于导通或截止状态。数字集成电路形式比较简单,通用性较强,类型繁多,广泛地用于计算机技术及自动控制电路中。模拟集成电路能对信号进行放大或变换。晶体管工作在放大区。包括各种集成运算放大器、集成功率放大器、集成高频放大器、集成中频放大器、集成稳压器、集成混频器、振荡器、检波器等。

集成电路按其集成度可分为小规模集成电路（SSI）、中规模集成电路（MSI）、大规模和超大规模集成电路（LSI 和 VLSI）。就导电类型而言，有双极型（BJT）、单极型（FET）和两者兼容等类型。

9.1.2 集成运算放大器的组成

集成运算放大器的内部组成框图如图 9-2 所示。包括 4 个基本组成部分，即输入级、输出级、中间级和偏置电路。

图 9-2 集成运算放大器的内部组成框图

输入级是放大电路的第一放大级，它是提高运算放大电路质量的关键部分，要求其输入电阻高，能抑制零点漂移并具有尽可能高的共模抑制比，所以输入级都采用差分放大电路。

中间级要进行电压放大，要求它的放大倍数高，一般由共发射极放大电路组成。

输出级与负载相接，要求其输出电阻低，带负载能力强，能输出足够大的电压和电流，往往还设置有过电流保护电路，通常采用 OCL 互补对称输出电路或共集放大电路。

偏置电路的作用是为各级放大电路设置稳定而合适的静态偏置电流，它决定了各级的静态工作点，一般为电流源偏置。同时，偏置电路的电流源也经常作为放大电路的有源负载，以提高放大电路的增益等。

图 9-3 是集成运算放大器的简化图形符号。它有两个输入端和一个输出端，其他管脚可以不标，以突出输入信号和输出信号之间的关系。左侧"−"端为反相输入端，表示输出信号 u_o 与该端的输入信号 u_- 相位相反；左侧"＋"端为同相输入端，表示输出信号 u_o 与该端的输入信号 u_+ 相位相同。方框内横卧三角形表示放大器，它右边的数字表示开环电压放大倍数 A_o。如果 A_o 很大，而且不必特别关心其具体数值，可用无穷大符号 ∞ 表示。

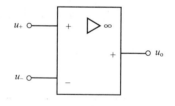

图 9-3 集成运算放大器的简化图形符号

集成运算放大器的输入信号为

$$u_{id}=u_+-u_- \tag{9-1}$$

集成运算放大器的输出信号为 u_o，在线性区时

$$u_o=A_o u_{id}=A_o(u_+-u_-) \tag{9-2}$$

9.1.3 集成运算放大器的参数

集成运放的参数可分为两类，即最大额定值和电性能参数。最大额定值是厂家规定的最大允许使用条件，若超过它，轻则使器件性能劣化，重则烧毁器件。电性能参数是在典型工作条件（电源电压、温度、负载等）下器件的各种电气性能。

（1）差模输入电阻 r_{id}。差模输入电阻是集成运放没有外接反馈电阻的开环情况下，从两个输入端看进去的等效电阻。其值越大，集成运放从外加信号源所吸取的电流越小，对信号源的影响越小，理想值为无穷大。

（2）开环输出电阻 r_o。开环输出电阻指运放在没有外接反馈电阻的开环情况下的输出电阻。其值越小，带负载能力越强，理想值为 0。

（3）开环电压放大倍数 A_o。开环电压放大倍数是输出端开路、没有外接反馈电阻的开环情况下，输入信号为很小的低频电压信号时，集成运放的电压放大倍数。它是决定运算精度的重要因素。A_o 越大，集成运放的运算精度越高，理想值为无穷大。

（4）共模抑制比 K_{CMRR}。K_{CMRR} 表示运放对共模信号的抑制能力，用运放的差模电压放大倍数与共模电压放大倍数之比的绝对值来表示，也常用分贝值表示，理想值为无穷大。

（5）最大差模输入电压 U_{idmax}。运放两输入端间所能承受的最大差模输入电压值。当输入电压超过此值时，差动输入对管中某一晶体管的发射结将出现反向击穿，使运放性能恶化，甚至损坏。

（6）最大共模输入电压 U_{iomax}。当加在运放输入端的共模电压超过一定范围时，集成运算放大器失去抑制共模信号的能力，同时失去差模放大能力。

（7）最大输出电压 U_{OM}。最大输出电压是在一定的电源电压下，运放的最大不失真输出电压的峰-峰值。

（8）最大失调电压 U_{OS}。将输入电压为 0 时，不等于 0 的输出电压折算到运放输入端的有效输入电压，称为输入失调电压，其值越小越好，一般为毫伏级，理想值为 0。由于输入失调电压的存在，运放常需外接调零电位器。

（9）输入偏置电流 I_B。输入偏置电流是衡量差动输入两管输入电流绝对值大小的标志，定义为运放在输出电压为 0 时，同相输入端和反相输入端的偏置电流和的平均值，即

$$I_B = \frac{I_{B1} + I_{B2}}{2}$$

值越小越好，以便在使用内阻不同的信号源时，运放的静态工作点变动较小，理想值为 0。

（10）输入失调电流 I_{OS}。输入失调电流用于衡量差动输入对管的输入电流不对称所造成的影响，定义为运放两输入端的偏置电流之差的绝对值，此值越小，表明输入级的对称性越好，理想值为 0。

其他还有电源电压 E_C、静态功耗 P_O、温度漂移、$-3dB$ 宽带、转换速率等参数，这里不再一一详述。

9.1.4 集成运算的理想化及分析方法

实际上完全理想化的集成运算放大器是不存在的。但是只要满足一定的条件，实际运算放大器可视为理想运算放大器。用理想运算放大器分析实际运放电路既简单又方便，且误差很小。

当集成运放工作在线性放大区时，开环电压放大倍数 A_o 很大，可近似为无穷大。而输出电压受电源电压限制，是一个有限量（最大不超过 U_{OM}），则运放两输入端的电压差近似为 0，$u_+ \approx u_-$，两个输入端的对地电位基本相等。电位差趋近于 0，好像是短路一样，称为虚假短路，简称"虚短"。

运放的差模输入电阻 r_{id} 很大，可近似为无穷大，而运放的输入电压总是有限的，这使得集成运放的两个输入端几乎不取用电流，$i_d = 0$，集成运放的输入电流可忽略不计。这时运放的两个输入端又好像是断开一样，称为虚假断开，简称"虚断"。

集成运放非线性区工作时输出电压和输入电压之间不再满足式（9-2），在处理这类问题时，不能按线性电路的理论去分析。这时，也有两条结论成立。

由于 A_o 很大，$u_+ - u_-$ 稍有变化，输出电压即达到正向饱和 $+U_{OM}$ 或负向饱和电压 $-U_{OM}$，在数值上它们分别接近于运放的正负电源电压，表达式为：

$$u_+ > u_-, \quad u_o = +U_{OM} \tag{9-3}$$
$$u_+ < u_-, \quad u_o = -U_{OM} \tag{9-4}$$

由于理想运放的差模输入电阻 $r_{id}=\infty$，因此，虽然 $u_+ \neq u_-$，输入电流仍然为零即 $i_d=0$，即"虚断"现象依然存在。

总之，分析运放的应用电路时，首先将集成运放当作理想运算放大器，然后判断集成运放工作在线性放大区还是非线性区。在此基础上分析具体电路的工作原理，其他问题也就迎刃而解。

9.2 放大电路中的负反馈

反馈是一个非常重要的概念，它在电和非电领域都得到了广泛应用。通常自动控制和自动调节系统都是基于反馈原理的。在放大电路中适当引入反馈，可以改善放大电路的性能，实现模拟运算和有源滤波，也可以产生各种波形等。本节将介绍反馈的基本概念，研究反馈对放大电路性能的影响。

9.2.1 反馈的基本概念

1) 反馈的定义

反馈是一个广义的概念，通常是指将一个系统（电的或非电的）的全部或部分输出量反送回系统的输入端，与系统的输入量相叠加，以改善系统性能的措施。

通常情况下，若电路中存在反馈，称该电路处于闭环状态；若电路中不存在反馈，称该电路处于开环状态。

工作点稳定电路（见图 9-4），就是放大器应用反馈改善其性能（稳定工作点）的实例。温度的变化引起 I_C、I_E 的改变，使静态工作点发生偏移。但是，发射极电阻 R_E 将随温度改变，I_E 以电压 $U_E(R_E I_E)$ 的形式反送回输入端，用以调整 I_B、I_C、I_E，使 I_C、I_E 随温度的变化大大减小，工作点基本稳定。

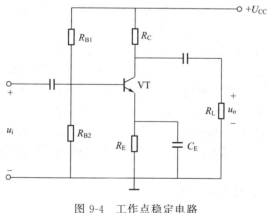

图 9-4 工作点稳定电路

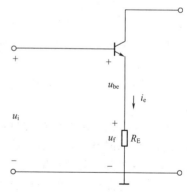

图 9-5 交流反馈

图 9-4 电路中，由于 C_E 的旁路作用，仅在直流通路中存在反馈，即仅有直流反馈，它仅能影响放大器的静态特性。若将 C_E 去掉，则不仅有直流反馈，在动态情况下，还会产生交流信号的反馈，即交流反馈，如图 9-5 所示的电路。此时交流反馈就是 i_e 在 R_E 上将产生的电压降 u_f

$$u_f = i_e R_E$$

在输入回路中，对交流信号而言

$$u_{be} = u_i - u_f$$

不难分析，u_f 和 u_i 同相位，所以，u_f 的产生削弱了输入信号 u_i 的作用，使放大器实际得到的信号（净输入信号）u_{be} 减小，电压放大倍数下降。

在放大电路中，直流反馈和交流反馈都经常采用。本节仅讨论交流反馈。

2) 正、负反馈及其判别

根据反馈信号对输入信号的作用不同，反馈可分为正反馈和负反馈。反馈信号增强输入信号的叫做正反馈，削弱输入信号的叫做负反馈。图 9-5 所示电路中，反馈信号 u_f 削弱了输入信号 u_i 的作用，故为负反馈。

可以根据反馈的概念，也可采用所谓"瞬时极性法"判别反馈的极性。晶体管与集成运算放大器的瞬时极性如图 9-6 所示，晶体管的基极和集电极瞬时极性相反；集成运算放大器的同相输入端与输出端瞬时极性相同，而反相输入端与输出端瞬时极性相反。

在应用瞬时极性去判别反馈的类型时，可先任意设定输入信号的瞬时极性为正或为负（在电路图上以"＋"或"－"标记）。然后，沿反馈环路逐步确定反馈信号的瞬时极性，再根据它对输入信号的作用（增强或削弱），即可确定反馈类型。

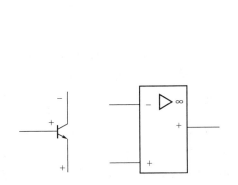

图 9-6　晶体管与集成运算放大器的瞬时极性

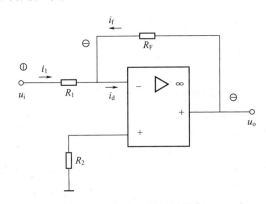

图 9-7　集成运放反馈举例

如图 9-5 所示的放大电路，若设基极输入信号 u_i 瞬时极性为正极性（以"＋"标记），则发射极反馈信号 u_f 亦为正极性，这说明，若输入信号使晶体管基极电位瞬时升高，则由于反馈，发射极电位跟随升高，发射结上实际得到的信号 u_{be} 并未明显增大，即反馈信号削弱了输入的作用（与没有 R_E 时相比），故可确定为负反馈；再如图 9-7 所示的放大电路中，R_F 跨接在输出和反相输入端之间，故将输出电压反送回输入端而引入反馈。若设输入信号瞬时极性为正（以"＋"标记），则输出信号瞬时极性为负（以"－"标记），经 R_F 反送回输入端，反馈信号瞬时极性为负，即与输入信号瞬时极性相反。这说明，若输入信号使反相输入端电位瞬时升高，则由于反馈，反相输入端电位瞬时降低，即反馈信号削弱了输入信号的作用，故可判定为负反馈。

在放大电路中，广泛通过引入负反馈来改善放大器的性能。

9.2.2　负反馈的四种组态

为便于分析，通常将反馈放大器分为基本放大器、反馈网络、采样网络、求和网络四部分。基本放大器的输出量对采样网络进行采样，经反馈网络加工，产生与输入量有一定函数关系的反馈信号，并在求和网络中与输入信号叠加，得到基本放大电路的输入信号，采样网络可以对输出电压采样，即将 u_o 作为反馈网络的输入，得到的反馈信号与 u_o 有一定的函数关系，这种反馈称为电压反馈；也可以将输出电流 i_o 作为反馈网络的输入信号，得到的

反馈信号与 i_o 有一定的函数关系,此种反馈称为电流反馈。

在求和网络中,反馈信号和输入信号可以以电流并联方式叠加,以得到基本放大电路的输入电流;也可以以电压串联方式叠加,以得到基本放大器的输入电压。前者称为并联反馈,后者称为串联反馈。

综合采样和叠加的两种情况,可将反馈分为四种组态(方式):电压串联、电压并联、电流串联、电流并联。

反馈方式的判别可分为两步进行,电压反馈和电流反馈可以根据采样方式进行判别,通常是将被采样的一级放大器的输出端交流短路(即令 $u_o = 0$),若反馈作用消失,则为电压反馈,否则为电流反馈。图 9-7 示出的放大电路,当输出端交流短路时,R_F 直接接地,对输入信号仅起到旁路作用,流过 R_F 的仅是旁路电流,而不是反馈电流 i_F,即反馈作用消失,故可判定为电压反馈。对于图 9-5 所示的放大电路,当将其输出端短路时,尽管 $u_o = 0$ 但发射极电流仍随输入信号而改变,在 R_E 上仍有反馈电压 u_f 产生,故可判定不是电压反馈,而是电流反馈。

串联反馈和并联反馈可以根据电路结构确定:当反馈信号和输入信号接在放大器的同一点(另一点往往是接地点)时,一般可判定为并联反馈;而接在放大器的不同点时,一般可判定为串联反馈,例如:对于图 9-5 示出的放大电路,输入信号 u_i 加在晶体管的基极地之间,而反馈信号 u_f 加在晶体管的发射极和地之间,不在同一点,故可判定为串联反馈,而对于图 9-7 所示的放大电路,输入信号 u_i 加在集成运算放大器的反相输入端和地之间,而输出电压 u_o 经 R_F 也反馈到集成运算放大器的反相输入端和地之间,在同一点,故可定为并联反馈。

由于不同反馈方式的放大器具有不同的特性,所以,熟练掌握反馈方式的判别是非常重要的。

在多级反馈放大电路中,往往包含本级反馈或级间反馈多个反馈环节,反馈方式各不相同,要逐个加以判定。注意:对于整个电路而言,其反馈类型应指该电路各部分之间的级间反馈。

【例 9-1】 判别图 9-8 和图 9-9 所示放大电路中各反馈环节的反馈极性和反馈方式。

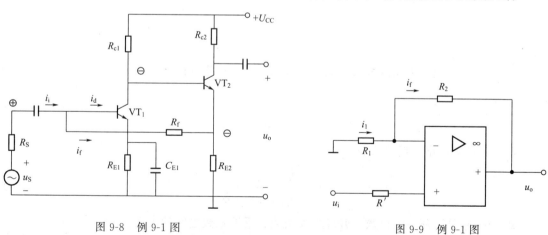

图 9-8 例 9-1 图　　　　　　　　图 9-9 例 9-1 图

解:如图所示,由瞬时极性法可判定两个电路中的反馈均为负反馈。对于图 9-8 所示电路,将输出端(R_L 两端)交流短路,使输出电压 u_o 为零,但输出电流 i_o 仍然流过取样电阻 R_f,产生电压降,并经过 R_f 反送回放大器的输入端,即反馈依然存在,故可判定为电流反馈,反馈信号和输入信号都接在晶体管的基极和地之间,故为并联反馈。而对于图 9-9 所示电路，将输出端交流短路，使输出电压 u_o 为零，则电阻 R_2 接地，与 R_1 并联，反馈作用消失，故可判定为电压反馈。输入信号接在集成运算放大器的同相输入端和地之间，而反馈信号反馈到集成运算放大器的反相输入端和地之间，不在同一点，故为串联反馈。

结论，图9-8所示电路具有电流并联负反馈，图9-9所示电路具有电压串联负反馈。

9.2.3 负反馈对放大电路性能的影响

在反馈放大电路中，虽然反馈信号削弱了输入信号，使净输入信号减小，放大倍数下降，但是利用负反馈却可以使其他指标得到改善。

1) 稳定放大倍数

负反馈放大电路都可以用图9-10所示的方框图来表示。

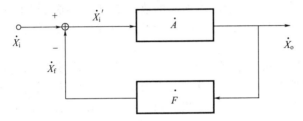

图 9-10 负反馈放大电路的方框图

图中 $\dot{X}_i$ 为输入信号（电压或电流），$\dot{X}_f$ 为反馈信号，$\dot{X}_i'$ 为净输入信号（或驱动信号），$\dot{X}_o$ 为输出信号（电压或电流）。图中"+"号和"−"表明了 $\dot{X}_i'$、$\dot{X}_i$、$\dot{X}_f$ 之间的关系为

$$\dot{X}_i' = \dot{X}_i - \dot{X}_f \tag{9-5}$$

$$\dot{A} = \frac{\dot{X}_o}{\dot{X}_i'} \tag{9-6}$$

$\dot{A}$ 称为无反馈时放大电路的放大倍数，又称开环放大倍数或开环增益

$$\dot{A}_f = \frac{\dot{X}_o}{\dot{X}_i} \tag{9-7}$$

$\dot{A}_f$ 称为闭环放大电路的放大倍数，又称闭环放大倍数或闭环增益。

$$\dot{F} = \frac{\dot{X}_f}{\dot{X}_o} \tag{9-8}$$

$\dot{F}$ 表示反馈网络的反馈系数。

$$\dot{A}_f = \frac{\dot{X}_o}{\dot{X}_i} = \frac{\dot{A}}{1 + \dot{A}\dot{F}} \tag{9-9}$$

式（9-9）是闭环放大倍数与开环放大倍数、反馈系数之间的关系。

式中 $1 + \dot{A}\dot{F}$ 称为反馈深度。反馈深度表示引入反馈后放大电路的放大倍数与无反馈时相比所变化的倍数。反馈深度的大小直接影响反馈电路的工作状态。在负反馈放大电路中，如果 $|1 + \dot{A}\dot{F}| \gg 1$，则 $\dot{A}_f = \frac{\dot{A}}{1 + \dot{A}\dot{F}} \approx \frac{1}{\dot{F}}$，这称为深度负反馈。对于深度负反馈电路，其闭

环放大倍数 $\dot{A}_\mathrm{f}$ 似乎与开环增益 $\dot{A}$ 无关。

式（9-9）中的 $\dot{A}$、$\dot{F}$ 以及 $\dot{A}_\mathrm{f}$ 均为实数，即：

$$A_\mathrm{f} = \frac{A}{1+FA}$$

上式对 A 求导数：

$$\frac{\mathrm{d}A_\mathrm{f}}{\mathrm{d}A} = \frac{1}{1+FA} \times \frac{\mathrm{d}A}{A} \tag{9-10}$$

此时 $\frac{\mathrm{d}A_\mathrm{f}}{\mathrm{d}A}$ 为闭环放大倍数的相对变化率，$\frac{\mathrm{d}A}{A}$ 为开环放大倍数的相对变化率，对负反馈放大器，反馈深度 $S>1$，所以 $\frac{\mathrm{d}A_\mathrm{f}}{\mathrm{d}A}<\frac{\mathrm{d}A}{A}$。上述结果表明，由于外界因素的影响，使开环放大倍数 A 有一个较大的相对变化率 $\frac{\mathrm{d}A}{A}$ 时，由于引入负反馈，闭环放大倍数的相对变化率 $\frac{\mathrm{d}A_\mathrm{f}}{\mathrm{d}A}$ 只有开环放大倍数相对变化率的 $\frac{1}{S}$，即闭环放大倍数的稳定性优于开环放大倍数，例如某放大电路的开环放大倍数 $A=50$，由于外界因素（如温度、电源波动、更换元件等）影响，其相对变化率 $\frac{\mathrm{d}A}{A}=20\%$，若反馈系数 $F=0.1$，则闭环放大倍数的相对变化率为

$$\frac{\mathrm{d}A_\mathrm{f}}{\mathrm{d}A} = \frac{1}{1+FA} \times \frac{\mathrm{d}A}{A} = \frac{1}{1+0.1\times 0.5} \times 20\% = 3.33\%$$

可见，大大提高了放大倍数的稳定性。

但此时的闭环放大倍数为

$$A_\mathrm{f} = \frac{A}{1+FA} = \frac{50}{1+0.1\times 0.5} = 8.33$$

比开环放大倍数显著降低，即用降低放大倍数为代价换取提高放大倍数的稳定性。

2）减小非线性失真

以图 9-11 所示反馈放大器的方块图为例说明。由于晶体管的非线性特性，在无反馈时，输入信号 X_i 为正弦波，设输出信号 X_o 产生了正半周小负半周大的非线性失真（如图中输出端下面的波形所示）。引入负反馈后，将这种失真了的信号经反馈网络送回输入端，与输入信号反相叠加，得到正半周大负半周小的差值信号 X_d，这样，正好弥补了放大器的缺陷，使输出信号比较接近于正弦。

3）展宽频带、减小频率失真

由于电路总电容的影响，阻容耦合放大器的放大倍数在高频和低频段都要下降。引入负反馈可以减小各种因素（当然也包括这些电容）的影响，使放大倍数在比较宽的频段上趋于稳定，即展宽了频带。

4）对输入和输出电阻的影响

负反馈对输入和输出电阻的影响因反馈方式而异。

对输入电阻的影响仅与输入端反馈的连接方式（叠加方式）有关：串联反馈，由于反馈电压和输入电压反极性串联叠加，使输入电流减小，故可使输入电阻增大；并联反馈，由于反馈电流和净输入电流并联叠加，使输入电流增加，故可使输入电阻减小。

对输出电阻的影响仅与输出端反馈的连接方式（采样方式）有关：电压反馈，由于对输出电压采样，反馈信号正比于输出电压，使输出电压趋于稳定，受负载变动的影响减小，即放大器的输出特性接近于理想电压源特性，故使输出电阻减小；而电流反馈是对输出电流采

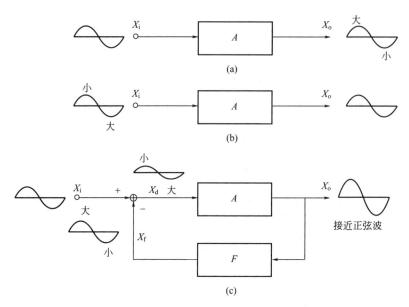

图 9-11 减小非线性失真举例

样,反馈信号正比于输出电流,而反馈的作用是使输出电流趋于稳定,使放大器的输出特性接近理想电流源特性,故而使输出电阻增大。

在电路设计中,可根据对输入和输出电阻的具体要求,引入适当的负反馈,例如,若希望减小放大器的输出电阻,可引入电压负反馈;若希望提高输入电阻,可引入串联负反馈等。

引入负反馈,可以稳定放大倍数、减小非线性失真、展宽频带、改变输入和输出电阻等。一般来说,反馈越深,效果越显著。但是,也并非反馈越深越好,因为性能的改善是以牺牲放大倍数为代价的,反馈越深,放大倍数下降越多。

9.3 集成运放在信号运算方面的应用

模拟运算是运算放大器的开发利用中用得最早和较为重要的一个方面。运算电路由集成运放和外加的反馈电路组成,可以实现输出量与输入量之间一定的函数运算关系,如:比例运算、加法和减法运算、微分和积分等线性运算、对数和指数、乘法和除法等非线性运算。此时,只是整个电路的输出量与输入量之间为非线性运算关系,而运放的输出量与净输入量之间仍然为线性关系。

9.3.1 比例运算

输出电压与输入电压成比例的运算电路称为比例运算电路。比例运算电路是最基本的运算电路,是其他各种运算电路的基础。根据信号输入的不同,比例电路有两种基本形式:反相比例运算电路和同相比例运算电路。

1)反相比例运算电路

输入信号加入反向输入端的比例运算电路称为反相比例运算电路,如图 9-12 所示。此

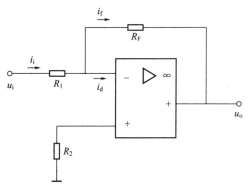

图 9-12 反相比例运算电路

时输入信号 u_i 经电阻 R_1 加到反相输入端,输出信号 u_o 与输入信号 u_i 反相,反馈电阻 R_F 跨接于输出端和输入端之间,把输出电压反馈到输入端,同相输入端经电阻 R_2 接地。由于同相输入端不取电流,$i_+ = 0$,电阻 R_2 上无电流、无电压,所以同相输入端为"地电位",即 $u_+ = 0$。

只要集成运放工作在线性放大区,$u_- = u_+ = 0$,即反相输入端近似等于地电位,是不接地的"地"端,通常称为"虚地"。

这时,信号源 u_i 提供的电流为

$$i_- = \frac{u_i - u_-}{R_1} \approx \frac{u_i}{R_1}$$

反馈电阻 R_2 上流过的反馈电流为

$$i_f = \frac{u_- - u_o}{R_F} \approx -\frac{u_o}{R_F}$$

由于反相输入端不取电流,$i_- = 0$,所以

$$i_i = i_f$$

即

$$\frac{u_i}{R_1} = -\frac{u_o}{R_F}$$

$$u_o = -\frac{R_F}{R_1} u_i \tag{9-11}$$

式(9-11)的符号说明 u_o 与 u_i 相位相反,A_f 的大小仅取决于外界电阻 R_F 与 R_1 的比值,而与集成运放本身参数无关。该电路又称为反相比例放大电路。

同相输入端外接电阻 R_2 的作用是保证运算放大器差动输入级静态电路平衡,称为平衡电阻。运算放大器工作时,它的两个输入级静态偏置电流将在电阻 R_1、R_2 上分别产生压降,从而影响差动输入级的输入端电位,使得运算放大器的输出端产生附加的偏置电压。平衡电阻 R_2 的作用就是当输入信号为 0 时使输出信号也为 0。这时,电阻 R_1 和 R_2 相当于并联,所以反相输入端与"地"之间的等效电阻为 $R_1 // R_F$。如果集成运放的两个输入端静态偏置电流相等的话,应满足

$$R_2 = R_1 // R_F$$

在反相比例放大电路中,如果电阻 $R_1 = R_F$,则 $A_f = -1$。此时输入电压与输出电压大小相等、方向相反,这时称为反相器或反号器。

2)同相比例运算电路

同相比例运算电路就是把待运算的输入信号加到集成运算放大器的同相输入端。图 9-13 所示电路是同相比例运算电路。输入信号 u_i 经电阻 R_2 接到集成运算放大器的同相输入端,输出信号 u_o 与输入信号 u_i 相同,反相输入端通过电阻 R_1 接地,输出电压 u_o 经电阻 R_F 反馈至反相输入端。由于 $i_+ = 0$,所以电阻 R_2 上无电流,$u_- = u_+$。这时,反相输入端已不是"虚地"了,这与反相比例放大电路不同。

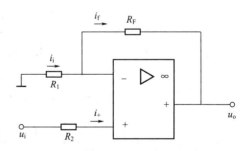

图 9-13 同相比例运算电路

因为 $i_+ = 0$,所以 $i_i = i_f$。

由于

$$i_i = \frac{0 - u_-}{R_1} = \frac{0 - u_i}{R_1}, \quad i_f = \frac{u_- - u_o}{R_F} = \frac{u_i - u_o}{R_F}$$

因此
$$u_o = \left(1 + \frac{R_F}{R_1}\right)u_i \tag{9-12}$$

式（9-12）说明：u_o 与 u_i 相同，同相比例运算电路的输入输出电压函数关系只取决于外接电阻 R_1 和 R_F 之比值，与集成运算放大器本身参数无关。为了保证差动输入级的动态平衡，外接电阻亦满足 $R_2 = R_1 /\!/ R_F$ 的关系。

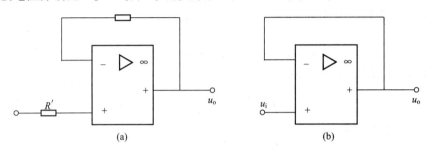

图 9-14　电压跟随器

当 $R_1 = \infty$ 时，同相比例运算电路的 $u_o = u_i$，即此时输出电压与输入电压大小相等、相位相同，u_o 跟随 u_i 变化，称为电压跟随器或同号器，如图 9-14 所示。它和由分立元件组成的射极跟随器比较，具有更优良的性能，跟随效果更好，电压放大倍数接近于 1，输入电阻更高，输出电阻更低，因而获得了广泛的应用。

9.3.2　加法运算

1) 反相加法运算电路

如果反相输入端有若干个输入信号，则构成反相输入加法运算电路，电路如图 9-15 所示。为了保证集成运放差分输入级的对称性，同相输入端电阻 $R_2 = R_{11} /\!/ R_{12} /\!/ R_{13} /\!/ R_F$。

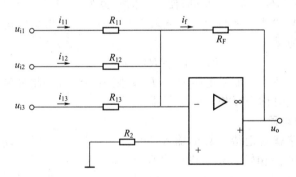

图 9-15　反向加法运算电路

由运算放大器的"虚短""虚断"特点可知，其反相输入端为"虚地"点，所以
$$i_{11} = \frac{u_{i1}}{R_{11}},\ i_{12} = \frac{u_{i2}}{R_{12}},\ i_{13} = \frac{u_{i3}}{R_{13}},\ i_F = \frac{u_o}{R_F}$$
$$i_F = i_{11} + i_{12} + i_{13}$$

联立求解上列各式有
$$u_o = -\left(\frac{R_F}{R_{11}}u_{i1} + \frac{R_F}{R_{12}}u_{i2} + \frac{R_F}{R_{13}}u_{i3}\right) \tag{9-13}$$

当 $R_{11} = R_{12} = R_{13} = R_1$ 时，则式（9-13）为

$$u_o = -\frac{R_F}{R_1}(u_{i1}+u_{i2}+u_{i3}) \tag{9-14}$$

当 $R_{11}=R_{12}=R_{13}=R_F$ 时，则

$$u_o = -(u_{i1}+u_{i2}+u_{i3}) \tag{9-15}$$

式（9-13）表明，输出电压与若干个输入电压之和成正比例关系，式中负号表示输出电压与输入电压相位相反。

2）同相加法运算电路

如果有若干个输入信号加到集成运放的同相输入端，则构成同相输入加法运算电路，如图 9-16(a) 所示。

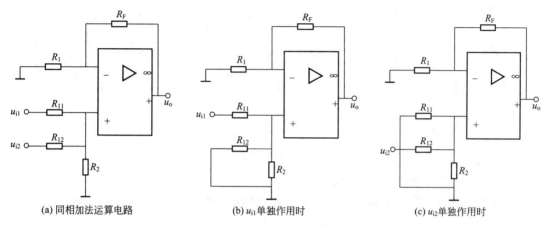

(a) 同相加法运算电路　　(b) u_{i1} 单独作用时　　(c) u_{i2} 单独作用时

图 9-16　同相加法运算电路

对运放同相输入端的电位 u_+ 可用叠加定理求得：

当 u_{i1} 单独作用时，电路如图 9-16(b) 所示，集成运放同相输入端电位 u'_+ 为

$$u'_+ = \frac{(R_{12}//R_2)u_{i1}}{R_{11}+(R_{12}//R_2)}$$

当 u_{i2} 单独作用时，电路如图 9-16(c) 所示，集成运放同相输入端电位 u''_+ 为

$$u''_+ = \frac{(R_{11}//R_2)u_{i2}}{R_{12}+(R_{11}//R_2)}$$

因此，运放同相输入端的电位

$$u_+ = u'_+ + u''_+ = \frac{(R_{12}//R_2)u_{i1}}{R_{11}+(R_{12}//R_2)} + \frac{(R_{11}//R_2)u_{i2}}{R_{12}+(R_{11}//R_2)}$$

由式（9-12）可得出

$$u_o = \left(1+\frac{R_F}{R_1}\right)u_+$$

即

$$u_o = \left(1+\frac{R_F}{R_1}\right)\left[\frac{(R_{12}//R_2)u_{i1}}{R_{11}+(R_{12}//R_2)} + \frac{(R_{11}//R_2)u_{i2}}{R_{12}+(R_{11}//R_2)}\right] = \left(\frac{R_P}{R_{11}}u_{i1}+\frac{R_P}{R_{12}}u_{i2}\right)\left(1+\frac{R_F}{R_1}\right) \tag{9-16}$$

式中　　　　　　　　　　$R_P = R_{11}//R_{12}//R_2$

式（9-16）表明，输出电压与若干输入电压之和成正比例关系，输出电压与输入电压相位相同。

该电路的 R_P 与各输入回路的电阻都有关，当改变某一输入回路的电阻以达到给定的关

系时,其他各路输入电压与输出电压之间的比值也将随之改变。常需要反复调节才能最后确定参数的数值。因此,参数的调整非常麻烦。

9.3.3 减法运算

减法运算电路也称差分比例运算电路,如图9-17(a)所示,信号同时从同相输入端和反向输入端加入。

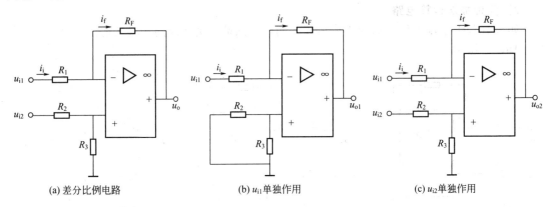

图 9-17 差分比例运算电路

利用叠加定理可求出输出电压 u_o。

u_{i1} 单独作用时如图 9-17(b) 所示,是反相比例运算电路,输出电压用 u_{o1} 表示。

$$u_{o1} = -\frac{R_F}{R_1}u_{i1}$$

u_{i2} 单独作用时如图 9-17(c) 所示,相当于同相比例运算,输出电压用 u_{o2} 表示。

$$u_{o2} = \left(1+\frac{R_F}{R_1}\right)u_+ = \left(1+\frac{R_F}{R_1}\right)\times\frac{R_3}{R_2+R_3}u_{i2}$$

因此
$$u_o = u_{o1}+u_{o2} = \left(1+\frac{R_F}{R_1}\right)\times\frac{R_3}{R_2+R_3}u_{i2}-\frac{R_F}{R_1}u_{i1} \tag{9-17}$$

当 $R_2 = R_1$ 和 $R_3 = R_F$,则式 (9-17) 为

$$u_o = -\frac{R_F}{R_1}(u_{i1}-u_{i2}) \tag{9-18}$$

由式 (9-18) 可知,输出电压与输入电压的差值成正比,实现了差分比例运算。

当 $R_1 = R_2 = R_F = R_3$ 时,则得

$$u_o = (u_{i2}-u_{i1}) \tag{9-19}$$

由式 (9-19) 可见,输出电压 u_o 等于两个输入电压的差值,所以可进行减法运算。该电路存在共模输入电压,为了保证运算精度,应当选共模抑制比高的运算放大器。另外,还应尽量提高元件的对称性。

【例 9-2】 电路如图 9-18 所示,求输出电压 u_o 与各输入电压的运算关系。

解:利用叠加原理可求出输出电压 u_o。

当 u_{i3}、u_{i4} 作用时,$u_{i1} = u_{i2} = 0$,是同相求和运算电路,输出电压用 u_{o1} 表示,由式 (9-16) 可得

$$u_{o1} = \frac{(R_4//R')u_{i3}}{R_3+(R_4//R')}\left(1+\frac{R_F}{(R_1//R_2)}\right)+\frac{(R_3//R')u_{i4}}{R_4+(R_3//R')}\left(1+\frac{R_F}{(R_1//R_2)}\right) = \frac{R_P R_F}{R_n}\left(\frac{u_{i3}}{R_3}+\frac{u_{i4}}{R_4}\right)$$

式中,$R_P = R_3//R_4//R'$,$R_n = R_1//R_2//R_F$。

当 u_{i1}、u_{i2} 作用时，$u_{i3}=u_{i4}=0$，是反相求和运算电路，输出电压用 u_{o2} 表示。

$$u_{o2}=-\frac{R_F}{R_1}u_{i1}-\frac{R_F}{R_2}u_{i2}$$

输出电压 u_o。

$$u_o=u_{o1}+u_{o2}=\frac{R_P R_F}{R_n}\left(\frac{u_{i3}}{R_3}+\frac{u_{i4}}{R_4}\right)-R_F\left(\frac{u_{i1}}{R_1}+\frac{u_{i2}}{R_2}\right)$$

当 $R_1=R_2=R_3=R_4=R$，$R'=R_F$ 时，$R_P=R_n$。于是

$$u_o=\frac{R_F}{R}(u_{i3}+u_{i4}-u_{i1}-u_{i2})$$

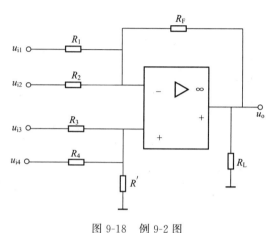

图 9-18 例 9-2 图

从上面的例子可以看出，求和电路也可以采用双端输入方式，电路的多个输入信号之间同时可以实现加法和减法运算，但这种电路的参数调整十分繁琐。

9.3.4 积分运算

积分运算电路的输出电压与输入电压呈积分关系。积分电路是模拟电子计算机的基本组成单元，此外，积分电路还可以用于延时和定时，在各种波形（矩形波、锯齿波等）发生电路中，积分电路也是重要的组成部分。

积分运算电路如图 9-19 所示，输入电压 u_i 经电阻 R_1 接到反相输入端，电容 C 作为反馈元件跨接于反相输入端和输出端之间。由于反相输入端为"虚地"点，所以 $i_i=\frac{u_i}{R_i}$，$i_-=0$，再根据电容元件的伏安关系，可知流经电容 C 的电流为 $i_i=i_f=-C\frac{du_o}{dt}$。

即
$$\frac{u_i}{R_i}=-C\frac{du_o}{dt}$$

则
$$u_o=-\frac{1}{R_iC}\int u_i dt \tag{9-20}$$

从式（9-20）可以看到：该电路的输出电压正比于输入电压对时间的积分，可以用来对输入信号进行积分运算。R_iC 称为积分时间常数，它的数值越大，输出电压 u_o 达到某一值所需的时间就越长。

如果 u_i 为一正向阶跃电压 U，则式（9-20）可写成

$$u_o=-\frac{U}{R_iC}t \tag{9-21}$$

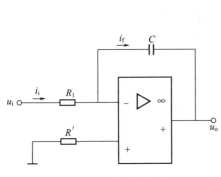

图 9-19 积分运算电路　　　图 9-20 输入输出波形

可见此时输出电压 u_o 随时间 t 按线性规律变化，输入输出波形如图 9-20 所示，最大输出电压可达 $\pm U_{OM}$。

【例 9-3】 积分运算电路如图 9-19 所示。已知 $R_1=100\text{k}\Omega$，$C=10\mu\text{F}$，集成运放的最大输出电压 $U_{OM}=12\text{V}$，$u_i=-6\text{V}$。求时间 t 分别是 1s、2s、3s 时输出电压 u_o 的值。

解： $u_o=-\dfrac{1}{R_1C}t=6t$

则　　$t=1\text{s}$ 时，$u_o=6\text{V}$
　　　$t=2\text{s}$ 时，$u_o=12\text{V}$

$t=3\text{s}$ 时，由于 2s 时 u_o 已经达到最大值，超过 2s 后输出电压不再变化，故 $u_o=12\text{V}$。

在上边介绍的基本反相积分运算电路的基础之上，对运算放大器外部电路和元件进行适当调整，还可构成其他形式的积分运算电路，如求和积分运算电路、同相积分运算电路、差动积分运算电路等。

9.3.5 微分运算

微分运算电路的应用是很广泛的，除了在线性系统中作微分运算外，在脉冲数字电路中，常用来做波形变换，如将矩形波变换为尖顶脉冲波。

微分运算电路如图 9-21 所示，输入信号 u_i 经电容 C 接至集成运算放大器的反相输入端，反馈电路接电阻 R。由于反相输入端为"虚地"点，输入电压 u_i 几乎全部加到电容 C 上，根据电容元件的伏安关系，有 $i_c=C\dfrac{du_i}{dt}$。

因为 $i_-=0$，所以 $i_c=i_f$，则

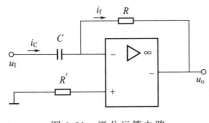

$$u_o=-i_fR=-RC\dfrac{du_i}{dt} \tag{9-22}$$

从式 (9-22) 可以看到：该电路的输出电压正比于输入电压对时间的微分，可以用来对输入信号进行微分运算。RC 称为微分时间常数。

由于微分运算电路对输入电压的突变很敏感，所以很容易接受外来高频干扰信号，工作稳定性不

图 9-21 微分运算电路

高。实际应用时常采用积分运算电路与加法运算电路的适当组合来得到微分运算。

9.4 集成运放在信号处理方面的应用

在自动控制和调节系统以及数据采集处理系统等多种场合中，经常要对信号进行比较、幅度鉴别、滤波、采样与保持、波形的变换与整形等不同处理。本节将讨论集成运放在信号处理（如有源滤波器、电压比较器）方面的应用。

9.4.1 有源滤波器

有源滤波器实际上是一种具有特定频率响应的放大器。它是在运算放大器的基础上增加一些 R、C 等无源元件而构成的，它能选出所需要的频率范围内的信号，使其顺利通过；而对于频率超出此范围的信号，使其不易通过。

1）滤波电路及其种类

不同滤波器具有不同频率特性，大致可分为低通、高通、带通和带阻四种。如图 9-22 所示。仅由无源元件 R、C 构成的滤波器叫做无源滤波器。无源滤波器的带负载能力较差，这是因为无源滤波器与负载间没有隔离，当在输出端接上负载时，负载也将成为滤波器的一部分，这必然导致滤波器频率特性的改变。此外，由于无源滤波器仅由无源元件构成，无放大能力，所以对输入信号总是衰减的。

由无源元件 R、C 和放大电路构成的滤波器叫做有源滤波器。放大电路广泛采用带有深度负反馈的集成运算放大器。由于集成运算放大器具有高输入阻抗、低输出阻抗的特性，使滤波器输出和输入间有良好的隔离，便于级联，以构成滤波特性好或频率特性有特殊要求的滤波器。

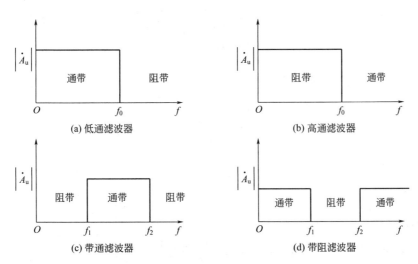

图 9-22 滤波器的频率特性

2）有源低通滤波器（LPF）

有源一阶低通滤波器可以分为同相输入和反相输入两种电路形式，如图 9-23 所示。由于有源滤波器加入了深度负反馈，使运放工作在线性状态，虚断、虚短和虚地的原则及其分析方法均适用。为了方便起见，在推导滤波器的频率特性时，假设输入、输出信号为正弦稳态，电压、电流用相量表示，电容用复数阻抗表示，根据电路结构即可列出滤波器的频率响应表达式。注意，导出的频率特性是有源滤波器本身的特性，只与电路结构和参数有关，而

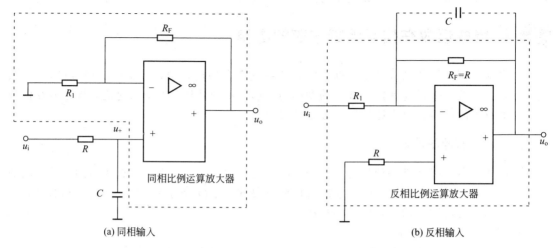

图 9-23 有源一阶低通滤波器

与输入、输出信号的形式、种类无关。

因为
$$A_u(j\omega) = \frac{\dot{U}_o}{\dot{U}_i} = \frac{\dot{U}_o}{\dot{U}_+} \times \frac{\dot{U}_+}{\dot{U}_i}$$

其中 $\dfrac{\dot{U}_o}{\dot{U}_+} = 1 + \dfrac{R_F}{R_i} = A_m$,为通频带放大倍数。

$$\frac{\dot{U}_+}{\dot{U}_i} = \frac{\dfrac{1}{j\omega C}}{R + \dfrac{1}{j\omega C}} = \frac{1}{1 + j\omega RC}$$

设 $\omega_C = \dfrac{1}{RC}$ 为截止角频率,则

$$\frac{\dot{U}_+}{\dot{U}_i} = \frac{1}{1 + \dfrac{\omega}{j\omega_C}}$$

得
$$A_u(j\omega) = A_{um} \frac{1}{1 + j\dfrac{\omega}{\omega_C}} \tag{9-23}$$

所以幅频特性

$$|A_u(j\omega)| = A_{um} \frac{1}{1 + \sqrt{1 + \left(\dfrac{\omega}{\omega_C}\right)^2}} \tag{9-24}$$

为一低通特性,如图 9-24 所示,表明 $0 \sim \omega_C$ 段频率的信号 $u_o = u_i$,而频率大于 ω_C 的信号被阻止,其中 $u_o \approx 0$。

有源一阶低通滤波器的幅频特性与理想特性相差较大,衰减速度为倍频,滤波效果不够理想,采用有源二阶或高阶滤波器可明显改善滤波效果。有源二阶滤波器可以用两个有源一阶滤波器级联实现,也可以用两级 RC 低通电路串联后连入集成运算放大器实现,如图 9-25 所示。

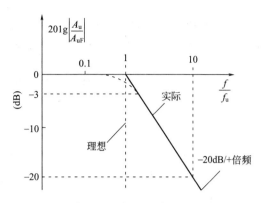

图 9-24 有源一阶低通滤波器的幅频特性

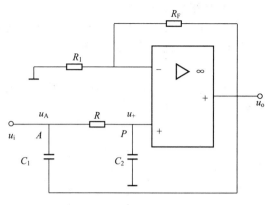

图 9-25 有源二阶滤波器

3) 有源高通滤波器 (HPF)

高通滤波器和低通滤波器一样,有一阶和高阶滤波器。将图 9-23 所示的一阶低通滤波器中的电阻 R 和电容 C 对调,即成为一阶高通滤波器,其结构图和幅频特性分别如图 9-26 和图 9-27 所示。对高通滤波器而言,频率大于 ω_C 的信号可以通过,而小于 ω_C 的信号被阻止。

将低通滤波器和高通滤波器串联,并使低通滤波器的截止频率大于高通滤波器的截止频率,则构成有源带通滤波器。频率在通频带范围内的信号可以通过,通频带以外的信号被阻止。将低通滤波器和高通滤波器并联,并使高通滤波器的截止频率大于低通滤波器的截止频率,则构成有源带阻滤波器,一定频率范围内的信号被阻止而不能通过,其他频率的信号可以通过。

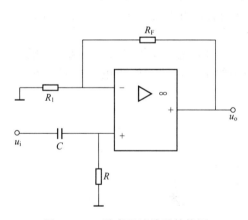

图 9-26 一阶高通滤波器结构图

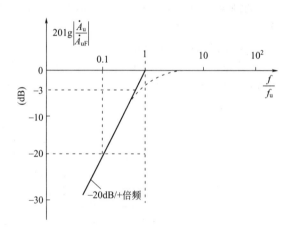

图 9-27 一阶高通滤波器幅频特性

9.4.2 电压比较器

电压比较器是一种模拟信号的处理电路,它将一个输入模拟量的电压与参考电压进行比较,并将比较结果输出。在自动控制及自动测量系统中,常常将比较器应用于越限报警、模数转换、峰值检波、脉冲宽度调制以及各种非正弦波的产生和变换等场合。

进行信号幅度比较时,输入信号是连续变化的模拟量,但是输出电压只有两种状态:高电平或低电平,所以集成运放通常工作在非线性区。常见的比较器有:单限比较器、滞回比较器、双限电压比较器等。

1) 单限比较器

（1）电路和工作原理。简单电压比较电路如图 9-28(a) 所示，这是输入信号电压 u_s 与基准电压 U_{REF} 进行比较的电路。设运放的最大输出电压为 $U_{OM}=\pm 10\text{V}$（由运放的电源电压决定），集成运放按理想条件考虑：在 $u_s \leqslant U_{REF}$ 时，$u_o = U_{OM}$；在 $u_s \geqslant U_{REF}$ 时，$u_o = -U_{OM}$。据此，可得出该电路的电压传输特性如图 9-28(b) 所示。如果不按基准电压，即 $U_{REF}=0$，则称为过零比较器。

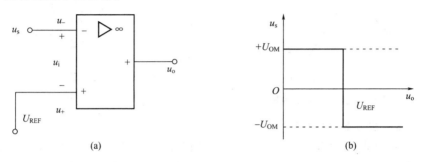

图 9-28 简单电压比较器

（2）电压比较器的阈值电压。由上述分析可知，电压比较器输出电压翻转的临界条件是运放的两个输入端电位相等，即 $u_+ = u_-$。图 9-28 所示电路将 u_s 与 U_{REF} 比较，结果达到 $u_s = U_{REF}$ 时翻转。把电压比较器输出电压从一个电平跳变到另一电平时所对应的输入电压之称为阈值电压 U_{TH}。本电路的阈值电压 $U_{TH} = U_{REF}$，而且只有一个阈值电压。因此也称为单值电压比较器。在电压比较器电路中，阈值电压 U_{TH} 是分析输出电压翻转的关键参数。

（3）具有限幅措施的电压比较器。由于电压比较器中的运放输入端可出现 u_+ 不等于 u_- 的现象，为了避免 u_s 过大，损坏运放，除在输入回路串接电阻外，还在运放的两个输入端并联二极管，如图 9-29 所示。当 u_s 过大使二极管导通后，由于其导通压降较低，可有效保护运放输入回路不被损坏。

另外，为了减小输出电压，以适应后级电路的需要，可在电压比较器的输出回路加限幅电路。图 9-29 中运放右边的电路就是利用稳压管的限幅电路，此时输出电压的最大值为 $U_{OM} \approx \pm U_Z$。

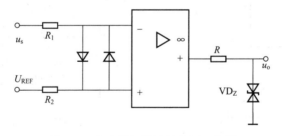

图 9-29 具有限幅措施的电压比较器

（4）电压比较器的简单应用。电压比较器主要用于波形变化、整形以及电平变换等方面，下面仅以电压比较器在波形变换中的应用为例进行说明。图 9-30(a) 所示电路是一个过零比较器，其传输特性如图 9-30(b) 所示。设输入信号 u_s 为正弦波，如图 9-30(c) 所示，在 u_s 过零时，电压比较器的输出跳变一次，故 u_o 为正、负相间的方波电压。

2) 滞回比较器

单限比较器的电路简单、灵敏度高，但抗干扰能力差。在实际工作时，如果 u_i 的值恰好在门限电平附近，则由于零点漂移的存在，u_o 将不断在高、低电平间跳变，这在控制系

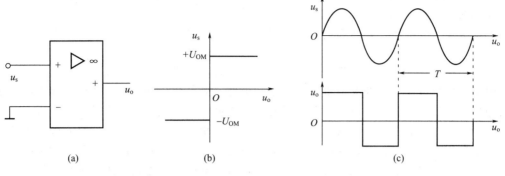

图 9-30 过零比较器

统中，对执行机构是很不利的。为了克服这个缺点，可采用具有迟滞传输特性的比较器，即滞回比较器（也称迟滞比较器）。

（1）电路组成。滞回比较器可以接成反相和同相两种输入方式，反相输入的滞回比较器如图 9-31 所示。输入电压经 R_1 加到集成运放的反相输入端，参考电压 U_{REF} 经 R_2 加到集成运放的同相输入端，从输出引一个电阻 R_f 加到集成运放的同相输入端，电阻 R 与双向稳压管 VD_Z 的作用是限幅，输出电压被限制在和 $+U_Z$ 和 $-U_Z$ 之间。

滞回比较器又称施密特触发器，它的特点是当输入电压 u_i 由小变大或由大变小时，有两种不同的门限电压，因此电路的传输特性具有"电压迟滞回环"曲线的形状。为了加速输出高低电平的转换，运放接成正反馈形式。

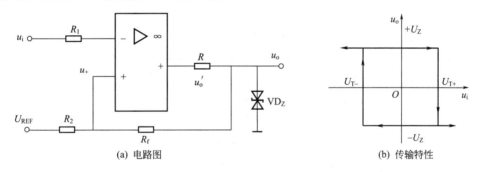

图 9-31 滞回比较器电路图及其传输特性

（2）电路的工作原理。由图 9-31(a) 可知，比较器在输入为 $u_i = u_+ = u_-$ 时，输出发生跳转。由于输出有两种状态 $+U_Z$ 和 $-U_Z$，所以使输出发生跳转的输入有两个值，分别称为正向阈值（门限）电压 U_{T+} 和负向阈值（门限）电压 U_{T-}。下面求出其具体的表达式。

利用叠加原理可求得同相输入端的电压

$$u_+ = \frac{R_2}{R_2 + R_f}u_o + \frac{R_f}{R_2 + R_f}U_{REF}$$

开始 $u_i < u_+$，使初始状态 $u_o = +U_Z$，当输入电压 u_i 逐渐增大到 u_i 时，比较器就要发生跳转，跳到 $-U_Z$。这个发生翻转的 u_+ 就是正向门限电压，用 U_{T+} 表示，其值为

$$U_{T+} = \frac{R_2}{R_2 + R_f}U_Z + \frac{R_f}{R_2 + R_f}U_{REF}$$

这时由于输出为 $-U_Z$，u_+ 也发生了变化，即是负向门限电压，用 U_{T-} 表示，为

$$U_{T-} = -\frac{R_2}{R_2 + R_f}U_Z + \frac{R_f}{R_2 + R_f}U_{REF}$$

当输入电压 u_i 逐渐减小到 U_{T-} 时,比较器的输出发生翻转,跳变为 $+U_Z$,其对应的传输特性如图 9-31(b) 所示。

上述两个门限电压之差称为门限宽度或回差,用符号 ΔU_T 表示,为

$$\Delta U_T = U_{T+} - U_{T-} = \frac{2R_2}{R_2+R_f}U_Z$$

由上述分析可知,改变参考电压的大小和极性,滞回比较器的电压传输特性将产生水平方向的移动;改变稳压管的稳定电压,可使电压传输特性产生垂直方向的移动。

（3）滞回比较器的应用。与简单的电压比较电路相比较,滞回比较器具有较强的抗干扰能力,不易产生误跳变,这是因为当输出电压一旦跳变后,只要在跳变点附近的干扰电压不超过回差电压,输出电压值就维持不变。因此,滞回电压比较电路适用于干扰信号较大的工作场合。另外,还可用来进行输入波形的变换和整形。

【例 9-4】 如图 9-31 所示滞回比较器,稳压管的稳定电压 $U_Z = \pm 9V$,$R_2 = 20k\Omega$,$R_f = 40k\Omega$,$U_{REF} = 3V$,输入电压 u_i 为图 9-32(a) 所示的正弦波。试画出输出电压 u_o 的波形。

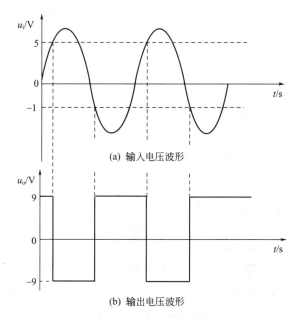

图 9-32 例 9-4 波形图

解：输出高电平和低电平为 $\pm 9V$,阈值（门限）电压分别为

$$U_{T+} = \frac{R_2}{R_2+R_f}U_Z + \frac{R_f}{R_2+R_f}U_{REF} = \left(\frac{20}{20+40}\times 9 + \frac{40}{20+40}\times 3\right)V = 5V$$

$$U_{T-} = -\frac{R_2}{R_2+R_f}U_Z + \frac{R_f}{R_2+R_f}U_{REF} = \left(-\frac{20}{20+40}\times 9 + \frac{40}{20+40}\times 3\right)V = -1V$$

开始 $u_i < 5V$,$u_o = +9V$,当输入电压 u_i 逐渐增大到 5V 时,比较器就要发生跳转,跳到 $-9V$。在输入电压 u_i 逐渐减小过程中,当 $u_i > -1V$,则 u_o 仍等于 $-9V$,当 $u_i < -1V$,则 $u_o = +9V$。输出电压波形如图 9-32(b) 所示。

9.5 应用举例

某扩音机的放大电路如图 9-33 所示,VT_1、VT_2、VT_3 是电压放大级,VT_4 是推动级

(末前级), $VT_5 \sim VT_8$ 是互补对称功率放大级。

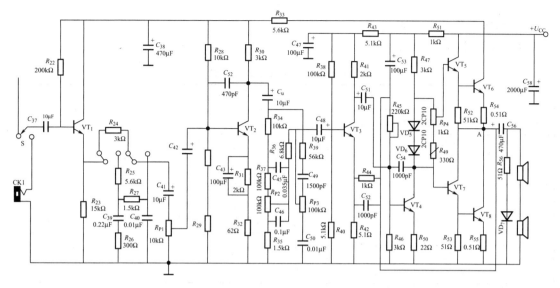

图 9-33 扩音机线路

音频信号由线路或拾音器插口 CK1 输入, 第一级为射极输出器, 有较高的输入电阻, 以适配器体拾音器的高内阻特性。R_{25}、C_{39}、R_{27}、C_{40} 组成高频噪声抑制滤波电路, 以滤去拾音器带来的噪声。R_{P1} 为音量控制电位器。

第二级、第三级除了进行电压放大外, 还实现音调控制。R_{34}、C_{45}、R_{37}、R_{P2}、R_{36} 及 C_{46} 组成低音控制电路, R_{P2} 为低音调节电位器。R_{39}、C_{49}、R_{P3} 及 C_{50} 组成高音控制电路。R_{P3} 为高音调节电位器。这两种电路都是利用不同的 RC, 对高、低音频信号呈现不同的阻抗来达到提高或衰减高、低音的目的。第二级通过 C_{57} 引入电压并联负反馈, 防止高频自激振荡; 第三级通过 R_{42} 引入电流串联负反馈, 使其输入电阻增加, 与音调控制电路进行匹配。

VT_4 为推动级 (末前级), 对信号再一次放大。通过 C_{54} 引入电压负反馈, 防止电路产生 "哨叫"。

$VT_5 \sim VT_8$ 组成互补对称功率放大电路, 其中 VT_5、VT_6 合成 NPN 型, VT_7、VT_8 合成 PNP 型。R_{52}、R_{53} 以减少复合管的穿透电流, 提高复合管的温度稳定性。

二极管 VD_5、VD_6 及热敏电阻 R_{49} 组成静态工作点稳定电路。R_{P4} 为电位器, 用以调节 A 点电位。

R_{44}、C_{52} 构成级间电压串联负反馈, 用来减小失真, 并使整机音质得到改善。

实验项目八 集成运算放大电路设计与测试

1) 实验目的

① 研究由集成运算放大器组成的比例、反相求和、加法、减法和积分等基本运算电路的功能。

② 了解运算放大器在实际应用时应考虑的一些问题。

③ 通过正弦波发生器了解电路的工作原理。进一步掌握集成运放应用电路的测试方法和分析方法。

2) 实验原理

见 9.3 节。

3) 实验用仪器与设备

实验用仪器与设备见表 9-1。

表 9-1　集成运算放大电路设计与测试实验设备

序号	名称	型号与规格	数量
1	直流稳压电源		1
2	函数信号发生器	BXY1-VC1642E	1
3	双踪示波器	MOS-620CH	1
4	交流毫伏表	HYDX0-SH2172	1
5	数字万用表	FLUKE17B	1
6	模拟电路实验箱		1
7	集成运放		1

4) 实验内容

(1) 反相求和电路。按图 9-34 连接实验电路，使 $U_{i1}=-2V$（直流），$U_{i2}=-0.5V$（直流）。测量 U_o，并与理论估算值比较。

将 U_{i2} 换成 $f=500Hz$、有效值为 0.5V 的正弦信号，用示波器观察 U_o 波形。记录输出波形。标明瞬时最大值和最小值。

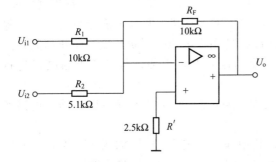

图 9-34　反相求和电路

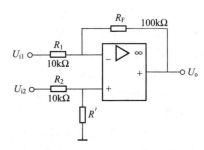

图 9-35　加减运算电路

(2) 加减运算电路，电路如图 9-35 所示。

使 $U_{i1}=+1V$（直流），$U_{i2}=+0.5V$（直流）。测量 U_o，与理论估算值比较。测量电路中的 U_+ 与 U_-。分析电路的工作原理。

(3) 积分电路，如图 9-36 所示。

① 正弦波积分。输入信号为 $3V_{P-P}$、$f=160Hz$ 的正弦波，用双踪示波器显示观察 U_i 与 U_o 的波形，测量它们的相位差。用 U_i 做触发信号，说明 U_o 是超前还是滞后。

② 方波积分。输入 $250Hz\pm1V$ 的方波。用示波器双踪显示方式观察 U_i 与 U_o 的波形及其相位关系。

(4) 微分电路，电路如图 9-37 所示。

① 输入 $3V_{P-P}$、$f=160Hz$ 的正弦波。用示波器双踪观察 U_i 与 U_o 的波形。测量二者的相位差，用 U_i 做触发信号，说明 U_o 是超前还是滞后。改变 U_i 的频率，U_o 幅值是否有

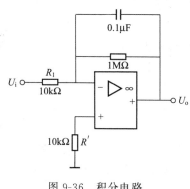
图 9-36 积分电路

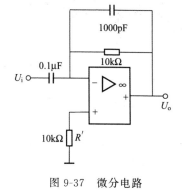
图 9-37 微分电路

变化？

② 输入三角波 $f=250\text{Hz}$，$U_{iP-P}=\pm3\text{V}$。用示波器双踪观察 U_i 与 U_o 的波形。将 R 两端并联的 1000pF 小电容摘开，U_o 会出现什么现象？若将 1000pF 改为 2200pF，U_o 波形又如何？请说明小电容的作用。

③ 输入方波：$f=250\text{Hz}$，$U_{iP-P}=\pm50\text{mV}$，用示波器观察并记录 U_i 与 U_o 的波形，标明 U_o 的幅值。

(5) 设计集成运放应用电路，实现 $U_o=0.5U_i$ 的运算关系。

① 利用模拟电路实验箱获取 +2V 的直流输入信号，测量输出信号、并与理论值进行比较。见表 9-2。

表 9-2 直流输入信号的检测记录

输入测量值	输出理论值	输出测量值

② 输入 $f=1\text{kHz}$、有效值为 0.5V 的正弦交流信号，测量输出信号的有效值，并用示波器观测输入、输出波形。见表 9-3。

表 9-3 交流输入时的数据记录

U_i	U_o	A_U	记录 U_i 和 U_o 波形

③ 在②基础上设计电路，实现正弦波转换为矩形波的转换，并用示波器观测输入、输出波形。自己设计原始数据记录表格。

④ 在③基础上设计电路，实现矩形波转换为三角波的转换，并用示波器观测输入、输出波形。自己设计原始数据记录表格。

5) 实验注意事项

① 为防止干扰，实验电路与各仪器的公共端必须连在一起。

② 实验前要看清运放组件各管脚的位置；切忌正、负电源极性接反和输出端短路，否则将会损坏集成块。

6) 思考题

① 为什么一般多采用反相求和，而不采用同相求和电路？

② 反相求和与加减运算电路这两种运算方式，哪种精度高？为什么？

③ 正弦波发生器中有几个反馈支路？各有什么作用？运放工作在什么状态？

本章小结

（1）集成运算放大器是一种双端输入单端输出的多级直接耦合放大电路，且有输入电阻高、输出电阻低、电压放大倍数极高的特点。

（2）集成运放一般由输入级、中间级、输出级和电流源偏置电路四个部分组成。其中大多运放的输入级均采用高输入阻抗、高共模抑制比的差分放大电路。常运用电流源作为放大电路的偏置电路及有源负载，以提高电路的稳定性及放大倍数。

差动放大电路中输入的信号有差模信号、共模信号及比较信号。电路对差模信号的放大能力和对共模信号的抑制能以越强，即共模抑制比越大越好。差分电路有双端输入-双端输出、双端输入-单端输出、单端输入-双端输出和单端输入-单端输出四种输入输出方式，各有其特点。

（3）反馈是将系统输出量（电压和电流）引回到输入端，与输入量（电压或电流）相叠加，以改善系统性能的一种技术。

根据反馈量对输入量的影响，如果是削弱，为负反馈；是加强，为正反馈，正、负反馈的判断可采用"瞬时极性法"。根据输入端的结构，可分为串联反馈和并联反馈，判断方法是若输入量和反馈量在同一点，是并联反馈；否则为串联反馈。根据输出端的结构，可分为电压反馈和电流反馈，判断方法是将输出端（负载电阻两端）交流短路，若反馈消失，是电压反馈；否则为电流反馈。所以，负反馈有四种方式：串联电压负反馈、串联电流负反馈、并联电压负反馈和并联电流负反馈。

（4）负反馈对放大器性能的影响是多方面的，除了使放大倍数降低外，还可以提高放大倍数稳定性、展宽频带、减小频率失真和非线性失真。根据反馈方式改变输入电阻和输出电阻，如串联反馈可以提高输入电阻，而并联反馈降低输入电阻；电压反馈可以降低输出电阻、稳定输出电压，而电流反馈可以提高输出电阻，稳定输出电流。

（5）模拟运算电路用来实现模拟信号的各种运算，其输出是输入信号的运算结果。电路中的运算放大器必须引入适当的负反馈，使之工作在线性区域，输入与输出之间呈线性关系。基本运算包括比例、加、减、微分、积分以及它们的组合。根据负反馈集成运放电路分析方法，计算输出和输入之间的运算关系。

（6）信号处理电路包括有源滤波器、电压比较器等。

习题 9

9-1 试确定图 9-38 所示电路中各放大电路中的交流反馈环节，判别其反馈类型和反馈方式。

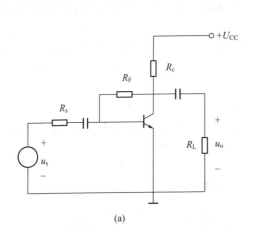

(a)

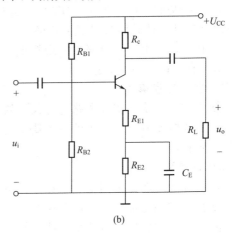

(b)

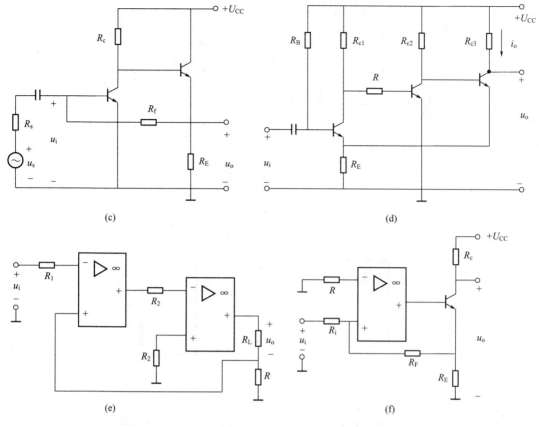

图 9-38 习题 9-1 图

9-2 用集成运放构成一负反馈放大电路，当集成运放放大倍数相对变化率为 ±25% 时，反馈放大电路的放大倍数为 (100±1)%，试计算集成运放放大倍数的最小值及反馈系数。

9-3 说明题 9-1 各反馈放大电路在输入电阻、输出电阻和输出电压（或输出电流）稳定性方面的特点。

9-4 由理想运算放大器 A 组成的电路如图 9-39 所示，计算平衡电阻 R_P，写出输出电压 u_o 的表达式。

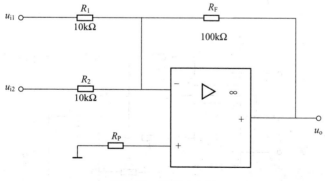

图 9-39 习题 9-4 图

9-5 在图 9-40 所示两个电路中，试分别推导出输出电压 u_o 与输入电压 u_i 的关系式。

9-6 在图 9-41 所示的电路中，电路参数已在图中表明，试确定各电路输出电压 u_o 的表达式。

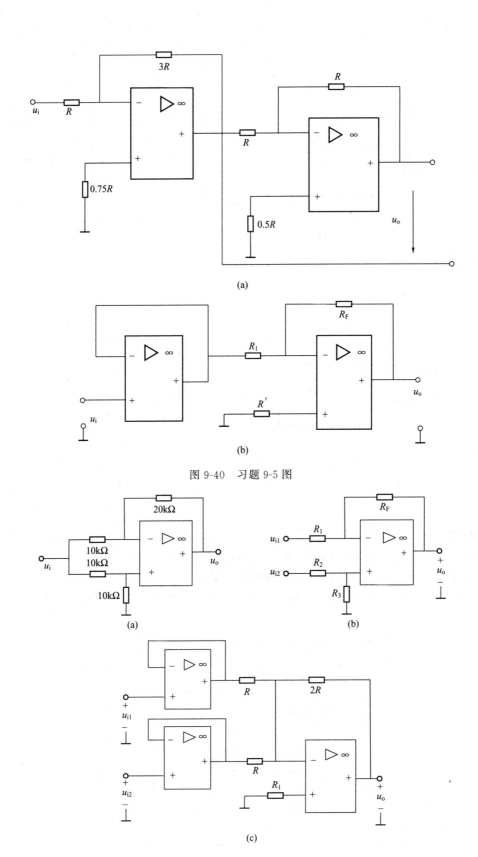

图 9-40 习题 9-5 图

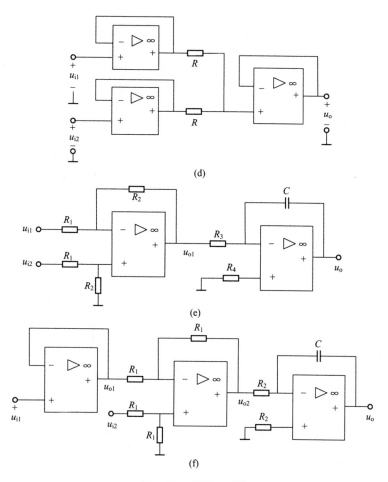

图 9-41 习题 9-6 图

9-7 电路如图 9-42 所示,写出输出电压 u_o 与输入电压 u_{i1}、u_{i2} 的关系式。

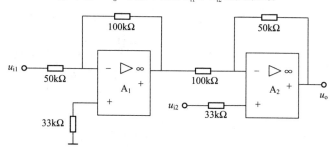

图 9-42 习题 9-7 图

9-8 电路如图 9-43 所示。
    (1) 写出 u_o 与输入电压 u_{i1}、u_{i2} 的关系式;
    (2) 当 R_P 的滑动端在最上端时,若 $u_{i1}=10\text{mV}$,$u_{i2}=20\text{mV}$,则 $u_o=$?

9-9 在图 9-44(a) 所示积分电路中,已知 $R_1=500\text{k}\Omega$,$C_F=1\mu\text{F}$,该运放的最大输出电压为 ±10V,输入电压波形如图 9-44(b) 所示,试求:u_o 的波形。

9-10 运算电路如图 9-45 所示,已知 $u_{i1}=+2\text{V}$,$u_{i2}=-0.5\text{V}$。求输出电压 u_o。

9-11 已知一阶低通滤波器的电路图如图 9-46 所示,已知 $R_1=10\text{k}\Omega$,$R_f=100\text{k}\Omega$,$R=10\text{k}\Omega$,通带截止频率 $f_C=50\text{Hz}$,试确定该电路的滤波电容值和通带电压放大倍数 A_{um}。

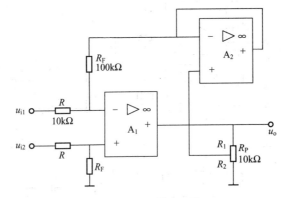

图 9-43 习题 9-8 图

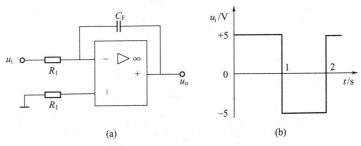

图 9-44 习题 9-9 图

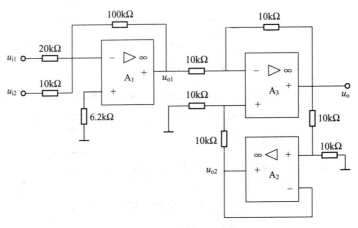

图 9-45 习题 9-10 图

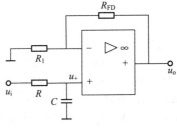

图 9-46 习题 9-11 图

9-12 在图 9-47 所示电压比较器电路中，已知运放的最大输出电压为 ±10V，各稳压管的稳压值为 6V，二极管的导通压降约为 0.7V。试求：这些电路的电压传输特性曲线。

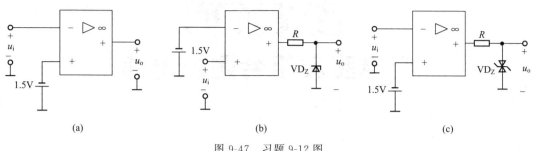

图 9-47　习题 9-12 图

第10章 门电路和组合逻辑电路

10.1 数字电路基础知识

10.1.1 数字电路的特点

前面所讨论的电子电路中的信号都是随时间连续变化的电信号,这类信号称为模拟信号,处理模拟信号的电路称为模拟电路。

电子电路中还有一类不连续变化的信号,这类信号称为脉冲信号。在各种脉冲信号中,最常用的是矩形波脉冲,如图10-1所示。它在 T_1 期间为高电平,在 T_2 期间为低电平。这两种电平可用1和0两个数字来表示。因此,矩形脉冲信号通常称为数字脉冲信号,简称数字信号。处理数字信号的电路称为数字电路。

数字电路主要是研究电路中开关的接通与断开、信号的有与无、电平的高与低以及各单元电路中的输入和输出的逻辑关系。

数字电路有以下特点:

(1) 同时具有算术运算和逻辑运算功能。数字电路是以二进制逻辑代数为数学基础,使用二进制数字信号,既能进行算术运算又能方便地进

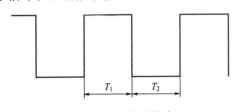

图10-1 矩形波脉冲

行逻辑运算(与、或、非、判断、比较、处理等),因此极其适合于运算、比较、存储、传输、控制、决策等应用。

(2) 数字电路工作可靠,抗干扰能力强。数字电路对元件参数的要求不太严格,只要能工作于饱和或截止状态,能可靠地区分高、低电平即可。高、低电平都有一个允许的变化范围,只有当干扰信号相当强烈时,超出了允许的高、低电平范围,才有可能改变元件的工作状态,所以数字电路的抗干扰能力较强。以二进制作为基础的数字逻辑电路,简单可靠,准确性高。

(3) 集成度高,功能实现容易。集成度高,体积小,功耗低是数字电路突出的优点之一。电路的设计、维修、维护灵活方便,随着集成电路技术的高速发展,数字逻辑电路的集成度越来越高,集成电路块的功能随着小规模集成电路(SSI)、中规模集成电路(MSI)、大规模集成电路(LSI)、超大规模集成电路(VLSI)的发展也从元件级、器件级、部件级、板卡级上升到系统级。电路的设计组成只需采用一些标准的集成电路块单元连接而成。

10.1.2 常用数制和码制

1) 数制

所谓"数制"指的是进位计数制,即用进位的方式来计数。数字电路中涉及到的数制包

括十进制、二进制、八进制、十六进制等。

（1）十进制。十进制是人们最常用的一种数制。它采用 0～9 十个数码计数，低位和相邻高位之间的进位关系是"逢十进一"。任意一个十进制数可表示为

$$(D)_{10} = \sum_{i=-m}^{n-1} a_i \times 10^i \tag{10-1}$$

式(10-1) 中，a_i 是第 i 位的系数，它可以是 0～9 中的任意数码，n 表示整数部分的位数，m 表示小数部分的位数，下标 10 为十进制的进位基数；10^i 表示数码在不同位置的大小，称为位权。把式(10-1) 的表示形式称为按权展开式或多项式表示法。例如

$$(237.46)_{10} = 2 \times 10^2 + 3 \times 10^1 + 7 \times 10^0 + 4 \times 10^{-1} + 6 \times 10^{-2}$$

（2）二进制。二进制采用 0、1 两个数码计数，计数的基数是 2。低位和相邻高位之间的进位关系是"逢二进一"。任意一个二进制数可表示为

$$(D)_2 = \sum_{i=-m}^{n-1} a_i \times 2^i \tag{10-2}$$

式(10-2) 中，a_i 可以是 0、1 中的任意数码，下标 2 为二进制的进位基数；2^i 表示位权。应用权的概念，可以把一个二进制数按权展开。例如

$$(1101.01)_{10} = 1 \times 2^3 + 1 \times 2^2 + 0 \times 2^1 + 1 \times 2^0 + 0 \times 2^{-1} + 1 \times 2^{-2}$$

（3）八进制和十六进制。当二进制数的位数较多时，书写和阅读都不方便，容易出错。在数字系统中采用八进制和十六进制作为二进制的缩写形式。

八进制采用 0～7 八个数码计数，计数的基数是 8。低位和相邻高位之间的进位关系是"逢八进一"。

十六进制采用 0～9 及 A、B、C、D、E、F 十六个数码计数，计数的基数是 16。低位和相邻高位之间的进位关系是"逢十六进一"。不管是八进制还是十六进制都可以像十进制和二进制那样按权展开。

2）数制间的转换

把一种数制转换成为另一种数制称为数制之间的转换。

（1）N 进制数转换为十进制数。N 进制数转换为十进制数的方法为按权展开，用十进制运算法则求和，即可得到相应的十进制数。其通式为

$$(D)_N = \sum_{i=-m}^{n-1} a_i \times N^i$$

其中 N 为 2（二进制）、8（八进制）、16（十六进制）等等。

【例 10-1】 将二进制数 $(1011.101)_2$ 转换为十进制数。

解：将二进制数按权展开如下：

$(1011.101)_2 = 1 \times 2^3 + 0 \times 2^2 + 1 \times 2^1 + 1 \times 2^0 + 1 \times 2^{-1} + 0 \times 2^{-2} + 1 \times 2^{-3} = (11.625)_{10}$

【例 10-2】 将十六进制数 $(FA59)_{16}$ 转换为十进制数。

解：$(FA59)_{16} = 15 \times 16^3 + 10 \times 16^2 + 5 \times 16^1 + 9 \times 16^0 = (64089)_{10}$

（2）十进制数转变为 N 进制数。将十进制数转变为 N 进制数时，要将其整数部分和小数部分分别转换，再将结果合并为目的数制形式。

① 整数部分的转换。整数部分的转换采用除基取余法。即用目的数制的基数去除十进制整数，第一次除得的余数为目的数的最低位，所得到的商再除以该基数，所得余数为目的数的次低位，依次类推，直到商为 0 时，所得余数为目的数的最高位。

② 小数部分的转换。小数部分的转换采用乘基取整法。即用该小数乘目的数制的基数，第一次乘得的结果的整数部分为目的数小数的最高位，其小数部分再乘基数，所得的结果的

整数部分为目的数小数的次最高位，依次类推，直到小数部分为 0 或达到要求精度为止。

需要注意整数部分除基取余数，按倒序排列；小数部分乘基取整数，按顺序排列。

【例 10-3】 将十进制数 $(56.625)_{10}$ 转换为二进制数。

解：对于整数部分，采用除 2 取余法，得到下面的算式：

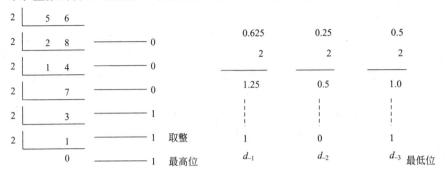

即整数部分为 $(56)_{10} = (111000)_2$。

对于小数部分，采用乘 2 取整法有 $(0.625)_{10} = (0.101)_2$

所以 $(56.625)_{10} = (111000.101)_2$。

(3) 非十进制之间的转换

① 二进制转换为八进制、十六进制。由于八进制的基数 $8 = 2^3$，十六进制的基数 $16 = 2^4$，因此一位八进制所能表示的数值恰好相当于 3 位二进制数能表示的数值，而一位十六进制与 4 位二进制数能表示的数值正好相当，所以将二进制数转换成八进制数和十六进制数转换可按如下规则进行：

从小数点起向左右两边按 3 位（或 4 位）分组，不满 3 位（或 4 位）的，加 0 补足，每组以其对应的八进制（或十六进制）数码代替，即 3 位合 1 位（或 4 位合 1 位），顺序排列即为变换后的等值八进制（或十六进制）数。

【例 10-4】 $(101111.01010011)_2 = ($　　　　　$)_8 = ($　　　　　$)_{16}$

解：从小数点起向两边每 3 位合 1 位，不足 3 位的加 0 补足，则得相应的八进制数

$$(\underline{101}\ \underline{111}\ .\ \underline{010}\ \underline{100}\ \underline{110})_2 = (57.246)_8$$

从小数点起向两边每 4 位合 1 位，不足 4 位的加 0 补足，则得相应的十六进制数

$$(101111.01010011)_2 = (\underline{0010}\ \underline{1111}.\underline{0101}\ \underline{0011})_2 = (2F.53)_{16}$$

② 八进制、十六进制转换为二进制

可按如下规则进行：从小数点起，对八进制数，1 位用 3 位二进制数代替；对十六进制数，1 位用 4 位二进制数代替。例如：

$$(\underline{3}\ \underline{5}.\ \underline{6}\ )_8 = (\underline{011}\ \underline{101}.\ \underline{110}\ )_2$$
$$(\underline{3}\ \underline{A}.\ \underline{E}\ )_{16} = (\underline{0011}\ \underline{1010}.\ \underline{1110}\ )_2$$

3）码制

由于数字系统是以二进制数字逻辑为基础的，因此其中数值、文字、符号、控制命令等信息都采用二进制形式的代码来表示。为了记忆和处理方便，在编制代码时应遵循一定的规则，这些规则就叫做码制。常见的二进制编码方式包括二-十进制码（即 BCD 码，Binary-Coded-Decimal）、可靠性编码（格雷码、奇偶校验码等）、字符编码（ASCII）等。

(1) BCD 码。用四位二进制数码表示一位十进制数的代码，称为二-十进制码，简称 BCD 码。几种常用的 BCD 码如表 10-1 所示。

8421BCD 码是一种最常用的 BCD 码，它的四位二进制数各位的权从左至右分别为 8、4、2、1，而且每个代码的十进制数恰好就是它所代表的十进制数。8421BCD 码是一种有

权码。

余 3 码是在每组 8421BCD 码上加 0011 形成的，若把余 3 码的每组代码看成 4 位二进制数，那么每组代码均比相应的十进制数多 3，故称为余 3 码。见表 10-1。

表 10-1　几种常用的 BCD 码

十进制数	8421 码	5421 码	2421 码	余 3 码	余 3 循环码
0	0000	0000	0000	0011	0010
1	0001	0001	0001	0100	0110
2	0010	0010	0010	0101	0111
3	0011	0011	0011	0110	0101
4	0100	0100	0100	0111	0100
5	0101	1000	1011	1000	1100
6	0110	1001	1100	1001	1101
7	0111	1010	1101	1010	1111
8	1000	1011	1110	1011	1110
9	1001	1100	1111	1100	1010

(2) 可靠性代码

① 奇偶校验码。奇偶校验码是计算机常用的一种可靠性编码，其主要用途是检查数据传送过程中数码 1（或 0）的个数的奇偶性是否完整。奇偶校验码由信息位和校验位两部分组成。信息位就是要传送的二进制信息，校验位仅有一位，可以放在信息位的前面或者后面。

② 格雷码（葛莱码、循环码）。格雷码是按照相邻性原则编排的无权码，即任意两个相邻的代码只有一位二进制数不同，而且首尾两个码也具有相邻性，所以格雷码也称循环码。

③ ASCII 码。在数字电路设备特别是计算机中，除了需要传送数字，常常还需要传送如字母、字符以及控制信号等这样的信息，因此，就需要采用一种符号——数字编码。目前最普遍采用的是美国标准信息交换码——ASCII 码。

10.2　基本的逻辑关系及逻辑门电路

在数字电路中，逻辑门电路是基本的逻辑单元，它的应用非常广泛。由于半导体集成技术的发展，目前数字电路中所使用的各种逻辑门电路，几乎全部采用集成元件。但是为了叙述和理解的方便，仍然从分立元件逻辑门电路讲起。

10.2.1　与逻辑和与门电路

只有当决定事件某一结果的全部条件同时具备，这个结果才会发生，这种因果关系称为与逻辑。与逻辑又称为逻辑乘。与逻辑关系可用图 10-2 所示串联开关电路模型表示。要使灯亮，开关 A、B 必须同时闭合，只要有一个开关没有闭合，灯就不亮，开关 A、B 与灯 Y 之间的逻辑关系就是与逻辑关系。

由分立元件二极管构成的与门电路如图 10-3(a) 所示，其中，A、B 为输入端，Y 为输出端。为了便于分析，规定：输入、输出的高电平为 3V，即逻辑"1"，低电平为 0V，即逻辑"0"，二极管导通时的管压降忽略不计。则：

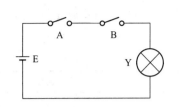
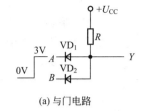
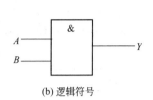

图 10-2　串联开关控制电路　　　　　图 10-3　二极管与门电路及其符号

（1）输入端 A、B 均为低电平，即 $U_A=U_B=0\text{V}$，二极管均正向导通，$U_Y=0\text{V}$，即输出为低电平。

（2）输入端 A 为低电平，B 为高电平，即 $U_A=0\text{V}$，$U_B=3\text{V}$。VD_1 先导通，使 U_Y 被钳制在 0V，VD_2 处于反向截止。输出为低电平。

（3）输入端 A 为高电平，B 为低电平，即 $U_A=3\text{V}$，$U_B=0\text{V}$。VD_2 先导通，使 $U_Y=0\text{V}$，VD_1 截止。输出为低电平。

（4）输入端 A、B 均为高电平，即 $U_A=U_B=3\text{V}$，二极管均正向导通，$U_Y=3\text{V}$，输出为高电平。

将上面的结果归纳起来，可列成表 10-2，表中"1"表示高电平，"0"表示低电平。

表 10-2　与逻辑真值表

A	B	Y
0	0	0
0	1	0
1	0	0
1	1	1

这种表示输入与输出之间所有逻辑关系的表格称为真值表。由真值表可见，与门的逻辑关系是："有 0 则 0，全 1 出 1"，即有一个输入为低电平时，输出就是低电平，只有所有输入都为高电平时，输出才是高电平。与门的逻辑符号如图 10-2（b）所示。与逻辑关系还可以表示为

$$Y=A\cdot B=AB \tag{10-3}$$

式(10-3)中"·"称为与或逻辑乘，读作 A 与 B 或 A 逻辑乘 B，在不发生误解时，符号"·"可以省略。与逻辑运算的对象要有两个或两个以上的变量。

目前常用的与门集成芯片有 CT4008（74LS08）、CT4009（74LS09）、CT4011（74LS11）、CT4015（74LS15）、CT4021（74LS21）等。

10.2.2　或逻辑和或门电路

当决定某一结果的各个条件中，只要有一个或更多的条件满足，结果就会发生，这种因果关系称为或逻辑。或逻辑又称为逻辑加。图 10-4 所示的并联开关电路模型就表示这种逻辑关系，由图可知，只要开关 A、B 任何一个闭合，灯就能亮；只有所有开关全部断开时，灯才不亮。开关 A、B 与灯 Y 之间的逻辑关系就是或逻辑关系。由二极管组成的或门电路如图 10-5(a) 所示，图 10-5(b) 为或门的逻辑符号，其工作原理为：

（1）当输入端 A、B 均为低电平，即 $U_A=U_B=0\text{V}$，二极管 VD_1、VD_2 均正向导通，$U_Y=0\text{V}$，输出为低电平。

(2) 当输入端 A、B 中有一个为高电平,设 $U_A=3V$、$U_B=0V$,VD_1 先导通,使 U_Y 被钳制在 3V,VD_2 反向截止,输出为高电平。

(3) 当输入端 A、B 均为高电平,即 $U_A=U_B=3V$,二极管均正向导通,$U_Y=3V$,输出为高电平。

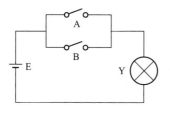

图 10-4 并联开关控制电路

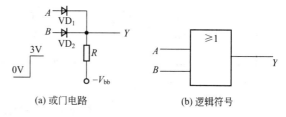

(a) 或门电路　　　　(b) 逻辑符号

图 10-5 二极管或门电路及其符号

或门电路的真值表如表 10-3 所示。

表 10-3 或逻辑真值表

A	B	Y
0	0	0
0	1	1
1	0	1
1	1	1

由真值表可知或门的逻辑关系是:"有 1 则 1,全 0 则 0",即:输入端只要有一个为高电平,其输出就为高电平;当输入全为低电平时,输出才为低电平。实现或逻辑关系的运算为或运算,可以表示为

$$Y=A+B \tag{10-4}$$

式中,符号"+"为或运算符号,读作 A 或 B 或 A 逻辑加 B。或逻辑运算的对象要有两个或两个以上的变量。

以上讨论的与门和或门电路所采用的逻辑都是正逻辑,如果采用负逻辑,即低电平为 1,高电平为 0,图 10-3(a) 为或门电路,图 10-5(a) 为与门电路。即,同一电路采用不同的逻辑体制,所得到的逻辑功能是不同的。本书中如不做特殊说明都采用正逻辑。

目前常用的或门芯片有 CT4032(74LS32)等。

10.2.3 非逻辑和非门电路

当条件具备时,结果不发生,条件不具备时,结果就发生,这种因果关系称为非逻辑。非逻辑又称为逻辑非、逻辑求反。非逻辑关系可用图 10-6 所示单开关电路模型表示。当开关 A 闭合时,灯 Y 灭;当开关 A 断开时,灯 Y 亮。这里开关 A 与灯 Y 之间的逻辑关系就是逻辑非的关系。能实现非运算的逻辑电路称为非门或反相器,图 10-7(a) 所示电路是由晶体管构成的非门电路,图 10-7(b) 是非门的逻辑符号。

在图 10-7(a) 中,当输入端 A 为 +3V 时,晶体管 VT 处于饱和导通状态,其集电极电位近似为 0V(晶体管的饱和压降 $U_{CES}=0.3V$),即 $U_Y\approx 0V$,输出低电平;当 $A=0V$ 时,晶体管 VT 在负电源的作用下,使发射极反偏而截止,此时集电极电位 $U_C=U_Y\approx +3V$,输出高电平。可见,非门电路输出和输入状态相反,符合非逻辑,其真值表如表 10-4 所示。

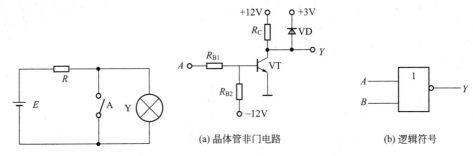

图 10-6　非运算开关控制电路图　　　　图 10-7　非门电路及其逻辑符号

表 10-4　非逻辑真值表

A	Y
0	1
1	0

实现非逻辑关系的运算称为非运算，可表示为

$$Y = \bar{A} \tag{10-5}$$

式(10-5)中，字母 A 上的一横为非运算符号，读作"非"或"反"。非逻辑运算的对象可以是一个变量。目前常用的非门芯片有 CT4004（74LS04）、CT4005（74LS05）等。

10.2.4　复合逻辑和复合逻辑门电路

在实际工作中，经常将与门、或门及非门组合使用以增加逻辑功能，满足实际需要。这些逻辑电路是由两种或两种以上的基本逻辑电路复合而成，因此称为复合逻辑电路。

1) 与非门电路

将与门放在前面，非门放在后面，两个门串联起来就构成了"与非"门电路，其逻辑电路示意图和逻辑符号如图 10-8 所示，其逻辑功能是"先进行与运算，再进行非运算"，其逻辑表达式为：

$$Y = \overline{AB} \tag{10-6}$$

真值表如表 10-5 所示。由真值表可知，与非门具有：有 0 出 1，全 1 出 0 的逻辑功能。常用的与非门集成芯片有 CT4000（74LS00）、CT4003（74LS03）、CT4010（74LS10）、CT4020（74LS20）等。

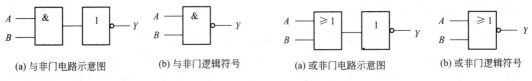

(a) 与非门电路示意图　　(b) 与非门逻辑符号　　　　(a) 或非门电路示意图　　(b) 或非门逻辑符号

图 10-8　与非门电路示意图和逻辑符号　　　　图 10-9　或非门电路示意图和逻辑符号

2) 或非门电路

或门在前面，非门在后面，将两个门串联起来就构成了"或非"门电路，其逻辑电路示意图和逻辑符号如图 10-9 所示。其逻辑功能是"先或后非"，其逻辑表达式为：

$$Y = \overline{A + B} \tag{10-7}$$

真值表如表 10-6 所示。由真值表可知，或非门具有：全 0 出 1，有 1 出 0 的逻辑功能。常用的或非门集成芯片有 CT4002（74LS02）、CT4027（74LS27）等。

表 10-5　与非逻辑真值表

A	B	Y
0	0	1
0	1	1
1	0	1
1	1	0

表 10-6　或非逻辑真值表

A	B	Y
0	0	1
0	1	0
1	0	0
1	1	0

3）与或非门电路

与或非门电路是由与门、或门和非门组合而成，其逻辑表达式为：$Y=\overline{AB+CD}$，运算顺序是：先进行与运算，再进行或运算，最后进行非运算。其电路示意图和逻辑符号如图 10-10 所示。

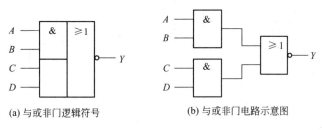

(a) 与或非门逻辑符号　　　　(b) 与或非门电路示意图

图 10-10　与或非门电路示意图和逻辑符号

4）异或门

异或门的逻辑功能为：输入逻辑变量 A、B 不同时，输出 Y 的值为 1，否则为 0，其逻辑表达式为：$Y=\overline{A}B+A\overline{B}=A\oplus B$。其逻辑符号如图 10-11 所示，真值表如表 10-7 所示。

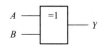

图 10-11　异或门逻辑符号　　　　图 10-12　同或门逻辑符号

5）同或门

同或门的逻辑功能为：输入逻辑变量 A、B 相同时，输出 Y 的值为 1，否则为 0，其逻辑表达式为：$Y=AB+\overline{AB}=A\odot B$。其逻辑符号如图 10-12 所示，真值表如表 10-8 所示。同或和异或互为反运算，即

$$A\oplus B=\overline{A\odot B}; A\odot B=\overline{A\oplus B} \tag{10-8}$$

表 10-7　异或逻辑真值表

A	B	Y
0	0	0
0	1	1
1	0	1
1	1	0

表 10-8　同或逻辑真值表

A	B	Y
0	0	1
0	1	0
1	0	0
1	1	1

【例 10-5】 图 10-13 所示为一密码锁控制电路。开锁条件有两个：第一，拨对密码；第二，将钥匙插入锁眼把开关 S 接通 E。两个条件同时满足时，开锁信号 Y_1 为 1，将锁打开；否则，锁打不开；并且，报警信号 Y_2 为 1，接通报警器报警。试分析密码是什么？

解： 欲使开锁信号 $Y_1=1$，与门 G_3 的两个输入 F_2 和 X 必须全为 1，再用钥匙接通开关 S。使 $X=1$ 之前，非门 G_2 的输出 $F_2=1$，则必须使与非门 G_1 的输出 $F_1=0$，显然要求与非门 G_1 的输入端全为 1，因此密码应为

$$ABCD=1001$$

密码拨对后，将钥匙插入锁眼，接通 S，使 $X=1$，将锁打开。

若密码不对，$F_1=1$，$F_2=0$，再将钥匙插入锁眼，使 $X=1$，则 $Y_1=0$，锁打不开；同时与门 G_4 输出 $Y_2=F_1 \cdot X=1$，发出报警信号。

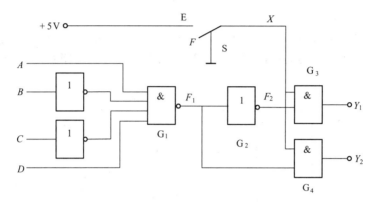

图 10-13　例 10-5 的逻辑电路

10.3　逻辑代数基础

10.3.1　逻辑代数的公式、定理和规则

1) 逻辑代数的基本公式

(1) 逻辑常量运算公式

- 与运算：$0 \cdot 0 = 0$　$0 \cdot 1 = 0$　$1 \cdot 0 = 0$　$1 \cdot 1 = 1$
- 或运算：$0+0=0$　$0+1=1$　$1+0=1$　$1+1=1$
- 非运算：$\overline{1}=0$　$\overline{0}=1$

(2) 逻辑变量、常量运算公式

- 0-1 律：$\begin{cases} A+0=A \\ A \cdot 1=A \end{cases}$　$\begin{cases} A+1=1 \\ A \cdot 0=0 \end{cases}$
- 互补律：$A+\overline{A}=1$　$A \cdot \overline{A}=0$
- 等幂律：$A+A=A$　$A \cdot A=A$
- 双重否定律：$\overline{\overline{A}}=A$

2) 逻辑代数的基本定律

(1) 交换律、结合律与分配律

- 交换律：$\begin{cases} A \cdot B = B \cdot A \\ A+B=B+A \end{cases}$
- 结合律：$\begin{cases} (A \cdot B) \cdot C = A \cdot (B \cdot C) \\ (A+B)+C=A+(B+C) \end{cases}$
- 分配律：$\begin{cases} A \cdot (B+C) = A \cdot B + A \cdot C \\ A+B \cdot C = (A+B) \cdot (A+C) \end{cases}$

(2) 还原律、吸收律与冗余律

- 还原律：$\begin{cases} A \cdot B + A \cdot \bar{B} = A \\ (A+B) \cdot (A+\bar{B}) = A \end{cases}$

- 吸收律：$\begin{cases} A + A \cdot B = A \\ A \cdot (A+B) = A \end{cases} \begin{cases} A \cdot (\bar{A}+B) = A \cdot B \\ A + \bar{A} \cdot B = A + B \end{cases}$

- 冗余律：$AB + \bar{A}C + BC = AB + \bar{A}C$

(3) 摩根定律

反演律（摩根定律）：$\begin{cases} \overline{A \cdot B} = \bar{A} + \bar{B} \\ \overline{A+B} = \bar{A} \cdot \bar{B} \end{cases}$

3) 逻辑代数的三个重要规则

(1) 代入规则：任何一个含有变量 A 的等式，如果将所有出现 A 的位置（包括等式两边）都用同一个逻辑函数代替，则等式仍然成立。这个规则称为代入规则。

例如，已知等式 $\overline{AB} = \bar{A} + \bar{B}$，用函数 $Y = AC$ 代替等式中的 A，根据代入规则，等式仍然成立，即有：

$$\overline{(AC)B} = \overline{AC} + \bar{B} = \bar{A} + \bar{B} + \bar{C}$$

(2) 反演规则：对于任何一个逻辑表达式 Y，如果将表达式中的所有"·"换成"+"，"+"换成"·"，"0"换成"1"，"1"换成"0"，原变量换成反变量，反变量换成原变量，那么所得到的表达式就是函数 Y 的反函数 $\bar{Y}$（或称补函数）。这个规则称为反演规则。例如

$$Y = A\bar{B} + C\bar{D}E \longrightarrow \bar{Y} = (\bar{A}+B)(\bar{C}+D+\bar{E})$$

$$Y = \overline{A+B+\bar{C}+\bar{D}+\bar{E}} \longrightarrow \bar{Y} = \bar{A} \cdot \overline{\bar{B} \cdot C \cdot \overline{\bar{D} \cdot E}}$$

(3) 对偶规则：对于任何一个逻辑表达式 Y，如果将表达式中的所有"·"换成"+"，"+"换成"·"，"0"换成"1"，"1"换成"0"，而变量保持不变，则可得到的一个新的函数表达式 Y'，Y' 称为函数 Y 的对偶函数。这个规则称为对偶规则。例如：

$$Y = A\bar{B} + C\bar{D}E \longrightarrow Y' = (A+\bar{B})(C+\bar{D}+E)$$

$$Y = \overline{A+B+\bar{C}+\bar{D}+\bar{E}} \longrightarrow Y' = \overline{A \cdot B \cdot \bar{C} \cdot \bar{D} \cdot \bar{E}}$$

10.3.2 逻辑函数的表示方法

1) 逻辑函数

从上面讲过的各种逻辑关系中可以看到，如果以逻辑变量作为输入，以运算结果作为输出，那么当输入变量的取值确定之后，输出的取值便随之而定。因此，输出与输入之间是一种函数关系。这种函数关系称为逻辑函数。如果对应于输入逻辑变量 A、B、$C\cdots$的每一组确定值，输出逻辑变量 Y 就有唯一确定的值，则称 Y 是 A、B、$C\cdots$的逻辑函数。记为

$$Y = f(A, B, C, \cdots)$$

由于变量和输出（函数）的取值只有 0 和 1 两种状态，所以讨论的都是二值逻辑函数。任何一件具体的因果关系都可以用一个逻辑函数描述。例如，图 10-14 是一个举重裁

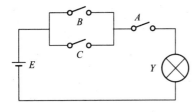

图 10-14 举重裁判电路

判电路,可以用一个逻辑函数描述它的逻辑功能。比赛规则规定,在一名主裁判和两名副裁判中,必须有两人以上(而且必须包括主裁判)认定运动员的动作合格,试举才算成功。比赛时,主裁判掌握着开关 A,两名副裁判分别掌握着开关 B 和 C。当运动员举起杠铃时,裁判认为动作合格了就合上开关,否则不合。显然,指示灯 Y 的状态(亮与暗)是开关 A、B、C 状态(合上与断开)的函数。

若以 1 表示开关闭合,0 表示开关断开;以 1 表示灯亮,以 0 表示灯暗,则指示灯 Y 是开关 A、B、C 的二值逻辑函数,即

$$Y = f(A, B, C)$$

2)逻辑函数的表示方法

(1)逻辑真值表。真值表是由逻辑函数输入变量的所有可能取值组合及其对应的输出函数值所构成的表格。其特点是:直观地反映了变量取值组合和函数值的关系,便于把一个实际问题抽象为一个数学问题。以图 10-14 的举重裁判电路为例,根据电路的工作原理,只有 $A=1$,同时 B、C 至少有一个为 1 时 Y 才等于 1,于是可列出真值表 10-9。

表 10-9 图 10-14 电路的真值表

A	B	C	Y
0	0	0	0
0	0	1	0
0	1	0	0
0	1	1	0
1	0	0	0
1	0	1	1
1	1	0	1
1	1	1	1

(2)逻辑函数式。由逻辑变量和与、或、非、异或及同或等几种运算符号连接起来所构成的式子,称为逻辑函数式。由真值表可以直接写出函数的逻辑表达式,并且是标准的与-或表达式。写标准与-或式的方法是:

① 把任意一组变量取值中的 1 代以原变量,0 代以反变量,由此得到一组变量的与组合,如 A、B、C 三个变量的取值为 110 时,则代换后得到的变量与组合为 $AB\bar{C}$。把字母上面没有非运算符的叫做原变量,有非运算符的叫做反变量。

② 把逻辑函数 Y 的值为 1 所对应的各变量的与组合相加,便得到标准的与-或式。

例如,由表 10-9 得出的逻辑表达式为

$$Y = A\bar{B}C + AB\bar{C} + ABC \tag{10-9}$$

(3)逻辑图。将逻辑表达式中的逻辑运算关系,用对应的逻辑符号表示出来,就构成函数的逻辑图。只要把逻辑函数式中各逻辑运算用相应门电路和逻辑符号代替,就可画出和逻辑函数相对应的逻辑图。如图 10-15 所示。

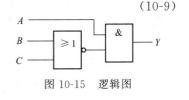

图 10-15 逻辑图

另外，后面还将学到：波形图、卡诺图等逻辑函数的表示方法。这些表示方法各有特点，它们之间既相互联系，又可相互转换。

10.3.3 逻辑函数的化简

1）逻辑函数的公式化简法

（1）化简的意义与标准

① 化简逻辑函数的意义。在逻辑电路的设计中，逻辑函数最终都要用逻辑电路来实现。逻辑表达式越简单，则实现它的电路越简单，从而可以节约器件、降低成本，提高电路的稳定性。此外，为了配合手头现有的数字集成电路器件的品种类型，也需要将逻辑函数式做一定变换。

② 逻辑函数式的基本形式和变换。对于同一个逻辑函数，其逻辑表达式不是唯一的。常见的逻辑形式有 5 种：与或表达式、或与表达式、与非-与非表达式、或非-或非表达式、与或非表达式。例如

与或表达式：$Y = \bar{A}B + AC$

或与表达式：$Y = (A+B)(\bar{A}+C)$

与非-与非表达式：$Y = \overline{\overline{\bar{A}B} \cdot \overline{AC}}$

或非-或非表达式：$Y = \overline{\overline{A+B} + \overline{\bar{A}+C}}$

与或非表达式：$Y = \overline{\bar{A}\bar{B} + A\bar{C}}$

一种形式的函数表达式相应于一种逻辑电路。尽管一个逻辑函数表达式的各种表示形式不同，但逻辑功能是相同的。各种形式之间可以相互转换。

③ 逻辑函数的最简形式。满足以下两个条件的与-或表达式称为最简与或式：第一，逻辑函数式中的乘积项（与项）的个数最少；第二，每个乘积项中的变量数也最少。

例如 $Y = \bar{A}B\bar{E} + \bar{A}B + A\bar{C} + A\bar{C}E + B\bar{C} + \bar{B}\bar{C}D = \bar{A}B + A\bar{C} + B\bar{C} = \bar{A}B + A\bar{C}$

（2）逻辑函数的公式化简法。公式化简法是运用逻辑代数的基本公式、定理和规则来化简逻辑函数。

① 并项法利用公式 $A + \bar{A} = 1$，将两项合并为一项，并消去一个变量。

例如 $Y_1 = ABC + \bar{A}BC + B\bar{C} = (A+\bar{A})BC + B\bar{C} = BC + B\bar{C} = B(C+\bar{C}) = B$

$Y_2 = ABC + A\bar{B} + A\bar{C} = ABC + A(\bar{B}+\bar{C}) = ABC + A\overline{BC} = A(BC + \overline{BC}) = A$

若两个乘积项中分别包含同一个因子的原变量和反变量，而其他因子都相同时，则这两项可以合并成一项，并消去互为反变量的因子。

② 吸收法

a. 利用公式 $A + AB = A$，消去多余的项。

$$Y_1 = \bar{A}B + \bar{A}BCD(E+F) = \bar{A}B$$

$$Y_2 = A + \overline{\bar{B}+\overline{CD}} + \overline{AD}B = A + BCD + AD + B$$

$$= (A+AD) + (B+BCD) = A + B$$

即：如果乘积项是另外一个乘积项的因子，则这另外一个乘积项是多余的。

b. 利用公式 $A+\bar{A}B=A+B$，消去多余的变量。

$$Y=AB+\bar{A}C+\bar{B}C=AB+(\bar{A}+\bar{B})C=AB+\overline{AB}C=AB+C$$

$$Y=A\bar{B}+C+\bar{A}CD+BCD=A\bar{B}+C+\bar{C}(\bar{A}+B)D=A\bar{B}+C+(\bar{A}+B)D$$
$$=A\bar{B}+C+\overline{A\bar{B}}D=A\bar{B}+C+D$$

即：如果一个乘积项的反是另一个乘积项的因子，则这个因子是多余的。

③ 配项法

a. 利用公式 $A+\bar{A}=1$，为某一项配上其所缺的变量，以便用其他方法进行化简。例如

$$Y=A\bar{B}+\bar{B}C+\bar{B}\bar{C}+\bar{A}B=A\bar{B}+\bar{B}C+(A+\bar{A})\bar{B}C+\bar{A}B(C+\bar{C})$$
$$=A\bar{B}+\bar{B}C+A\bar{B}C+\bar{A}\bar{B}C+\bar{A}BC+\bar{A}B\bar{C}$$
$$=A\bar{B}(1+C)+\bar{B}C(1+\bar{A})+\bar{A}C(B+\bar{B})$$
$$=A\bar{B}+\bar{B}C+\bar{A}C$$

b. 利用公式 $A+A=A$，为某项配上其所能合并的项。

$$Y=ABC+AB\bar{C}+A\bar{B}C+\bar{A}BC$$
$$=(ABC+AB\bar{C})+(ABC+A\bar{B}C)+(ABC+\bar{A}BC)$$
$$=AB+AC+BC$$

④ 消去冗余项法。利用冗余律 $AB+\bar{A}C+BC=AB+\bar{A}C$，将冗余项 BC 消去。例如

$$Y_1=A\bar{B}+AC+ADE+\bar{C}D=A\bar{B}+(AC+\bar{C}D+ADE)=A\bar{B}+AC+\bar{C}D$$
$$Y_2=AB+\bar{B}C+AC(DE+FG)=AB+\bar{B}C$$

（3）代数化简法举例

【例10-6】 化简函数 $Y=(\bar{B}+D)(\bar{B}+D+A+G)(C+E)(\bar{C}+G)(A+E+G)$

解：（1）先求出 Y 的对偶函数 Y'，并对其进行化简。

$$Y'=\bar{B}D+\bar{B}DAG+CE+\bar{C}G+AEG=\bar{B}D+CE+\bar{C}G$$

（2）求 Y' 的对偶函数，便得 Y 的最简或与表达式。

$$Y=(\bar{B}+D)(C+E)(\bar{C}+G)$$

【例10-7】 化简函数 $Y=ACD+\bar{A}D+CD+\bar{C}\bar{D}$

解：$Y=ACD+\bar{A}D+CD+\bar{C}\bar{D}=(A+1)CD+\bar{A}D+\bar{C}\bar{D}=CD+\bar{A}D+\bar{C}\bar{D}$

2) 逻辑函数的卡诺图化简法

(1) 最小项及其性质

① 最小项。如果一个函数的某个乘积项包含了函数的全部变量，其中每个变量都以原变量或反变量的形式出现，且仅出现一次，则这个乘积项称为该函数的一个标准积项，通常称为最小项。

三个变量 A、B、C 可组成 8 个最小项：$\bar{A}\bar{B}\bar{C}$、$\bar{A}\bar{B}C$、$\bar{A}B\bar{C}$、$\bar{A}BC$、$A\bar{B}\bar{C}$、$A\bar{B}C$、$AB\bar{C}$、ABC。全部最小项的真值表见表 10-10。如果两个最小项中只有一个变量为互反变量，其余变量均相同，则这样的两个最小项为相邻最小项，简称相邻项。

表 10-10 三变量全部最小项的真值表

A	B	C	m_0	m_1	m_2	m_3	m_4	m_5	m_6	m_7
0	0	0	1	0	0	0	0	0	0	0
0	0	1	0	1	0	0	0	0	0	0
0	1	0	0	0	1	0	0	0	0	0
0	1	1	0	0	0	1	0	0	0	0
1	0	0	0	0	0	0	1	0	0	0
1	0	1	0	0	0	0	0	1	0	0
1	1	0	0	0	0	0	0	0	1	0
1	1	1	0	0	0	0	0	0	0	1

② 最小项的表示方法。通常用符号 m_i 来表示最小项。下标 i 的确定：把最小项中的原变量记为1，反变量记为0，当变量顺序确定后，可以按顺序排列成一个二进制数，则与这个二进制数相对应的十进制数，就是这个最小项的下标 i。

三个变量 A、B、C 的 8 个最小项可以分别表示为 $m_0 = \bar{A}\bar{B}\bar{C}$、$m_1 = \bar{A}\bar{B}C$、$m_2 = \bar{A}B\bar{C}$、$m_3 = \bar{A}BC$、$m_4 = A\bar{B}\bar{C}$、$m_5 = A\bar{B}C$、$m_6 = AB\bar{C}$、$m_7 = ABC$。

③ 最小项的性质。任意一个最小项，仅一组变量取值使其为1，而其余各项的取值均使它的值为0；不同的最小项，使它的值为1的那组变量取值也不同；任意两个不同的最小项的乘积必为0；全部最小项的和必为1。

（2）卡诺图及其化简。将 n 变量的全部最小项各用一个小方块表示，并使具有逻辑相邻性的最小项在几何位置上也相邻地排列起来，所得到的图形叫做 n 变量卡诺图，其实质是真值表的一种特殊排列形式。

图 10-16 中画出了二至四变量的卡诺图。

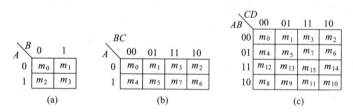

图 10-16 二至四变量卡诺图

卡诺图的特点是任意两个相邻的最小项在图中也是相邻的。两个相邻最小项可以合并消去一个变量。逻辑函数化简的实质就是相邻最小项的合并。

任何一个逻辑函数都可以表示成唯一的一组最小项之和，称为标准与或表达式，也称为最小项表达式。用卡诺图化简逻辑函数就是把逻辑函数化为最小项表达式，然后在卡诺图上找到这些最小项对应的位置，并填入1，其余的方格内填入0。两个几何位置相邻的1格可以合并为一项，并消去互为反变量的一个因子，保留公因子。如在卡诺图中4个相邻的1格合并为一个乘积项，可以消去2个取值有变化的变量，8个相邻的1格合并为一个乘积项，可以消去3个取值有变化的变量，合并 2^k 个逻辑相邻最小项，可以消去 k 个逻辑变量。

【例 10-8】 用卡诺图化简逻辑函数 $Y = \bar{A}\bar{B}\bar{C} + \bar{A}BC + A\bar{B}C + AB\bar{C}$。

解：卡诺图如图 10-17 所示，根据图中的两个圈得出 $Y = \bar{B}\bar{C} + AC$。

【例 10-9】 用卡诺图化简逻辑函数 $Y = \bar{A}\bar{B}C\bar{D} + \bar{A}\bar{B}C\bar{D} + A\bar{B}CD + A\bar{B}C\bar{D} + \bar{A}BD + AB$。

解：卡诺图如图 10-18 所示，注意，4 个角上的小方格也是逻辑相邻的，可以合并为一

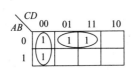

图 10-17　例 10-9 的卡诺图

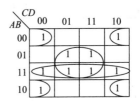

图 10-18　例 10-10 的卡诺图

项。根据图中 3 个圈可得出化简结果为 $Y=\bar{B}\bar{D}+AB+BD$。

（3）含有无关项的逻辑函数的化简。逻辑函数中的无关项也叫做约束项、随意项，指的是那些与所讨论的逻辑问题没有关系的变量取值组合所对应的最小项。可以分为两种：一种是某些变量取值组合不允许出现；另一种是某些变量取值组合在客观上不会出现。如在连动互锁开关系统中，几个开关的状态是互相排斥的。

约束项和随意项都是一种不会在逻辑函数中出现的最小项，所以对应于这些最小项的变量取值组合，函数值视为 1 或 0 都可以（因为实际上不存在这些变量取值），这样的最小项统称为无关项。

【例 10-10】 判断一位十进制数是否为偶数。

解： 输入变量 A，B，C，D 取值为 0000～1001 时，逻辑函数 Y 有确定的值，根据题意，偶数时为 1，奇数时为 0。

$$Y(A,B,C,D)=\sum m(0,2,4,6,8)$$

A，B，C，D 取值为 1010～1111 的情况不会出现或不允许出现，对应的最小项属于随意项。用符号“φ”“×”或“d”表示。

随意项之和构成的逻辑表达式叫做随意条件或约束条件，用一个值恒等于 0 的条件等式表示。

$$\sum d(10,11,12,13,14,15)=0$$

这样，含有随意条件的逻辑函数可以表示成如下形式：

$$F(A,B,C,D)=\sum m(0,2,4,6,8)+\sum d(10,11,12,13,14,15)$$

AB \ CD	00	01	11	10
00	1	0	0	1
01	1	0	0	1
11	×	×	×	×
10	1	0	×	×

图 10-19　例 10-11 的卡诺图

在逻辑函数的化简中，充分利用随意项可以得到更加简单的逻辑表达式，因而其相应的逻辑电路也更简单。在化简过程中，随意项的取值可视具体情况取 0 或取 1。具体地讲，如果随意项对化简有利，则取 1；如果随意项对化简不利，则取 0。如图 10-19所示。

不利用随意项的化简结果为 $Y=\bar{A}\bar{D}+\bar{B}\bar{C}\bar{D}$

利用随意项的化简结果为 $Y=\bar{D}$

10.4 组合逻辑电路的分析与设计

实际应用的逻辑系统往往具有较复杂的逻辑关系。它需要用一些基本门电路和复合门电路组合起来，以实现一定的逻辑功能。若一个数字逻辑电路在某一时刻的输出，仅仅取决于这一时刻的输入状态，而与电路原来的状态无关，则该电路称为组合逻辑电路。常用的组合逻辑电路包括加法器、编码器、译码器、数据选择器等。

10.4.1 组合逻辑电路的分析

组合逻辑电路的分析就是从给定的逻辑电路图求出输出函数的逻辑功能的过程。尽管各种组合逻辑电路功能不同,但它们的分析都可按以下步骤进行。

(1) 根据逻辑图写出输出的逻辑函数表达式。
(2) 利用公式法或卡诺图法化简,求出输出函数最简与或式。
(3) 列出输出函数真值表。
(4) 说明电路逻辑功能。

【例 10-11】 逻辑电路如图 10-20 所示,试分析电路的逻辑功能。

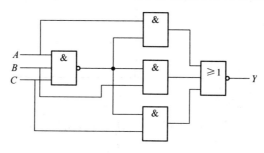

图 10-20 例 10-12 图

解:(1) 根据逻辑图,写出输出端的逻辑函数表达式,即

$$Y = \overline{A \cdot \overline{ABC} + B \cdot \overline{ABC} + B \cdot \overline{ABC}}$$

(2) 将输出逻辑函数表达式化简为最简与或逻辑表达式,根据摩根定律得

$$Y = \overline{A \cdot \overline{ABC} + B \cdot \overline{ABC} + B \cdot \overline{ABC}}$$

$$= (\overline{A} + ABC) \cdot (\overline{B} + ABC) \cdot (\overline{C} + ABC)$$

$$= \overline{A}\,\overline{B}\,\overline{C} + ABC$$

(3) 由最简与或表达式列真值表,见表 10-11。

表 10-11 真值表

A	B	C	Y	A	B	C	Y
0	0	0	1	1	0	0	0
0	0	1	0	1	0	1	0
0	1	0	0	1	1	0	0
0	1	1	0	1	1	1	1

(4) 由表 10-11 可知,当三个输入端状态相同时,输出为高电平,不同时为低电平,故此电路为判一致电路。

10.4.2 组合逻辑电路的设计

组合逻辑电路的设计是根据给定的逻辑功能及要求的条件下,求得满足功能要求的最简单的逻辑电路。其一般步骤如下:

(1) 根据实际问题对逻辑功能的要求,确定输入变量和输出变量,并对它们进行逻辑赋值,即用 1 和 0 表示变量的有关状态。
(2) 根据逻辑功能列出真值表。
(3) 由真值表写出输出逻辑函数的表达式,并化简或变换成所需的最简表达式。

(4) 画出最简表达式对应的逻辑电路图。

【例 10-12】 设计一个举重裁判表决电路。设举重比赛有 3 个裁判，一个主裁判和两个副裁判。杠铃完全举上的裁决由每一个裁判按一下自己面前的按钮来确定。只有当两个或两个以上裁判判明成功，并且其中有一个为主裁判时，表明成功的灯才亮。

解：(1) 设 A、B、C 为三个裁判的意见，其中，A 为主裁判，1 表示认可；0 表示不认可。Y 表示评判结果，用 1 表示成功，灯亮；0 表示失败，灯不亮。

(2) 根据逻辑要求列出真值表（见表 10-12）。

表 10-12 真值表

A	B	C	Y	A	B	C	Y
0	0	0	0	1	0	0	0
0	0	1	0	1	0	1	1
0	1	0	0	1	1	0	1
0	1	1	0	1	1	1	1

(3) 由真值表得逻辑表达式

$$Y = m_5 + m_6 + m_7 = A\bar{B}C + AB\bar{C} + ABC$$

化简成最简与-或表达式，有

$$Y = AB + AC$$

(4) 由逻辑表达式可得出逻辑电路图如图 10-21 所示。

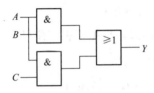
图 10-21 例 10-13 逻辑电路图

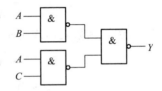
图 10-22 用与非门实现

在根据逻辑函数式构成实际的逻辑电路时，除了要求电路中逻辑门尽量少之外，通常还要尽量采用流行的逻辑器件，并尽量考虑逻辑门的品种数目尽量少，这样既可以提高电路设计的经济性，又便于器件的储备和电路的维修。为此，就需要将化简后的逻辑函数再加以变换，使之成为适合于实际要求的形式。例如，对于例 10-13，如果要求全部用与非门组成电路，则可以利用摩根定律进行变换，为

$$Y = \overline{\overline{AB} \cdot \overline{AC}}$$

根据上面的逻辑函数式便可画出相应的逻辑图，如图 10-22 所示。

10.5 集成组合逻辑电路

10.5.1 加法器

两个二进制数之间的算术运算无论是加、减、乘、除，目前在数字计算机中都是化作若干步加法运算进行的。因此，加法器是构成算术运算器的基本单元。

1）半加器

如果不考虑有来自低位的进位将两个 1 位二进制数相加，称为半加。实现半加运算的电路称为半加器。按照二进制加法运算规则可以列出半加器的真值表，其中，A、B 是两个加

数输入端，S 是和的输出端，C 是向高位进位端。

（1）半加器真值表（表 10-13）。

表 10-13　半加器真值表

A	B	S	C
0	0	0	0
0	1	1	0
1	0	1	0
1	1	0	1

（2）输出逻辑函数

$$S = \bar{A}B + A\bar{B} = A \oplus B$$
$$C = AB$$

（3）逻辑图和逻辑符号如图 10-23 所示。

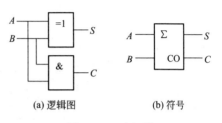

(a) 逻辑图　　　(b) 符号

图 10-23　半加器

2）全加器

在将两个多位二进制数相加时，除了最低位以外，每一位都应该考虑来自低位的进位，这种运算称为全加，所用的电路称为全加器。

根据二进制加法运算规则可列出 1 位全加器的真值表，如表 10-14 所示。其中，A_i、B_i 为加数，C_{i-1} 为低位来的进位，S_i 为本位的和，C_i 为向高位的进位。

表 10-14　全加器真值表

A_i B_i C_{i-1}	S_i C_i	A_i B_i C_{i-1}	S_i C_i
0　0　0	0　0	1　0　0	1　0
0　0　1	1　0	1　0　1	0　1
0　1　0	1　0	1　1　0	0　1
0　1　1	0　1	1　1　1	1　1

化简逻辑表达式为：

$$\begin{aligned}
S_i &= m_1 + m_2 + m_4 + m_7 = \bar{A}_i\,\bar{B}_i C_{i-1} + \bar{A}_i B_i \overline{C_{i-1}} + A_i \bar{B}_i \overline{C_{i-1}} + A_i B_i C_{i-1} \\
&= \bar{A}_i (\bar{B}_i C_{i-1} + B_i \overline{C_{i-1}}) + A_i (\bar{B}_i \overline{C_{i-1}} + B_i C_{i-1}) \\
&= \bar{A}_i (B_i \oplus C_{i-1}) + A_i \overline{(B_i \oplus C_{i-1})} \\
&= A_i \oplus B_i \oplus C_{i-1}
\end{aligned}$$

$$\begin{aligned}
C_i &= m_3 + m_5 + A_i B_i = \overline{A_i} B_i C_{i-1} + A_i \overline{B_i} C_{i-1} + A_i B_i \\
&= (\overline{A_i} B_i + A_i \overline{B_i}) C_{i-1} + A_i B_i \\
&= (A_i \oplus B_i) C_{i-1} + A_i B_i
\end{aligned}$$

实现全加器的逻辑电路和逻辑符号如图 10-24 所示。

如果实现 n 位二进制数相加，则需要 n 个全加器，如图 10-25 所示，为 4 位串行进位的加法器电路。显然，每一位的相加结果都必须等到低一位的进位产生以后才能建立起来，因此运算速度较慢。

为了提高运算速度，在输入加数和被加数的同时，产生每一位的进位输出，就是并行进位加法器。74LS283 为集成四位并行进位加法芯片，其逻辑符号和引脚图 10-26 所示。其中 $A_3 A_2 A_1 A_0$ 和 $B_3 B_2 B_1 B_0$ 是两个相加的四位二进制数，CI 为进位输入，当只做四位二进制

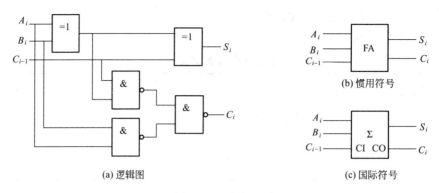

图 10-24 全加器

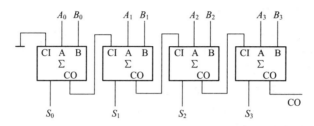

图 10-25 4 位串行进位加法器

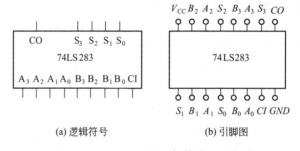

图 10-26 74LS283 的逻辑符号及引脚图

相加时,此端接地。如果扩展为高于四位的加法器时,此端与低位片的进位输出相连。

10.5.2 编码器

为了区分一系列不同的事物,将其中的每个事物用一个二值代码表示,这就是编码的含意。在二值逻辑电路中,信号都是以高、低电平的形式给出的。因此,编码器(Encoder)的逻辑功能就是将输入的每一个高、低电平信号编成一个对应的二进制代码。例如,计算机的输入键盘就是由编码器组成的。编码器的种类很多,常用的有:二进制编码器、二-十进制编码器和优先编码器。

1) 普通编码器

在普通编码器中,任何时刻只允许输入一个编码信号,否则输出将发生混乱。

能够将各种输入信息编成二进制代码的电路称为二进制编码器。n 位二进制代码只能对 2^n 个信号进行编码,因此,编码器是一种多输入端和多输出端的组合逻辑电路。下面以 3 位二进制普通编码器为例,来分析普通编码器的工作原理,电路如图 10-27 所示。有 $I_0 \sim I_7$ 8 个输入端和 $Y_0 \sim Y_2$ 3 个输出端,这种编码称为 8 线/3 线编码。

由图 12-27 可写出编码器的输出函数表达式为

$$Y_2 = I_4 + I_5 + I_6 + I_7 = \overline{\overline{I_4}\ \overline{I_5}\ \overline{I_6}\ \overline{I_7}}$$

$$Y_1 = I_2 + I_3 + I_6 + I_7 = \overline{\overline{I_2}\ \overline{I_3}\ \overline{I_6}\ \overline{I_7}}$$

$$Y_0 = I_1 + I_3 + I_5 + I_7 = \overline{\overline{I_1}\ \overline{I_3}\ \overline{I_5}\ \overline{I_7}} \quad (10\text{-}10)$$

根据式(10-10)可列出 8 线/3 线编码器的真值表，如表 10-15 所示。由表可知，该编码器在任何时刻只能对一个输入信号编码，即任何时刻输入变量中只能有一个为高电平。

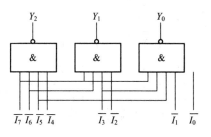

图 10-27 3 位二进制编码器

表 10-15 8 线/3 线编码的真值表

输 入								输 出		
I_7	I_6	I_5	I_4	I_3	I_2	I_1	I_0	Y_2	Y_1	Y_0
0	0	0	0	0	0	0	1	0	0	0
0	0	0	0	0	0	1	0	0	0	1
0	0	0	0	0	1	0	0	0	1	0
0	0	0	0	1	0	0	0	0	1	1
0	0	0	1	0	0	0	0	1	0	0
0	0	1	0	0	0	0	0	1	0	1
0	1	0	0	0	0	0	0	1	1	0
1	0	0	0	0	0	0	0	1	1	1

2）优先编码器

根据输入信号的优先权的高低来进行编码的编码器，称为优先编码器。在优先编码器中允许几个输入信号同时输入，但电路只对优先权高的一个输入信号进行编码。

【**例 10-13**】 试设计 10 线/4 线优先编码器（8421 BCD 码优先编码器）。

解：列出优先编码器真值表（表 10-16，设优先级别从 Y_9 至 Y_0 递降）。

表 10-16 优先编码器真值表

输入 Y										输 出			
Y_9	Y_8	Y_7	Y_6	Y_5	Y_4	Y_3	Y_2	Y_1	Y_0	D	C	B	A
0	0	0	0	0	0	0	0	0	1	0	0	0	0
0	0	0	0	0	0	0	0	1	×	0	0	0	1
0	0	0	0	0	0	0	1	×	×	0	0	1	0
0	0	0	0	0	0	1	×	×	×	0	0	1	1
0	0	0	0	0	1	×	×	×	×	0	1	0	0
0	0	0	0	1	×	×	×	×	×	0	1	0	1
0	0	0	1	×	×	×	×	×	×	0	1	1	0
0	0	1	×	×	×	×	×	×	×	0	1	1	1
0	1	×	×	×	×	×	×	×	×	1	0	0	0
1	×	×	×	×	×	×	×	×	×	1	0	0	1

写出优先编码器逻辑表达式并化简：

$$D = \overline{\overline{Y_9} + \overline{Y_8}}$$

$$C = \overline{\overline{Y_9}Y_8\,\overline{Y_7} + \overline{Y_9}Y_8\,\overline{Y_6} + \overline{Y_9}Y_8\,\overline{Y_5} + \overline{Y_9}Y_8\,\overline{Y_4}}$$

$$B = \overline{\overline{Y_9}Y_8\,\overline{Y_7} + \overline{Y_9}Y_8\,\overline{Y_6} + \overline{Y_9}Y_8 Y_5 Y_4\,\overline{Y_3} + \overline{Y_9}Y_8 Y_5 Y_4\,\overline{Y_2}}$$

$$A = \overline{\overline{Y_9} + Y_8\,\overline{Y_7} + Y_8 Y_6\,\overline{Y_5} + Y_8 Y_6 Y_4\,\overline{Y_3} + Y_8 Y_6 Y_4 Y_2\,\overline{Y_1}}$$

画出优先编码器逻辑电路图如图 10-28 所示:

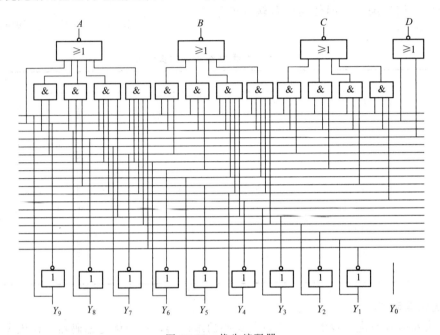

图 10-28 优先编码器

10.5.3 译码器

译码就是把一组输入的二进制代码"翻译"成具有特定含义的输出信号,用来表示该组代码原来所代表的信息的过程。译码是编码的逆过程。实现译码的电路称为译码器。

译码器也是一个多输入、多输出电路,它的输入是二进制代码或二-十进制代码,输出是代码所代表的字符。常用的译码电路有:二进制译码器、二-十进制译码器和数字显示七段译码器。

1) 二进制译码器

二进制译码器是将输入的二进制代码"翻译"成为相应的输出信号的组合逻辑电路。它有 n 个输入端,2^n 个输出端,且对应于输入代码的每一种状态,2^n 个输出中只有一个为 1 (或为 0),其余全为 0 (或为 1)。二进制译码器可以翻译出输入变量的全部状态,故又称为变量译码器。

集成译码器的种类很多,在数字控制系统中使用较为广泛的一种 3 线/8 线译码器 74LS38,其逻辑符号及引脚图如图 10-29 所示,表 10-17 为其功能表。

由表 10-17 可见,74LS138 译码器输出低电平有效。为增加译码器功能,除了三个输入端 A_2、A_1、A_0 以外,还设置了使能控制端 E_C、$\overline{E_A}$、$\overline{E_B}$,使译码器具有较强抗干扰能力且便于扩展。

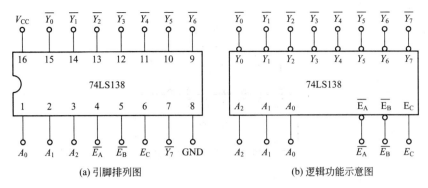

(a) 引脚排列图　　　　　　　(b) 逻辑功能示意图

图 10-29　3 线/8 线译码器 74LS38

表 10-17　74LS38 功能表

输入					输出								工作状态
E_C	$\overline{E}_A+\overline{E}_B$	A_2	A_1	A_0	$\overline{Y}_7$	$\overline{Y}_6$	$\overline{Y}_5$	$\overline{Y}_4$	$\overline{Y}_3$	$\overline{Y}_2$	$\overline{Y}_1$	$\overline{Y}_0$	
0	×	×	×	×	1	1	1	1	1	1	1	1	$E=0$,禁译
×	1	×	×	×	1	1	1	1	1	1	1	1	
1	0	0	0	0	1	1	1	1	1	1	1	0	译码
1	0	0	0	1	1	1	1	1	1	1	0	1	
1	0	0	1	0	1	1	1	1	1	0	1	1	
1	0	0	1	1	1	1	1	1	0	1	1	1	
1	0	1	0	0	1	1	1	0	1	1	1	1	
1	0	1	0	1	1	1	0	1	1	1	1	1	
1	0	1	1	0	1	0	1	1	1	1	1	1	
1	0	1	1	1	0	1	1	1	1	1	1	1	

当 $E_C=0$ 时，不管其他输入如何，电路输出均为 1，即无译码输出；如 $\overline{E}_A$、$\overline{E}_B$ 中任一个为 1 时，不管其他输入如何，电路也处于禁止状态，只有当 $E_C=1$ 且 $\overline{E}_A+\overline{E}_B=0$ 时，译码器才处于允许工作状态，输出与输入二进制码相对应如 $A_2A_1A_0=110$ 时，$\overline{Y}_6$ 输出低电平。

可见，二进制译码器可以用 n 根数据线译出 2^n 种不同的信息，也就是说，能区分出 2^n 种不同的信息。二进制译码器常用做地址译码器。这种译码器在计算机和可编程逻辑阵列的存储器的寻址中得到了非常有效的应用。例如，用 8 根数据线可用来寻址 $2^8=256$ 个存储单元，用 16 根数据线可用来寻址 $2^{16}=65536$ 个存储单元，即每增加一根数据线可增加 1 倍原来所寻址的存储单元数目。

【例 10-14】　用集成译码器并辅以适当门电路实现下列组合逻辑函数，画出连线图。
$$Y=\overline{A}\,\overline{B}+AB+\overline{B}C$$

解： 要实现的是一个 3 变量的逻辑函数，因此应选用 3 线/8 线译码器，用 74LS138。首先将所给逻辑函数转化成最小项表达式，进而转换成与非-与非式

$$\begin{aligned}Y&=\overline{A}\,\overline{B}+AB+\overline{B}C\\&=\overline{A}\,\overline{B}\,\overline{C}+\overline{A}\,\overline{B}C+A\overline{B}C+AB\overline{C}+ABC\\&=m_0+m_1+m_5+m_6+m_7\\&=\overline{\overline{m_0}\cdot\overline{m_1}\cdot\overline{m_5}\cdot\overline{m_6}\cdot\overline{m_7}}\end{aligned}$$

由表达式可知，需外接与非门实现，其连线图如图 10-30 所示。

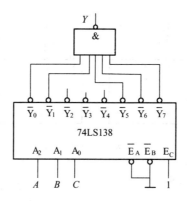

图 10-30　例 10-15 的连线图

2）二-十进制译码器

把二-十进制代码翻译成 10 个十进制数字信号的电路，称为二-十进制译码器。也就是说：二-十进制译码器可以将输入的 4 位 BCD 码翻译成 0～9 十个相应输出信号，它有四个输入端，十个输出端。二-十进制译码器的输入是十进制数的 4 位二进制编码（BCD 码），分别用 A_3、A_2、A_1、A_0 表示；输出的是与 10 个十进制数字相对应的 10 个信号，用 $Y_9 \sim Y_0$ 表示。由于二-十进制译码器有 4 根输入线，10 根输出线，所以又称为 4 线/10 线译码器，也有专用集成芯片，如 74LS42 就是 8421 码十进制译码器，图 10-31 为其逻辑符号，表 10-18 为其功能表。由功能表可见，译码输出为低电平有效。输入与输出之间的关系如下

$\overline{Y_0} = \overline{\overline{A_3}\,\overline{A_2}\,\overline{A_1}\,\overline{A_0}}$　　$\overline{Y_1} = \overline{\overline{A_3}\,\overline{A_2}\,\overline{A_1}\,A_0}$　　$\overline{Y_2} = \overline{\overline{A_3}\,\overline{A_2}\,A_1\,\overline{A_0}}$　　$\overline{Y_3} = \overline{\overline{A_3}\,\overline{A_2}\,A_1\,A_0}$

$\overline{Y_4} = \overline{\overline{A_3}\,A_2\,\overline{A_1}\,\overline{A_0}}$　　$\overline{Y_5} = \overline{\overline{A_3}\,A_2\,\overline{A_1}\,A_0}$　　$\overline{Y_6} = \overline{\overline{A_3}\,A_2\,A_1\,\overline{A_0}}$　　$\overline{Y_7} = \overline{\overline{A_3}\,A_2\,A_1\,A_0}$

$\overline{Y_8} = \overline{A_3\,\overline{A_2}\,\overline{A_1}\,\overline{A_0}}$　　$\overline{Y_9} = \overline{A_3\,\overline{A_2}\,\overline{A_1}\,A_0}$

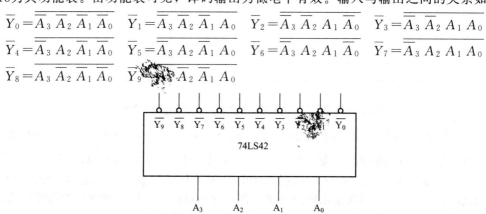

图 10-31　74LS42 逻辑符号

表 10-18　74LS42 的功能表

A_3	A_2	A_1	A_0	$\overline{Y_0}$	$\overline{Y_1}$	$\overline{Y_2}$	$\overline{Y_3}$	$\overline{Y_4}$	$\overline{Y_5}$	$\overline{Y_6}$	$\overline{Y_7}$	$\overline{Y_8}$	$\overline{Y_9}$
0	0	0	0	0	1	1	1	1	1	1	1	1	1
0	0	0	1	1	0	1	1	1	1	1	1	1	1
0	0	1	0	1	1	0	1	1	1	1	1	1	1
0	0	1	1	1	1	1	0	1	1	1	1	1	1
0	1	0	0	1	1	1	1	0	1	1	1	1	1
0	1	0	1	1	1	1	1	1	0	1	1	1	1
0	1	1	0	1	1	1	1	1	1	0	1	1	1
0	1	1	1	1	1	1	1	1	1	1	0	1	1
1	0	0	0	1	1	1	1	1	1	1	1	0	1
1	0	0	1	1	1	1	1	1	1	1	1	1	0

当输入代码为非十进制代码,即 1010~1111 时,输出 $\overline{Y}_9 \sim \overline{Y}_0$ 均输出高电平 1,表示没有有效输出。这种译码器的输出端通常可以与发光二极管相连接,用发光二极管是否发光来显示十进制数。

3)显示译码器

用来驱动各种显示器件,从而将用二进制代码表示的数字、文字、符号翻译成人们习惯的形式直观地显示出来的电路,称为显示译码器。

(1) 七段数字显示器。常见的七段数字显示器有半导体数码显示器(LED)和液晶显示器(LCD)等。这种显示器由七段发光的字段组合而成。LED 是利用半导体构成的。而 LCD 是利用液晶的特点制成的。由七段发光二极管组成的数码显示器如图 10-32 所示。

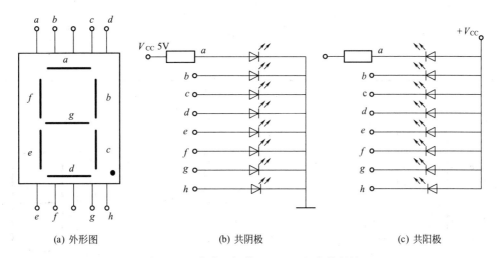

图 10-32 发光二极管(LED)七段数码管

显示举例如图 10-33 所示(共阴极)。

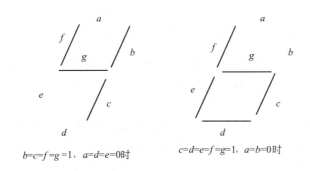

图 10-33 显示举例

(2) 七段显示译码器(4线-7段译码器)。七段显示译码器是把 8421 二进制代码翻译成对应于数码管的七段码,用来显示十进制的数字。数码管以段亮组合出十进制中某个数码。真值表如表 10-19 所示(仅适用于共阴极)。

现在,有很多数字集成电路能完成七段译码显示,如 74LS48 等。它的引脚排列图和连接电路,如图 10-34 和图 10-35 所示。它有四个输入端 A_0,A_1,A_2,A_3 和七个输出端 a,b,c,d,e,f,g,后者接七段数码管。此外,还有三个输入控制端,其功能如下:

表 10-19 七段显示译码器真值表

输入				输出							显示字形
A_1	A_2	A_3	A_0	a	b	c	d	e	f	g	
0	0	0	0	1	1	1	1	1	1	0	0
0	0	0	1	0	1	1	0	0	0	0	1
0	0	1	0	1	1	0	1	1	0	1	2
0	0	1	1	1	1	1	1	0	0	1	3
0	1	0	0	0	1	1	0	0	1	1	4
0	1	0	1	1	0	1	1	0	1	1	5
0	1	1	0	0	0	1	1	1	1	1	6
0	1	1	1	1	1	1	0	0	0	0	7
1	0	0	0	1	1	1	1	1	1	1	8
1	0	0	1	1	1	1	0	0	1	1	9

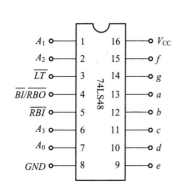

图 10-34 74LS48 引脚排列图

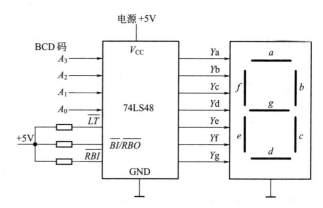

图 10-35 七段显示译码器 74LS48 与数码管的连接

$\overline{BI}/\overline{RBO}$ 表示灭灯输入/灭零输出端：该端既可作为输入端也可作为输出端。

$\overline{RBI}$ 表示灭零输入端：设置该输入信号的目的是把不希望显示的灯熄灭。

$\overline{LT}$ 表示测试端：当 $\overline{LT}=0$ 时，数码管七段全亮，可用来检查各段是否能正常发光。正常工作时，应使 $\overline{LT}=1$。

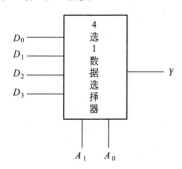

图 10-36 4 选 1 数据选择器

显示译码器的输出结构也各不相同，一般除考虑显示器是低电平驱动还是高电平驱动外，还需提供一定的驱动电流，以使显示器能正常发光。常用结构为集电极开路输出，在这种结构中，若内部无上拉电阻，使用时需外接电阻，详细说明见集成电路使用手册。

10.5.4 数据选择器

在选择输入端控制下，从多路输入信息中选择其中的某一路信息作为输出的电路称为数据选择器。数据选择器又叫多路选择器，简称 MUX。以 4 选 1 数据选择器为例进行分析。

4 选 1 数据选择器原理框图，如图 10-36 所示。D_0、D_1、D_2、D_3 为输入数据，A_1、A_0 为选择输入端，由选择输入端决定从 4 路输入中选择哪 1 路输出。

4 选 1 数据选择器真值表，见表 10-20，其逻辑表达式为

$$Y = (D_0 \bar{A}_1 \bar{A}_0 + D_1 \bar{A}_1 A_0 + D_2 A_1 \bar{A}_0 + D_3 A_1 A_0) \bar{E}$$

表 10-20 4 选 1 数据选择器真值表

输入							输出
E	A_1	A_0	D_3	D_2	D_1	D_0	Y
1	×	×	×	×	×	×	0
0	0	0	$D_3 \sim D_0$				D_0
0	0	1	$D_3 \sim D_0$				D_1
0	1	0	$D_3 \sim D_0$				D_2
0	1	1	$D_3 \sim D_0$				D_3

当 $E=1$ 时，选择器被禁止，无论地址码是什么，输出 Y 总是等于 0；当 $E=0$ 时，才能输出与地址码相应的那路数据，允许数组选通。所以，通常把 E 称为使能端，它控制数据选通是否有效。

4 选 1 数据选择器的逻辑电路图，如图 10-37 所示。

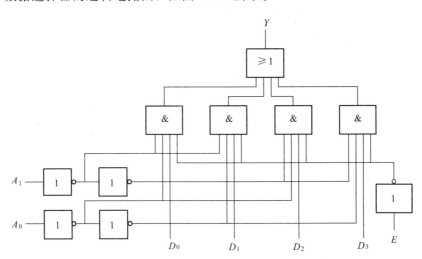

图 10-37 4 选 1 数据选择器逻辑电路图

集成数据选择器有双 4 选 1 数据选择器 74LS153（原码输出）和 8 选 1 数据选择器 74LS151（原码反码输出），其逻辑符号如图 10-38 所示。

图 10-38(a) 的 74LS153 是双 4 选 1 数据选择器，它们共用一对选择输入端 A_1 和 A_0，并且各自增加了片选通端 $1\bar{G}$ 和 $2\bar{G}$。当 $1\bar{G}$ 和 $2\bar{G}$ 加低电平时，允许数据输出；而当 $1\bar{G}$ 和 $2\bar{G}$ 加高电平时，无论选择输入端 A_1 和 A_0 状态如何，输出 $1Y$ 和 $2Y$ 均为低电平。

图 10-38(b) 的 74LS151 是 8 选 1 数据选择器，有两个输出端，Y 为原码输出，$\bar{Y}$ 为反码输出。同样 74LS151 也具有片选通端 $\bar{G}$，低电平有效。其输出表达式为

$$Y = D_0 \bar{A}_2 \bar{A}_1 \bar{A}_0 + D_1 \bar{A}_2 \bar{A}_1 A_0 + D_2 \bar{A}_2 A_1 \bar{A}_0 + D_3 \bar{A}_2 A_1 A_0$$

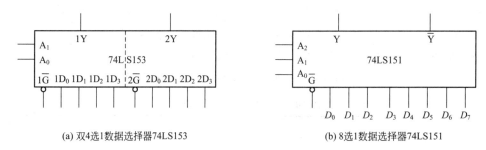

(a) 双4选1数据选择器74LS153　　　　　(b) 8选1数据选择器74LS151

图 10-38　集成数据选择器的逻辑符号

$$+D_4 A_2 \bar{A}_1 \bar{A}_0 + D_5 A_2 \bar{A}_1 A_0 + D_6 A_2 A_1 \bar{A}_0 + D_7 A_2 A_1 A_0$$
$$= \sum_{i=0}^{7} D_i m_i$$

由于数据选择器与选择输入端的最小项有关，因此利用数据选择器可以实现组合逻辑函数，只要将选择输入端用逻辑变量代替即可。

【例 10-15】　试用集成双 4 选 1 数据选择器 74LS153 构成 8 选 1 数据选择器，画出连线图。

解：由于 8 选 1 数据选择器的选择输入端有 3 个，而 4 选 1 数据选择器的选择输入端有 2 个，因此要借助 74LS153 的两个片选通端作为 8 选 1 数据选择器的选择输入端的高位。其连线图如图 10-39 所示。当 $A_2 A_1 A_0 = 011$ 时，$1Y = D_3$；当 $A_2 A_1 A_0 = 111$ 时，由于 $1\bar{G}$ 为高电平，则 $1Y = 0$，而 $2Y = D_7$，故 $Y = D_7$。

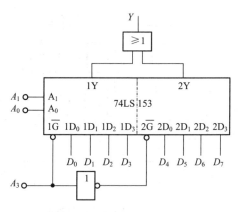

图 10-39　例 10-16 的连线图

【例 10-16】　试用数据选择器 74LS153 和 74LS151 实现下面的逻辑函数：
$$Y = A\bar{B} + \bar{B}C + \bar{A}C$$

解：（1）用数据选择器 74LS153 实现。首先确定数据选择器的选择输入端为要实现的逻辑函数的哪几个变量，并且把要实现的逻辑函数化为选择输入变量最小项之和的形式。由于 74LS153 有两个选择输入端，故从要实现的逻辑函数中任意选择两个变量（以实现电路简单为原则）。设 $A_1 = A$ 和 $A_0 = B$，则

$$Y = A\bar{B} + \bar{B}C + \bar{A}C$$
$$= A\bar{B}(C + \bar{C}) + \bar{B}C(A + \bar{A}) + \bar{A}C(B + \bar{B})$$

$$= A\bar{B}C + A\bar{B}\bar{C} + \bar{A}BC + \bar{A}B\bar{C} + \bar{A}\bar{B}\bar{C}$$
$$= \bar{A}\bar{B}(C+\bar{C}) + \bar{A}B\bar{C} + A\bar{B}(C+\bar{C}) + \bar{A}B\bar{C}$$
$$= m_0 \cdot 1 + m_1 \cdot \bar{C} + m_2 \cdot 1 + m_3 \cdot 0$$

将上式与 4 选 1 数据选择器的输出端逻辑式相比较，可得

$$D_0 = D_2 = 1, D_1 = \bar{C}, D_3 = 0$$

用 74LS153 的其中一个 4 选 1 数据选择器实现此逻辑函数，其连线如图 10-40 所示。

（2）用数据选择器 74LS151 实现。由于数据选择器 74LS151 有 3 个输入选择端，而要实现的逻辑函数为 3 个变量，因此设 $A_2=A$、$A_1=B$、$A_0=C$。将所给逻辑函数变换成最小项之和的形式，即

$$Y = A\bar{B} + \bar{B}C + \bar{A}C$$
$$= A\bar{B}(C+\bar{C}) + \bar{B}C(A+\bar{A}) + \bar{A}C(B+\bar{B})$$
$$= A\bar{B}C + A\bar{B}\bar{C} + \bar{A}BC + \bar{A}B\bar{C} + \bar{A}\bar{B}C$$
$$= m_0 \cdot 1 + m_1 \cdot 1 + m_2 \cdot 1 + m_3 \cdot 0 + m_4 \cdot 1 + m_5 \cdot 1 + m_6 \cdot 0 + m_7 \cdot 0$$

所以 $D_0 = D_1 = D_2 = D_4 = D_5 = 1$，$D_3 = D_6 = D_7 = 0$

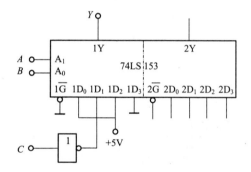
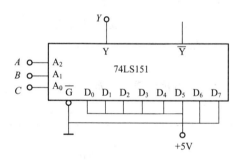

图 10-40　利用 74LS153 实现例 10-17　　　图 10-41　利用 74LS151 实现例 10-17

利用 8 选 1 数据选择器 74LS151 实现此逻辑函数的连线图如图 10-41 所示。比较图 10-40 和图 10-41 可知，若实现 3 变量的逻辑函数，利用集成 8 选 1 数据选择器即可实现，电路非常简单，但利用 4 选 1 数据选择器就要添加非门。

10.6　应用举例

图 10-42 所示为一个 2-4 线译码器的应用电路，它可将四个外部设备 A、B、C、D 的数据分时送入计算机中。外部设备的数据线与计算机数据总线之间选用三态缓冲器，每片三态缓冲器的控制端分别接至 2-4 线译码器的一个输出端上。因译码器控制端 G 接地，通过改变输入变量 A_1、A_0 的电平可使四个输出 $\bar{Y}_0 \sim \bar{Y}_3$ 中的某一路为低电平。此时与之相接的三态缓冲器的控制端 $\bar{E}=0$，使缓冲器处于使能状态，相应外设数据即可送入计算机中。其余各三态缓冲器因控制端接高电平而处于高阻状态，其外设数据线与计算机的数据总线隔离，相应数据不能送至计算机中。只要使 A_1、A_0 状态分别为 00、01、10、11，就可将 A、B、C、D 的数据分时送入计算机中。

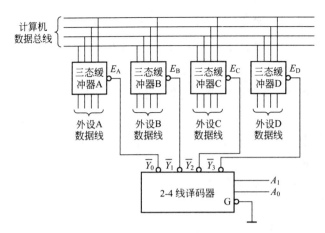

图 10-42 四个外部设备 A、B、C、D 的数据分时送入计算机的电路示意图

实验项目九 译码器测试及应用

1）实验目的
① 熟悉译码器的工作原理和使用方法。
② 掌握中规模集成译码器的逻辑功能及应用。

2）实验基本原理
见 10.5.3。

3）实验用仪器与设备（见表 10-21）

表 10-21 译码器测试及应用实验设备

序号	名称	型号与规格	数量
1	电子课程设计实验箱		1
2	3/8 线译码器 74LS138		1
3	双 4 输入与非门 74LS20		1

4）实验方法与步骤
① 74LS138 译码器逻辑功能的测试。将 74LS138 的使能端及地址码输入端分别接逻辑开关，输出端接发光二极管，拨动逻辑开关，按功能表测试 74LS138 逻辑功能，并记录结果。
② 用译码器 74LS138 设计"三人表决"电路，测试表决电路逻辑功能并记录结果。
③ 用译码器 74LS138 设计一位二进制全加器电路，测试全加器逻辑功能并记录结果。
④ 将 2 片 74LS138 按图连线，组成 4/16 线译码测试其功能，并填写功能表。

5）实验准备及预习要求
① 复习有关译码器的原理。
② 根据实验任务，画出所需的实验电路图及记录表格。

6）思考题
① 用真值表和波形图描述组合电路的逻辑功能各有什么优缺点？
② 用 3-8 译码器设计"一位全减器"。
③ 比较门电路组成组合电路和应用专用集成电路各有什么优缺点？

本章小结

1. 逻辑代数是分析和设计数字电路的重要工具。利用逻辑代数，可以把实际逻辑问题抽象为逻辑函数来描述，并且可以用逻辑运算的方法，解决逻辑电路的分析和设计问题。与、或、非是三种基本的逻辑关系，也是三种基本的逻辑运算。与非、或非、与或非、异或、同或则是由与、或、非三种基本逻辑运算复合而成的五种常用逻辑运算。逻辑代数的公式和定理是推演、变换及化简逻辑函数的依据。

2. 逻辑函数的化简有公式法和图形法等。公式法是利用逻辑代数的公式、定理和规则来对逻辑函数化简，这种方法适用于各种复杂的逻辑函数，但需要熟练地运用公式和定理，且具有一定的运算技巧。图形法就是利用逻辑函数的卡诺图来对逻辑函数化简，这种方法简单直观，容易掌握，但变量过多时，卡诺图太复杂，图形法已不适用。在对逻辑函数化简时，充分利用随意项可以得到十分简单的结果。

3. 组合电路的特点是在任何时刻的输出只取决于当时的输入信号，而与电路原来所处的状态无关。实现组合电路的基础是逻辑代数和门电路。组合逻辑电路的分析是在给定逻辑电路的情况下，分析其逻辑功能。步骤为写出逻辑函数，再化简，列出真值表，得出电路的作用。组合逻辑电路的设计是根据给定的的逻辑要求，得到实现的电路，它是分析的逆过程。设计步骤为列出输出、输入真值表，写出逻辑式并化简或变换，再画出逻辑电路。组合逻辑电路的分析和设计是数字电路的重要内容之一。

4. 常用的组合逻辑电路有加法器、编码器、译码器、数据选择器等，它们各自完成不同的逻辑功能。这些组合逻辑电路都有对应的集成芯片，应掌握其输出、输入的关系，以及使能控制端的特点。利用集成芯片实现组合逻辑电路，可以使得电路连线少、体积小、功耗低，便于扩展及构成比较复杂的逻辑系统。

习题 10

10-1 将下列十进制数转换成二进制数。
(1) $(39)_{10}$ (2) $(24.52)_{10}$ (3) $(0.57)_{10}$ (4) $(46.75)_{10}$

10-2 将下列二进制数转换为十进制数。
(1) $(101101001)_2$ (2) $(100110011)_2$
(3) $(10010.0011)_2$ (4) $(11.101)_2$

10-3 求下列函数的对偶式 Y' 及反函数 $\bar{Y}$。
(1) $Y = \overline{A\bar{B}} + CD$ (2) $Y = AB + \overline{\bar{C} + D}$
(3) $Y = \overline{(A\bar{D} + BC)CD} \cdot A\bar{C}$ (4) $Y = A\bar{B} + B\bar{C} + C(\bar{A} + D)$

10-4 用公式法将下列函数化简成最简与或表达式。
(1) $Y = \bar{A}\bar{B}C + \bar{A}BC + ABC + AB\bar{C}$ (2) $Y = ABC + \bar{A}B + AB\bar{C}$
(3) $Y = \bar{A}\bar{B}\bar{C} + AC + B + C$ (4) $Y = A\bar{B} + B\bar{C} + A\overline{B\bar{C}} + \bar{A}BC$
(5) $Y = \bar{C}D + CD + \bar{C}\bar{D} + C\bar{D}$ (6) $Y = \bar{A}B + B\bar{C} + AC$
(7) $Y = \bar{B} + AB + \bar{A}BCD$ (8) $Y = A + \overline{\bar{B} + \overline{CD}} + \overline{ADB}$
(9) $Y = \overline{AB\bar{C} + \bar{A} + BC} \cdot AB$ (10) $Y = \bar{A}B + \bar{A}D + \bar{A}\bar{B}D + ABCD$

10-5 用卡诺图化简法将下列函数化为最简与或形式。
(1) $Y = ABC + ABD + \bar{C}D + A\bar{B}C + \bar{A}C\bar{D} + A\bar{C}D$

(2) $Y(A,B,C)=\sum(m_1,m_3,m_5,m_7)$
(3) $Y(A,B,C,D)=\sum m(1,5,7,9,15)+\sum d(3,8,11,14)$

10-6 写出如图 10-43 所示电路的逻辑函数表达式,并化简为最简与或表达式,最后,再化为与非-与非式。

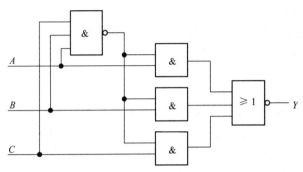

图 10-43 习题 10-6 图

10-7 图 10-44 所示是两处控制照明灯电路。单刀双投开关 A 装在一处,B 装在另一处,两处都可以开闭电灯。设 $F=1$ 表示灯亮,$F=0$ 表示灯亮灭;$A=1$ 表示开关向上扳,$A=0$ 表示向下扳,B 亦如此,试写出该逻辑电路的真值表和逻辑函数式。

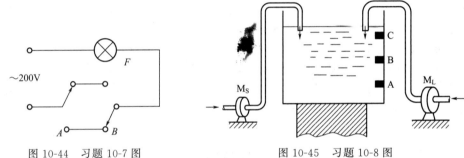

图 10-44 习题 10-7 图 图 10-45 习题 10-8 图

10-8 如图 10-45 所示,有一水箱由大、小两台水泵 M_L 和 M_S 供水,水箱中设了 3 个水位检测元件 A、B、C。水面低于检测元件时,检测元件给出高电平;水面高于检测元件时检测元件给出低电平。现要求当水位超过 C 点时水泵停止工作;水位低于 C 点而高于 B 点时 M_S 单独工作;水位低于 B 点而高于 A 点时 M_L 单独工作;水位低于 A 点时 M_L 和 M_S 同时工作,试用门电路设计一个控制 M_L 和 M_S 两台水泵的逻辑电路,要求电路尽量简单。

10-9 试用 74LS138 型译码器及与非门实现 $Y=\overline{A}B\overline{C}+\overline{A}BC+AB$ 的逻辑函数。

10-10 试用 74LS153 型 4 选 1 数据选择器实现逻辑函数式 $Y=A\overline{BC}+A\overline{C}+BC$。

10-11 用 3 线-8 线译码器 74LS138 和门电路设计 1 位二进制全减器电路。输入为被减数、减数和来自低位的借位;输出为两数之差和向高位的借位信号。

10-12 用 8 选 1 数据选择器设计一个函数发生器电路,它的功能表如表 10-22 所示。

表 10-22 习题 10-12 电路的功能表

S_1	S_0	Y	S_1	S_0	Y
0	0	$A \cdot B$	1	0	$A \oplus B$
0	1	$A+B$	1	1	$\overline{A}$

第 11 章

触发器和时序逻辑电路

组合逻辑电路的输出仅与输入有关,而时序逻辑电路的输出不仅与输入有关,还与电路原来的状态有关,即时序逻辑电路具有记忆功能。触发器是构成时序逻辑电路的基本逻辑单元。

11.1 触发器

能够存储一位二进制信息的基本单元电路称为触发器。触发器通常必须具有如下特点:
(1) 具有两个稳定的状态,用来表示逻辑 0 和逻辑 1 或二进制数 0 和 1。
(2) 根据不同的输入信号,两种稳定状态可以相互转换。
(3) 输入信号消失后,已转换的状态能够保存下来,直到下一个有效输入信号到来时,才有可能发生变换。

根据电路结构不同,触发器可分为基本 RS 触发器、同步触发器、主从触发器、边沿触发器等;根据逻辑功能不同,又可分为 RS 触发器、JK 触发器和 D 触发器等。

11.1.1 基本 RS 触发器

基本 RS 触发器是构成其他触发器的基础,它由与非门或者或非门交叉连接构成。以下介绍与非门组成的基本 RS 触发器。

1) 电路结构

电路结构如图 11-1(a) 所示。电路有两个输入端 $\overline{R_D}$ 和 $\overline{S_D}$,均为低电平有效,两个互补的输出端 Q 和 $\overline{Q}$。电路的输出有两个稳定状态,分别是 $Q=0$,$\overline{Q}=1$ 和 $Q=1$,$\overline{Q}=0$。通常用 Q 的状态作为触发器的状态,如 $Q=0$,就说触发器处于 0 态。图 11-1(b) 是基本 RS 触发器的逻辑符号,方框两侧的小圆圈代表逻辑非,下侧的小圆圈还表示低电平输入有效。

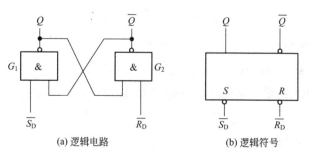

图 11-1 基本 RS 触发器的电路及逻辑符号

2）工作原理

（1）当$\overline{R_D}=0$、$\overline{S_D}=1$时，根据与非门的逻辑功能"有0出1，全1为0"，可知$Q=0$，$\overline{Q}=1$。即不论触发器原来处于什么状态都将变成0状态，这种情况称将触发器置0或复位。$\overline{R_D}$端称为触发器的置0端或复位端。

（2）当$\overline{R_D}=1$、$\overline{S_D}=0$时，根据与非门的逻辑功能"有0出1，全1为0"，可知$Q=1$，$\overline{Q}=0$。即不论触发器原来处于什么状态都将变成1状态，这种情况称将触发器置1或置位。$\overline{S_D}$端称为触发器的置1端或置位端。

（3）当$\overline{R_D}=1$、$\overline{S_D}=1$时，根据与非门的逻辑功能可知，触发器保持原有状态不变，即原来的状态被触发器存储起来，这体现了触发器具有记忆能力。

（4）当$\overline{R_D}=0$、$\overline{S_D}=0$时，$Q=\overline{Q}=1$不符合触发器的逻辑关系。并且由于与非门延迟时间不可能完全相等，在两输入端的0同时撤除后，将不能确定触发器是处于0态还是1态。所以触发器不允许出现这种情况，这就是基本RS触发器的约束条件。

3）特性表

基本RS触发器的特性表如表11-1所示。为了描述触发器的状态，规定：触发器在接收输入信号之前的状态，即触发器原来的稳定状态，称为现态，用Q^n表示。触发器在接收输入信号之后建立的新稳定状态，称为次态，用Q^{n+1}表示。

表11-1　与非门组成的基本RS触发器的特性表

$\overline{R_D}$	$\overline{S_D}$	Q^n	Q^{n+1}	功能
0	0	0	×	禁止
0	0	1	×	禁止
0	1	0	0	置0
0	1	1	0	置0
1	0	0	1	置1
1	0	1	1	置1
1	1	0	0	保持
1	1	1	1	保持

4）特性方程

描述触发器逻辑功能的函数表达式，称为特性方程。由特性表并化简，可得

$$Q^{n+1}=\overline{\overline{S_D}}+\overline{R_D}Q^n$$
$$\overline{S_D}+\overline{R_D}=1（约束条件） \tag{11-1}$$

【例11-1】 在图11-1所示的基本RS触发器电路中，已知$\overline{R_D}$和$\overline{S_D}$的电压波形图如图11-2所示，试画出Q和$\overline{Q}$端对应的电压波形图。

解：由基本RS触发器的特性，可得Q和$\overline{Q}$端对应的电压波形图。图中的虚线表示不能确定的状态。因为当两输入端$\overline{R_D}$和$\overline{S_D}$的0同时撤除后，将不能确定触发器是处于0状态还是1状态。

11.1.2 同步RS触发器

基本RS触发器的触发翻转由输入信号直接控制，即$\overline{R_D}$和$\overline{S_D}$变化，Q随之变化。在实

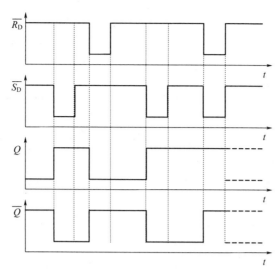

图 11-2　基本 RS 触发器波形图

际使用中，往往要求各触发器的状态在同一信号作用下发生改变，这个信号称为同步信号，也叫时钟脉冲（CP），简称时钟。受时钟控制达到同步工作的触发器，称为同步触发器。

1）电路结构

同步 RS 触发器由基本 RS 触发器和引导门组成。电路结构如图 11-3(a) 所示。R、S 为输入信号，高电平有效，CP 为时钟脉冲输入端。图 11-3(b)、(c) 是同步 RS 触发器的逻辑符号。

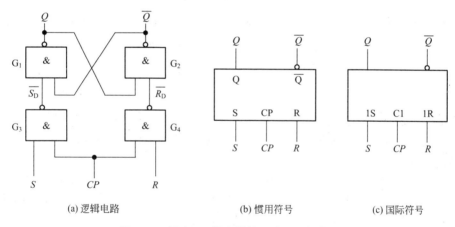

(a) 逻辑电路　　　　　　(b) 惯用符号　　　　　　(c) 国际符号

图 11-3　同步 RS 触发器的电路及逻辑符号

2）工作原理

同步 RS 触发器的工作原理可分为 $CP=0$ 和 $CP=1$ 两种情况分析。

当 $CP=0$ 时，G_3、G_4 控制门被 CP 端的低电平关闭，使基本 RS 触发器的 $\overline{R_D}=1$、$\overline{S_D}=1$，基本 RS 触发器保持原来状态不变，$Q^{n+1}=Q^n$。此时触发器输出状态不受输入信号 R 和 S 的直接控制，从而提高了触发器的抗干扰能力。

当 $CP=1$ 时，G_3、G_4 控制门开门，触发器输出状态由输入端 R、S 信号决定。

若 $R=0$，$S=0$，则基本 RS 触发器的 $\overline{R_D}=1$、$\overline{S_D}=1$，触发器状态不变；

若 $R=0$，$S=1$，则基本 RS 触发器的 $\overline{R_D}=1$、$\overline{S_D}=0$，触发器置 1；

若 $R=1$,$S=0$,则基本 RS 触发器的 $\overline{R_D}=0$、$\overline{S_D}=1$,触发器置 0;

若 $R=1$,$S=1$,则基本 RS 触发器的 $\overline{R_D}=0$、$\overline{S_D}=0$,触发器失效,工作时不允许,为了避免出现这种情况,输入信号需要遵守 $RS=0$ 的约束条件。

3) 特性表

根据工作原理的分析,可列出同步 RS 触发器的特性如表 11-2 所示。

表 11-2 同步 RS 触发器的特性表

CP	$\overline{R_D}$	$\overline{S_D}$	Q^n	Q^{n+1}	功能
0	×	×	×	Q^n	保持
1	0	0	0	0	保持
1	0	0	1	1	
1	0	1	0	1	置 1
1	0	1	1	1	
1	1	0	0	0	置 0
1	1	0	1	0	
1	1	1	0	×	禁止
1	1	1	1	×	

4) 特性方程

$$Q^{n+1}=S+\overline{R}Q^n$$
$$RS=0 \text{(约束条件)} \tag{11-2}$$

同步触发器的触发翻转被控制在一个时间段以内,而不是在某一时刻进行。这种控制方式会产生"空翻"现象,即:在一个时钟脉冲期间触发器翻转一次以上,在实际电路的应用中有很大的局限性。

11.1.3 JK 触发器

为了防止空翻现象,提高触发器的抗干扰能力,在同步触发器的基础上,又设计出了主从结构触发器。以主从 JK 触发器为例,介绍 JK 触发器的工作原理和特性方程。

1) 电路结构

图 11-4(a) 和 (b) 所示是由两个可控 RS 触发器构成的主从 JK 触发器的逻辑电路及逻辑符号。图中两个可控 RS 触发器一个是主触发器,一个是从触发器,从触发器的状态取决于主触发器,并保持主从状态一致,所以称为主从触发器。

2) 工作原理

当 $CP=1$ 时,$\overline{CP}=0$,G_3 门、G_4 门被封锁,从触发器保持原状态不变,而 G_7 门、G_8 门被打开,J、K、Q、$\overline{Q}$ 的状态决定主触发器的状态。由于 Q 和 $\overline{Q}$ 两条反馈线的作用使主触发器状态一旦改变成与从触发器相反的状态,就不会再翻转了。

当 CP 从 1 变成 0 时,$\overline{CP}=1$,G_3 门、G_4 门被打开,从触发器的 Q 和 $\overline{Q}$ 端的状态随主触发器的状态翻转,同时 G_7 门、G_8 门被封锁,主触发器不接收信号,即在 $CP=0$ 期间,主触发器不翻转,从而抑制了空翻现象。

3) 特性表

JK 触发器的特性表如表 11-3 所示。

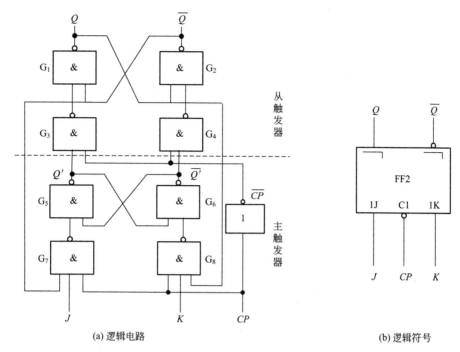

(a) 逻辑电路　　　　　　　　　　(b) 逻辑符号

图 11-4　主从 JK 触发器的逻辑电路及逻辑符号

表 11-3　JK 触发器的特性表

$\overline{J}$	K	Q^n	Q^{n+1}	功能
0	0	0	0	保持
		1	1	
0	1	0	0	置0
		1	0	
1	0	0	1	置1
		1	1	
1	1	0	0	翻转
		1	1	

4) 特性方程

从特性表 11-3 可得 JK 触发器的特性方程为：

$$Q^{n+1} = J\overline{Q^n} + \overline{K}Q^n \tag{11-3}$$

主从 JK 触发器当脉冲信号 $CP=1$ 时，主触发器接受外接的 J、K 信号，此时如果 J、K 信号发生变化，会影响从触发器的逻辑功能，故引入维持阻塞型的 D 触发器。

11.1.4　D 触发器

1) 电路结构

图 11-5 是维持阻塞 D 触发器的电路和逻辑符号图。图中 G_1 和 G_2 组成基本 RS 触发器，G_3 和 G_4 组成门控电路，G_5 和 G_6 组成数据输入电路。

2) 工作原理

在 $CP=0$ 时，G_3 和 G_4 的输出都为 1，无论 D 怎样变化，D 触发器保持输出状态不变。

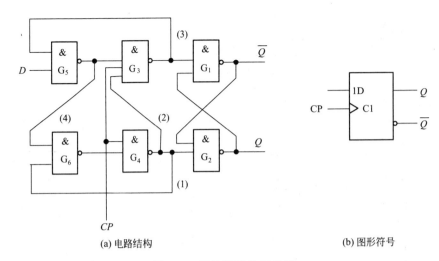

(a) 电路结构　　　　　　　　　　(b) 图形符号

图 11-5　维持阻塞 D 触发器

在 CP 上升沿时，G_3 和 G_4 两个门被打开，它们的输出只与 CP 上升沿瞬间 D 的信号有关。

当 $D=0$ 时，使 G_5 输出为 1，G_6 输出为 0，G_3 输出为 0，G_4 输出为 1，$Q=0$。

当 $D=1$ 时，使 G_5 输出为 0，G_6 输出为 1，G_3 输出为 1，G_4 输出为 0，$Q=1$。

在 $CP=1$ 时，若 $Q=0$，由于（3）线的作用，使 G_3 输出为 0，由于（4）线的作用，使 G_5 输出为 1，从而触发器维持不变；若 $Q=1$，由于（1）线的作用，使 G_4 输出为 0，由于（2）线的作用，使 G_3 输出为 1，从而触发器维持不变。

3）特性表

D 触发器的特性表如表 11-4 所示。

表 11-4　D 触发器的特性表

D	Q^n	Q^{n+1}	功能
0	0	0	置 0
0	1	0	置 0
1	0	1	置 1
1	1	1	置 1

4）特性方程

从特性表 11-4 可得 D 触发器的特性方程为：
$$Q^{n+1}=D \tag{11-4}$$

【**例 11-2**】 已知维持阻塞 D 触发器输入信号 D 的波形如图 11-6 所示，设触发器初始状

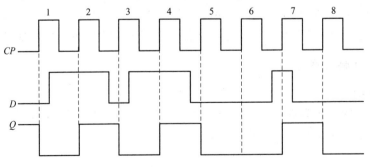

图 11-6　例 11-2 波形图

态为 1，请画出输出 Q 的波形。

解：根据维持阻塞 D 触发器的工作原理，画出该触发器输出波形如图 11-6 所示。

11.1.5　T 触发器

1）电路结构

将 JK 触发器的 J 端和 K 端合并成一个输入端，用 T 表示，即成为 T 触发器。其逻辑符号如图 11-7 所示。

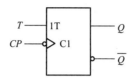

图 11-7　T 触发器的逻辑符号

2）特性表

T 触发器的特性表如表 11-5 所示。

表 11-5　T 触发器的特性表

T	Q^n	Q^{n+1}	功能
0	0	0	保持
	1	1	
1	0	1	翻转
	1	0	

3）特性方程

令 $J=K=T$ 可得 T 触发器的特性方程为：

$$Q^{n+1}=T\overline{Q^n}+\overline{T}Q^n=T\oplus Q^n \tag{11-5}$$

在 T 触发器中，若 $T=1$，便构成 T′ 触发器。每来一个时钟脉冲就翻转一次，可以作为计数器使用。

11.2　时序逻辑电路分析

11.2.1　时序逻辑电路的组成及分类

时序逻辑电路的结构如图 11-8 所示，它由组合电路和存储电路两个部分组成。存储电路一般可以由触发器构成。存储电路的输出反馈到组合电路的输入端，与外部信号一起共同

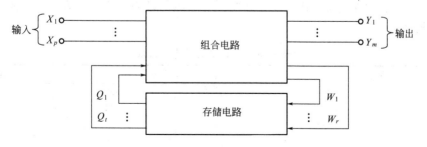

图 11-8　时序逻辑电路的结构框图

决定组合逻辑电路的输出。

按照时序逻辑电路中各触发器是否是同一时钟脉冲，可将时序逻辑电路分为同步时序电路和异步时序电路。根据输出是否与电路当前的输入信号有关，时序逻辑电路可以分成莫尔型和米里型。

11.2.2 时序逻辑电路的分析

时序逻辑电路的分析是指根据给定的时序电路，写出它的一系列方程式、列出其状态转换表，画出状态转换图或时序图，进而最终确定其逻辑功能的过程。

分析时序逻辑电路的一般步骤如下：
(1) 由时序电路写出各触发器的驱动方程和时钟方程。
(2) 将驱动方程代入触发器的特性方程，得各触发器的状态方程。
(3) 根据给定的时序电路图写出时序电路的输出方程。
(4) 由状态方程和输出方程，列出该时序电路的状态转换表。
(5) 画出该时序电路的状态转换图或时序图。
(6) 通过对状态转换规律的分析，确定电路的逻辑功能。

【例 11-3】 试分析图 11-9 所示同步时序电路的逻辑功能，并确定该电路是否具有自启动能力。

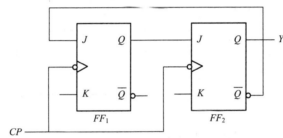

图 11-9 例 11-3 电路图

解：(1) 驱动方程：

$$\begin{cases} J_1 = \overline{Q_2}, K_1 = 1 \\ J_2 = Q_1, K_2 = 1 \end{cases}$$

(2) 状态方程：

$$\begin{cases} Q_1^{n+1} = J_1 \overline{Q_1} + \overline{K_1} Q^n = \overline{Q_2}\ \overline{Q_1} \\ Q_2^{n+1} = J_2 \overline{Q_2} + \overline{K_2} Q^n = Q_1 \overline{Q_2} \end{cases}$$

(3) 输出方程：$Y = Q_2$

(4) 状态转换表：

将输入变量、现在变量、次态变量和输出变量纵向排列画成一个表，该表称为状态表，如表 11-6 所示。

表 11-6 例 11-3 的状态转换表

现态		次态		输出
Q_2	Q_1	Q_2^{n+1}	Q_1^{n+1}	Y
0	0	0	1	0
0	1	1	0	0
1	0	0	0	1
1	1	0	0	1

(5) 状态转换图

状态转换图用图形的方式来描述现态、次态、输入和输出之间的关系。它的画法是使用圆圈中的数字或字母表示时序电路的状态,使用箭头表示状态变化并且在箭头上标记有输入变量和输出变量,标记时将输入变量和输出变量用斜杠隔开。图 11-10 为例 11-3 的状态图。

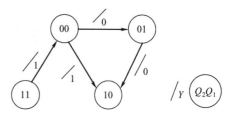

图 11-10　例 11-3 的状态图

异步时序逻辑电路的分析思路与同步时序逻辑电路基本相同。但是异步时序逻辑电路中各触发器的时钟脉冲不同,所以应首先考虑各个触发器的时钟条件,写出时钟方程。只有在触发器满足各自的时钟条件时,其状态方程才能起作用。

11.3　常用时序逻辑电路

寄存器和计数器是常用的两种时序逻辑电路。

11.3.1　寄存器

寄存器是一种用来暂时存放二进制数码的数字逻辑部件,广泛应用在电子计算机和数字系统中。寄存器由具有记忆功能的双稳态触发器组成。一个触发器只能存放 1 位二进制数,要存放 N 位数时,就得用 N 个触发器。

寄存器分为数码寄存器和移位寄存器两种,它们的区别在于有无移位功能。

1) 数码寄存器

图 11-11 所示为 4 位数码寄存器 74LS175 的逻辑电路图,其引脚图如图 11-12 所示。它是用 4 个 D 触发器组成的,采用并行输入和并行输出的送数方式工作。其中,$\overline{R}_D$ 是异步清零控制端。$D_0 \sim D_3$ 是并行数据输入端,CP 为时钟脉冲端,$Q_0 \sim Q_3$ 是并行数据输出端。

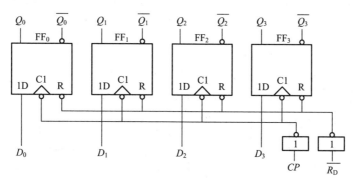

图 11-11　4 位集成寄存器 74LS175 结构

该电路的数码接收过程为:$\overline{R}_D = 0$,输出端 $Q_0 Q_1 Q_2 Q_3$ 直接清零。$\overline{R}_D = 1$ 时,将需要存储的四位二进制数码送到数据输入端 $D_0 \sim D_3$,在 CP 端送一个时钟脉冲,脉冲上升沿作用后,四位数码并行地出现在四个触发器的 $Q_0 \sim Q_3$ 端。

74LS175 芯片的功能表见表 11-7。

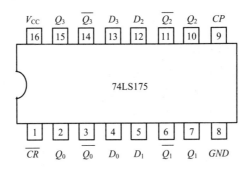

图 11-12 74LS 的引脚图

表 11-7 四位集成寄存器 74LS175 的功能表

清零	时钟	输入				输出				工作模式
$\overline{R_D}$	CP	D_0	D_1	D_2	D_3	Q_0	Q_1	Q_2	Q_3	
0	×	×	×	×	×	0	0	0	0	异步清零
1	↑	D_0	D_1	D_2	D_3	D_0	D_1	D_2	D_3	数码寄存
1	1	×	×	×	×	保持				数据保持
1	0	×	×	×	×	保持				数据保持

2）移位寄存器

移位寄存器不仅具有寄存的功能，而且还具有移位的功能。所谓移位，就是在移位脉冲的作用下，寄存器中各位数码依次向左（或向右）移动。能实现这种移位功能的寄存器称为移位寄存器。移位寄存器在计算机中应用广泛。根据数码移动方向的不同，移位寄存器可以分为左移、右移或双向移位寄存器。

（1）单向移位寄存器。图 11-13 是由 D 触发器构成的 4 位左移移位寄存器，$\overline{R_D}$ 为清零端，低电平有效，工作时首先清零，然后 $\overline{R_D}$ 一直处于高电平。数码由输入端 D_1 送入，$Q_0 \sim Q_3$ 为输出端，输入、输出方式为串行输入并行输出或串行输入串行输出；CP 时钟脉冲下降沿有效，每来一个 CP 脉冲 D 触发器的状态都左移，移位 4 个 CP 脉冲后，输入端送入的数据都送到了 $Q_0 \sim Q_3$，可并行输出；再过 4 个 CP 脉冲后，输入端送入的数可由 Q_3 端串行输出。

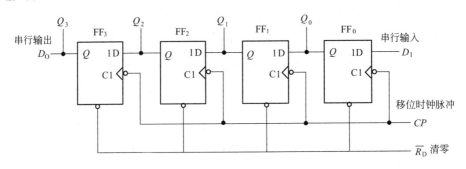

图 11-13 四位左移寄存器

（2）双向移位寄存器。在单向移位寄存器基础上增加一些门控电路，可构成双向移位寄存器。集成双向移位寄存器 74LS194 是由 4 个触发器构成的。该芯片的逻辑功能示意图如图 11-14 所示，引脚图如图 11-15 所示。其中：$\overline{CR}$ 是异步清零控制端，D_{SL} 和 D_{SR} 分别是左

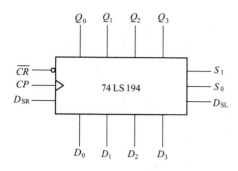

图 11-14 74LS194 的逻辑功能示意

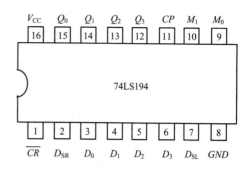

图 11-15 74LS194 的引脚图

移和右移串行输入，$D_0 \sim D_3$ 是并行数据输入端，CP 为时钟脉冲端，Q_0 和 Q_3 分别是左移和右移时的串行输出端，$Q_0 \sim Q_3$ 是并行数据输出端。

74LS194 芯片的功能表见表 11-8，由功能表可知：$\overline{CR}$ 为异步清零端，CP 为时钟脉冲端，上升沿有效；$Q_0 \sim Q_3$ 为输出端；$D_0 \sim D_3$ 是并行数据输入端，D_{SL} 为左移输入端，D_{SR} 为右移输入端；S_1 和 S_0 为工作方式控制端。

表 11-8 74LS194 的功能表

清零	控制		串行输入		时钟	并行输入				输出				工作模式
$\overline{CR}$	S_1	S_0	D_{SL}	D_{SR}	CP	D_0	D_1	D_2	D_3	Q_0	Q_1	Q_2	Q_3	
0	×	×	×	×	×	×	×	×	×	0	0	0	0	清零
1	0	0	×	×	×	×	×	×	×	Q_0	Q_1	Q_2	Q_3	保持
1	0	1	×	1	↑	×	×	×	×	1	Q_0	Q_1	Q_2	右移
1	0	1	×	0	↑	×	×	×	×	0	Q_0	Q_1	Q_2	
1	1	0	1	×	↑	×	×	×	×	Q_1	Q_2	Q_3	1	左移
1	1	0	0	×	↑	×	×	×	×	Q_1	Q_2	Q_3	0	

当 $S_1 = S_0 = 0$ 时，不论有无 CP 到来，各触发器状态不变，为保持工作状态。

当 $S_1 = 0$，$S_0 = 1$ 时，在 CP 的上升沿作用下，实现右移操作。$D_{SR} \rightarrow Q_3 \rightarrow Q_0$。

当 $S_1 = 1$，$S_0 = 0$ 时，在 CP 的上升沿作用下，实现左移操作。$D_{SL} \rightarrow Q_0 \rightarrow Q_3$。

当 $S_1 = S_0 = 1$ 时，在 CP 的上升沿作用下，实现置数操作。寄存器由 $D_0 \sim D_3$ 端并行送数到 $Q_0 \sim Q_3$。

(3) 移位寄存器的应用

① 环形计数器。图 11-16(a) 是用 74LS194 构成的环形计算器的逻辑电路图。当正脉冲启动信号 ST 到来时，使 $S_1 S_0 = 11$，从而不论移位寄存器 74LS194 的原状态如何，在 CP 作用下总是执行置数操作使 $Q_3 Q_2 Q_1 Q_0 = 0001$。当 ST 由 1 变 0 之后，$S_1 S_0 = 01$，在 CP 作用下移位寄存器进行右移操作。在第四个 CP 到来之前 $Q_3 Q_2 Q_1 Q_0 = 1000$。这样在第四个 CP 到来时，由于 $D_{SR} = Q_3 = 1$，故在此 CP 作用下 $Q_3 Q_2 Q_1 Q_0 = 0001$。可见该计算器共 4 个状态，为模 4 计数器。其状态转换图如图 11-16(b) 所示。

环形计数器的优点是电路结构简单，不需要另加译码电路，但它的缺点是没有充分利用电路的状态，这显然是一种浪费。

② 扭环形计数器。为了提高电路的状态利用率，扩大计数器的模，将上述接成右移寄存器的 74LS194 的末级输出 Q_3 反相后，接到串行输入端 D_{SR}，就构成了扭环形计数器，其

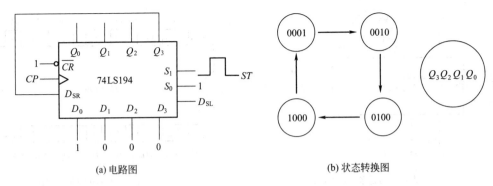

图 11-16 环形计数器

电路图和状态转换图分别如图 11-17(a)、(b) 所示。通过本电路的状态转换图可知该电路有 8 个计数状态，为模 8 计数器。

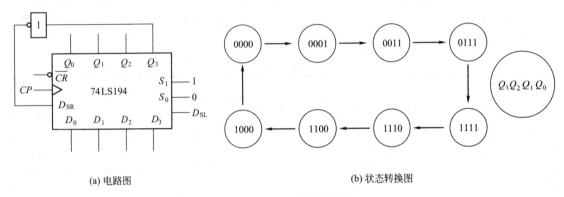

图 11-17 扭环形计数器

11.3.2 计数器

计数器是数字电路中使用最多的时序逻辑电路。它不仅能对时钟脉冲计数，而且能用于定时、分频、产生节拍脉冲和脉冲序列等。计数器种类多种多样，按对输入计数脉冲的累计方式，可分为加法计数器、减法计数器和可逆计数器；按计数器中触发器是否同时触发翻转，可分为同步计数器和异步计数器；按计数进制可分为二进制计数器、十进制计数器和任意进制计数器等。

1）二进制计数器

(1) 异步二进制计数器。图 11-18 所示为由 D 触发器构成的三位异步二进制加法计数器。

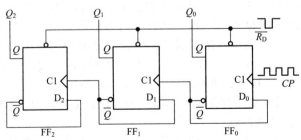

图 11-18 三位异步二进制加法计数器

由于计数脉冲不是同时加到各触发器的 CP 端，而只加到最低位触发器，其他各位高位触发器的 CP 端一次接低位触发器的反向输出，最低位触发器的 CP 端接电路的输入脉冲，触发器本身又被接成计数状态（$Q^{n+1}=\overline{Q^n}$），即每来一个时钟脉冲触发器就翻转一次，所以高位触发器是在低位触发器由 1 变 0 时翻转，最低位触发器是每来一个输入脉冲翻转一次。由此可画出电路的时序图和状态转换图分别如图 11-19 和图 11-20 所示。

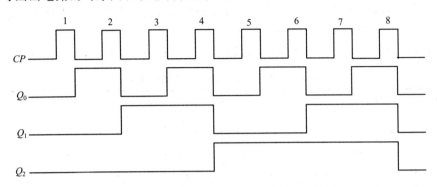

图 11-19 三位异步二进制加法计数器时序图

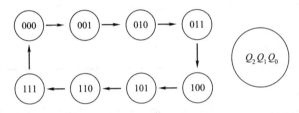

图 11-20 图 11-18 的状态转换图

触发器则由相邻低位触发器输出的进位脉冲来触发，它们状态的变换有先有后，是异步的，所以被称为异步计数器。

从时序图可以清楚地看到 Q_0、Q_1、Q_2 的周期分别是计数脉冲（CP）周期的 2 倍、4 倍、8 倍，也就是说 Q_0、Q_1、Q_2 分别对 CP 波形进行了二分频、四分频、八分频，因而计数器也可作为分频器。

若将图 11-18 中高位触发器的时钟脉冲端接低位触发器的输出端，则高位触发器是在低位触发器由 0 变到 1 的时候翻转，将得到异步二进制减法计数器。

（2）同步二进制计数器。为了提高计数速度，可采用同步计数器，其特点是，计数脉冲同时接于各位触发器的时钟脉冲输入端，当计数脉冲到来时，各触发器同时被触发，应该翻转的触发器是同时翻转的，没有各级延迟时间的积累问题。同步计数器也可称为并行计数器。

用 3 个 JK 触发器（已令 $J=K$）可以组成 3 位二进制同步加法计数器。由图 11-21 可

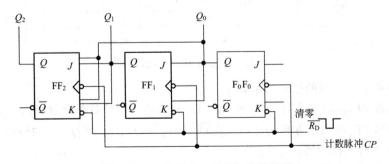

图 11-21 3 位同步二进制加法计数器

见，各触发器的时钟脉冲输入端接同一计数脉冲 CP，各触发器的驱动方程分别为

$$J_0=K_0=1 \quad J_1=K_1=Q_0 \quad J_2=K_2=Q_0Q_1$$

计数器经 $\overline{R}_D$ 的负脉冲清零后处在初态 000，因为 $J_0=K_0=1$，所以每输入一个计数脉冲 CP，最低位触发器 FF_0 就翻转一次，其他位的触发器 FF_i 仅在 $J_i=K_i=Q_{i-1}Q_{i-2}\cdots\cdots Q_0=1$ 的条件下，在 CP 下降沿到来时才翻转。在第一个脉冲作用下，计数器状态由初态转移到 001，以此类推，在第 7 个脉冲后，计数器稳定在 111。当第 8 个计数脉冲输入后，计数器的状态就从 111 返回到 000 的初始状态。

根据逻辑电路图，可得到该电路的状态表，如表 11-9 所示。

表 11-9 二进制同步加法计数器的状态表

计算脉冲	Q_2^n	Q_1^n	Q_0^n	Q_2^{n+1}	Q_1^{n+1}	Q_0^{n+1}
1	0	0	0	0	0	1
2	0	0	1	0	1	0
3	0	1	0	0	1	1
4	0	1	1	1	0	0
5	1	0	0	1	0	1
6	1	0	1	1	1	0
7	1	1	0	1	1	1
8	1	1	1	0	0	0

2) 十进制计数器

二进制计数器结构简单，但是读数不习惯，所以在有些场合采用十进制计数器较为方便。十进制计数器是用四位二进制数来代表十进制的每一位数，所以也称为二-十进制计数器。最常用的是 8421 编码方式，取二进制的 0000~1001 来表示十进制的 0~9 十个数码。

用四个主从型 JK 触发器可以组成同步十进制加法计数器。由图 11-22 可见，各触发器的时钟脉冲输入端接同一计数脉冲 CP，计数数码由各触发器的 $Q_0Q_1Q_2Q_3$ 端输出。直接使用 $\overline{R}_D$ 清零。

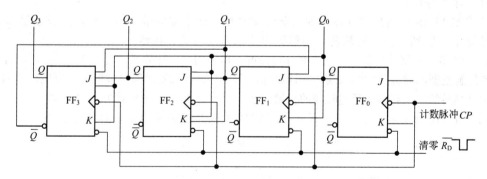

图 11-22 同步十进制加法计数器

各触发器的 J、K 端的逻辑关系如下：

(1) 触发器 FF_0 的驱动方程为 $J_0=K_0=1$，故每来一个计数脉冲就翻转一次；

(2) 触发器 FF_1 的驱动方程为 $J_1=Q_0\overline{Q_3}$，$K_1=Q_0$，故在 $Q_0=1$ 时再来一个脉冲翻转，而在 $Q_3=1$ 时不得翻转；

(3) 触发器 FF_2 的驱动方程为 $J_2=K_2=Q_1Q_0$，故在 $Q_1=Q_0=1$ 时再来一个脉冲

翻转；

（4）触发器 FF_3 的驱动方程为 $J_3=Q_2Q_1Q_0$，$K_3=Q_0$，故在 $Q_2=Q_1=Q_0=1$ 时，再来一个时钟翻转，并来第十个脉冲时由 1 翻转为 0。

由上述分析可得同步十进制计数器的状态表（表 11-10）和时序图（图 11-23）。

表 11-10　同步十进制计数器的状态表

计数脉冲	Q_3^n	Q_2^n	Q_1^n	Q_0^n	Q_3^{n+1}	Q_2^{n+1}	Q_1^{n+1}	Q_0^{n+1}	计数脉冲	Q_3^n	Q_2^n	Q_1^n	Q_0^n	Q_3^{n+1}	Q_2^{n+1}	Q_1^{n+1}	Q_0^{n+1}
1	0	0	0	0	0	0	0	1	6	0	1	0	1	0	1	1	0
2	0	0	0	1	0	0	1	0	7	0	1	1	0	0	1	1	1
3	0	0	1	0	0	0	1	1	8	0	1	1	1	1	0	0	0
4	0	0	1	1	0	1	0	0	9	1	0	0	0	1	0	0	1
5	0	1	0	0	0	1	0	1	10	1	0	0	1	0	0	0	0

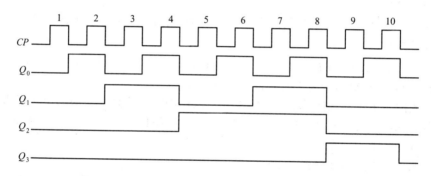

图 11-23　十进制加法计数器时序图

3）集成计数器

（1）集成同步二进制加法计数器 74LS161

① 引脚图和逻辑功能示意图。74LS161 芯片的引脚图和逻辑功能示意图分别如图 11-24 和图 11-25 所示。它是具有异步清 0、同步置数、计数、保持等功能的集成 4 位同步二进制加法计数器。其中 $D_3 \sim D_0$ 是数据并行输入端，$Q_3 \sim Q_0$ 是计数输出端，EP、ET 为是否允许计数的使能端，$\overline{CR}$ 为异步清 0 端。$\overline{LD}$ 为同步置数端，CO 是进位输出端。

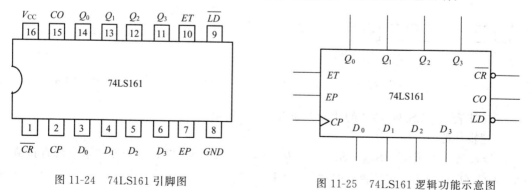

图 11-24　74LS161 引脚图　　　　图 11-25　74LS161 逻辑功能示意图

② 功能表。74LS161 芯片的功能表如表 11-11 所示。

表 11-11 74LS161 的功能表

清零	预置	使能		时钟	预置数据输入				输出				工作模式
$\overline{CR}$	$\overline{LD}$	ET	EP	CP	D_3	D_2	D_1	D_0	Q_3	Q_2	Q_1	Q_0	
0	×	×	×	×	×	×	×	×	0	0	0	0	异步清零
1	0	×	×	↑	d_3	d_2	d_1	d_0	d_3	d_2	d_1	d_0	同步置数
1	1	0	×	×	×	×	×	×	保持				数据保持
1	1	×	0	×	×	×	×	×	保持($CO=0$)				数据保持
1	1	1	1	↑	×	×	×	×	计数				加法计数

③ 逻辑功能

a. 异步清 0。当 $\overline{CR}=0$ 时，计数器的输出端直接清 0，即 $Q_3Q_2Q_1Q_0=0000$，与是否有时钟脉冲 CP 和其他输入信号无关，实现的是异步清 0 的功能。

b. 同步置数。当 $\overline{CR}=1$，$\overline{LD}=0$ 时，在 CP 脉冲上升沿将 4 位二进制数 $d_3 \sim d_0$ 置入 $Q_3 \sim Q_0$，并行输出。

c. 二进制同步加法计数。当 $\overline{CR}=\overline{LD}=1$，$EP=ET=1$ 时，对 CP 脉冲进行同步加法计算（上升沿翻转）。

d. 保持功能。当 $\overline{CR}=\overline{LD}=1$，$EP \cdot ET=0$ 时，计数器数值保持不变。进位输出 $CO=ET \cdot Q_3Q_2Q_1Q_0$。即输出全为 1 时有进位（$CO=1$）。

（2）集成同步十进制加法计数器 74LS160。74LS160 芯片是一典型的集成同步十进制计数器。其逻辑功能示意图和引脚图与 74LS161 芯片相同，不同的是 74LS160 实现的是 8421BCD 码十进制加法计数。

（3）集成异步十进制计数器 74LS290

① 引脚图和逻辑功能示意图。74LS290 芯片的引脚图和逻辑功能示意图分别如图 11-26 和图 11-27 所示。其中 R_{0A} 和 R_{0B} 是置 0 输入端，R_{9A} 和 R_{9B} 是置 9 输入端，CP_0 和 CP_1 为时钟输入端。$Q_3 \sim Q_0$ 是计数输出端。

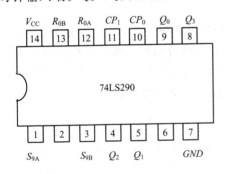

图 11-26 74LS290 引脚图

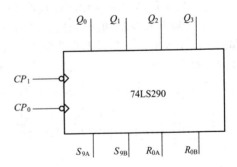

图 11-27 74LS290 逻辑功能示意图

② 功能表。74LS290 芯片的功能表如表 11-12 所示。

③ 逻辑功能

a. 异步清 0。当 $S_9=S_{9A} \cdot S_{9B}=0$，$R_0=R_{0A} \cdot R_{0B}=1$ 时，计数器的输出端直接清 0，即 $Q_3Q_2Q_1Q_0=0000$，与是否有时钟脉冲 CP 无关。

b. 置 9 功能。当 $S_9=S_{9A} \cdot S_{9B}=1$ 时，计数器置 9，即 $Q_3^{n+1}Q_2^{n+1}Q_1^{n+1}Q_0^{n+1}=1001$，这种置 9 也是通过触发器异步输入端进行的，与 CP 无关，其优先级别高于 R_0。

表 11-12　74LS290 的功能表

输入			输出				说明
$R_{0A} \cdot R_{0B}$	$S_{9A} \cdot S_{9B}$	CP	Q_3^{n+1}	Q_2^{n+1}	Q_1^{n+1}	Q_0^{n+1}	
1	0	×	0	0	0	0	清零
×	1	×	1	0	0	1	置 9
0	0	↓	计数				$CP_0=CP$　$CP_1=Q_0$

c. 计数功能。当 $R_0 = R_{0A} \cdot R_{0B} = 0$，$S_9 = S_{9A} \cdot S_{9B} = 0$ 时，计数器处于计数状态。有四种基本情况：

若把输入计数脉冲 CP 加在 CP_0 端，即 $CP_0 = CP$，且把 Q_0 与 CP_1 从外部连接起来，即令 $CP_1 = Q_0$，则电路对 CP 按照 8421BCD 码进行异步加法计数；

若仅将 CP 加在 CP_0 端，CP_1 不与 Q_0 连接起来，则构成 1 位二进制加法计数器；

若 CP 加在 CP_1 端，CP_0 接 0 或 1，则构成五进制计数器。

若将 CP 加在 CP_1 端，且把 Q_3 与 CP_0 连接起来，则构成十进制计数器。

4）用集成计数器构成任意进制计数器

现有的计数器多数是二进制、十进制及十六进制计数器。如果需要其他任意进制计数器，可用已有的计数器外接不同电路实现。若要用 M 进制集成计数器构成 N 进制计数器，当 $M > N$ 时，只需要一片 M 进制的集成计数器；当 $M < N$ 时，需要多片 M 进制的集成计数器级联。构成任意进制计数器主要有两种方法：反馈清零法和反馈置数法。

(1) 反馈清零法。利用集成计数器的清零端 $\overline{CR}$ 使计数器从全 0 状态 S_0 开始计数，计满 N 个状态后产生清 0 信号，使计数器恢复到初态 S_0，然后再重复上述过程就是反馈清零法。具体又分为以下两种情况。

① 异步清零。计数器在 $S_0 \sim S_{N-1}$ 共 N 个状态中工作，当计数器进入 S_N 状态时，利用 S_N 状态进行译码产生清 0 信号并反馈到异步清零端，使计数器立即返回 S_0 状态。其示意图如图 11-28 中虚线所示。

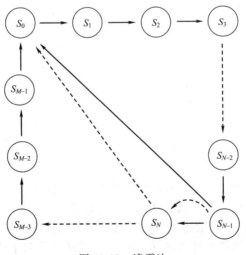

图 11-28　清零法

② 同步清零。计数器在 $S_0 \sim S_{N-1}$ 共 N 个状态中工作，当计数器进入 S_{N-1} 状态时，利用 S_{N-1} 状态译码产生清 0 信号并反馈到同步清零端，等到下一时钟脉冲到来时，才能完成清零动作，使计数器返回 S_0 状态。同步清零没有过渡状态，其示意图如图 11-28 中实线

所示。

【**例 11-4**】 利用反馈清零法将 74LS163 芯片构成七进制计数器。

解：① 写 S_{7-1} 的二进制代码：$S_{7-1}=0110$。

② 写反馈清零函数：$\overline{CR}=\overline{Q_2Q_1}$。

③ 画接线图，如图 11-29 所示。

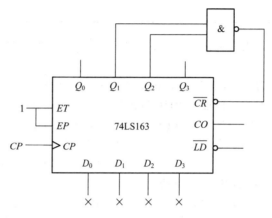

图 11-29 例 11-4 连线图

【**例 11-5**】 利用异步反馈清零法将 74LS161 芯片构成七进制计数器，并画出状态图。

解：① 写 S_7 的二进制代码：$S_7=0111$。

② 写反馈清零函数：$\overline{CR}=\overline{Q_2Q_1Q_0}$。

③ 画接线图，如图 11-30 所示。该电路的状态转换图如图 11-31 所示。

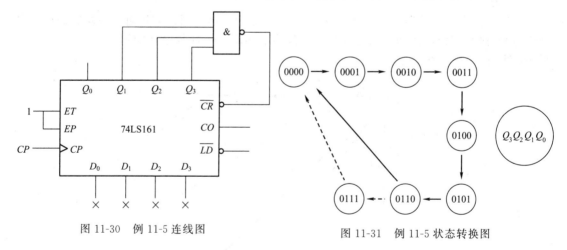

图 11-30 例 11-5 连线图　　图 11-31 例 11-5 状态转换图

（2）反馈置数法。利用集成计数器的置数端$\overline{LD}$，当计数器达到所需状态时强制性对其置数，使计数器从被置的状态开始重新计数，称作反馈置数法。置数操作可以在任意状态下进行，不一定从全 0 状态 S_0 开始计数。它可以从某个预置状态 S_i 开始计数，计满 N 个状态后产生置数信号，使计数器又进入预置状态 S_i，然后再重复上述过程。

① 异步预置数。使预置数端$\overline{LD}$有效的信号从 S_{i+N} 状态译出，当 S_{i+N} 状态一出现，即置数信号一有效，立即就将预置数置入计数器，它不受 CP 控制，所以 S_{i+N} 状态只在极短的瞬间出现，稳定状态循环中不包含 S_{i+N}，如图 11-32 中虚线所示。

② 同步预置数。使预置数端$\overline{LD}$有效的信号从 S_{i+N-1} 状态译出，等下一个 CP 到来时，

才将预置数置入计数器,计数器在 S_i,S_{i+1},…,S_{i+N-1} 共 N 个状态中循环,如图 11-32 中实线所示。

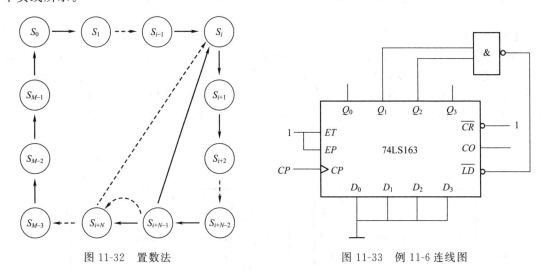

图 11-32 置数法 　　　　图 11-33 例 11-6 连线图

【**例 11-6**】 利用同步反馈置 0 法将 74LS163 芯片构成七进制计数器。

解: ① 因为本题采用同步反馈置 0 法,因此取 $D_3D_2D_1D_0=0000$。

② 写 $S_{7\text{-}1}$ 的二进制代码:$S_{7\text{-}1}=0110$。

③ 写反馈清零函数:$\overline{LD}=\overline{Q_2Q_1}$。

④ 画接线图,如图 11-33 所示。

【**例 11-7**】 分析图 11-34 所示电路的逻辑功能,并画出状态转换图。

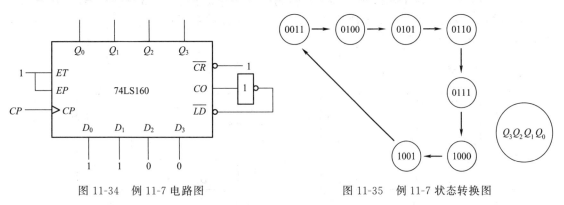

图 11-34 例 11-7 电路图　　　　图 11-35 例 11-7 状态转换图

解:①由图 11-34 可知,该电路是采用同步反馈置数法来实现任意 N 进制计数器的接线图。

② 图中 $D_3D_2D_1D_0=0011$,可作为预置数输入信号。

③ 本题采用进位输出信号 CO 作为预置数端的控制信号,因此,$\overline{LD}=\overline{Q_3Q_0}$。

④ 通过以上分析可知:该电路的状态输出端 $Q_3Q_2Q_1Q_0$ 从 0111 至 1001,在时钟脉冲 CP 的作用下按照递增计数的规律实现同步七进制加法计数。状态转换图如图 11-35 所示。

(3) 集成计数器的级联。集成计数器的级联方法是指把多个集成计数器串联起来,从而获得所需的大容量 N 进制计数器。把一个 N_1 进制计数器和一个 N_2 进制计数器串接起来,即可构成 $N=N_1\times N_2$ 进制的计数器。

常见的级联方式有串行进位方式和并行进位方式两种。在串行进位方式中,以低位片的进位输出信号作为高位片的时钟输入信号;而并行进位方式中,则是以低位片的进位输出信号作为高位片的工作状态控制信号,即是否允许计数器的使能信号,两片的脉冲输入端则要同时接计数输入信号。

【例 11-8】 试用两片同步十进制计数器(74LS160)接成百进制计数器。

解:① 采用串行进位方式。如图 11-36 所示。两片计数器的 EP 和 ET 都恒为 1,都处于计数状态。低位片(第 1 片)的进位输出信号作为高位片(第 2 片)的时钟输入信号,第 1 片每计到 9(1001)时 CO 输出高电平,下一个 CP 信号到达时计成 0(0000),同时 CO 输出低电平;CO 经反相器后相当于给第 2 片提供一个有效的 CP 信号,于是第 2 片计入 1(0001)。

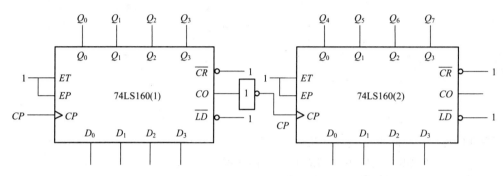

图 11-36 例 11-8 电路的串行进位方式

② 采用并行进位方式。如图 11-37 所示。以低位片(第 1 片)的进位输出信号 CO 作为高位片(第 2 片)的工作状态控制信号 EP 和 ET 的输入,两片计数器的 CP 输入端同时接入计数输入信号,而第 1 片的 EP 和 ET 恒为 1,始终处于计数状态。每当第 1 片计到 9(1001)时 CO 变为 1,下一个 CP 信号到达时第 2 片计数器工作,计入 1(0001),而第 1 片计成 0(0000),CO 变为 0。

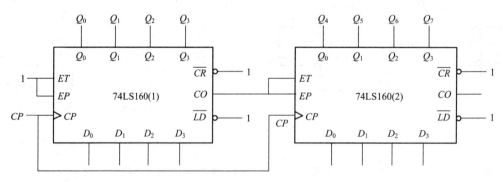

图 11-37 例 11-8 电路的并行进位方式

在许多情况下,需要先把计数器级联起来扩大容量后,再使用整体清零方式或整体置数方式获得大容量的任意 N 进制计数器。

【例 11-9】 使用整体清零方式将 74LS161 芯片实现 41 进制同步加法计数器。

解:因为 $N=41$,而 74LS161 芯片为模等于 16 的计数器,所以要用两片 74LS161 构成此计数器。

先将两芯片采用同步级联方式连接成 256 进制计数器。

再借助 74LS161 异步清零功能,通过整体清零法,在输入第 41 个计数脉冲后,计数器输出状态为 $S_{41}=0010\ 1001$ 时,高位片(2)的 Q_1 和低位片(1)的 Q_3 和 Q_0 同时为 1,使与非门输出 0,加到两芯片异步清零端上,使计数器立即返回 0000 0000 状态,状态 0010 1001 仅在极短的瞬间出现,为过渡状态,这样,就组成了 41 进制计数器。

其逻辑电路如图 11-38 所示。

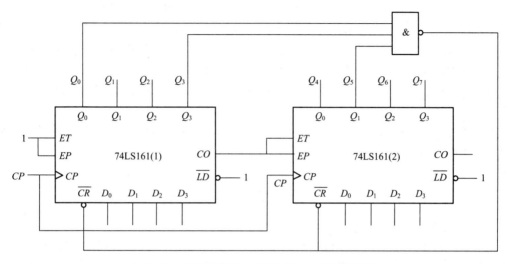

图 11-38　两片 74LS161 级联成的 41 进制计数器

11.4 应用举例

时序逻辑电路的应用非常广泛,智力竞赛抢答器就是一个这方面的应用。

图 11-39 是利用 CT74LS175 芯片(四上升沿边沿 D 触发器)和逻辑门组成四选一电路,应用于游艺活动中竞猜和抢答场合。注意该芯片的清零端 $\overline{CR}$ 和时钟脉冲 CP 是四个 D 触发器共用的。

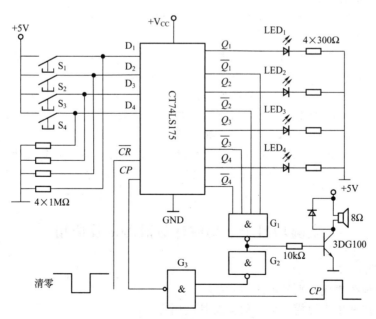

图 11-39　智力竞赛抢答器

抢答前先清零，于是四个 D 触发器的输出端 $Q_1 \sim Q_4$ 均为 0，用于被选中指示的发光二极管都不亮；$Q_1 \sim Q_4$ 均为 1，"与非"门 G_1 输出为 0，扬声器不响。经"非"门 G_2 反相后输出为 1，打开 G_3 门，于是时钟脉冲 CP 经 G_3 进入各 D 触发器的 CP 端。当 $S_1 \sim S_4$ 均未按下时，$D_1 \sim D_4$ 输入均为 0，故触发器状态保持不变，到此四选一电路准备工作完成。

抢答开始后，若 S_2 首先按下，则 D_2 输入为 1 和继而 Q_2 变为 1，相应的发光二极管 LED_2 亮；因 $\overline{Q_2}$ 变为 0，"与非"门 G_1 的输出为 1，于是扬声器发出声响，表明该电路选中 S_2。与此同时，通过 G_2 门输出为 0 封锁 G_3，使时钟脉冲 CP 不能通过 G_3 进入 D 触发器，从而关闭其他按钮 S_1、S_3、S_4 使之失效。在下一次抢答前，可通过清零端 $\overline{CR}$ 使各触发器复位。

若在触发器输出端 $Q_1 \sim Q_4$ 接晶体管放大电路后，也可驱动继电器，通过触点可控制其他功率大些的负载，用来指示抢答的结果。

本章小结

1. 双稳态触发器

触发器是构成时序逻辑电路的基本单元，一个触发器可以存储 1 位二进制信息。触发器有两个稳定状态，在外信号作用下，两个稳定状态可以相互转换。按照逻辑功能不同，触发器可分为 RS 触发器、JK 触发器、D 触发器、T 触发器和 T′ 触发器。描述触发器逻辑功能的方法主要有特性表、特性方程、状态转换图和波形图等。

2. 时序逻辑电路的分析步骤

（1）写各触发器的驱动方程和时钟方程。
（2）将驱动方程代入触发器的特性方程，得各触发器的状态方程。
（3）写时序电路的输出方程。
（4）由状态方程和输出方程，列出时序电路的状态转换表。
（5）画出时序电路的状态转换图或时序图。
（6）通过对状态转换规律的分析，确定电路的逻辑功能。

3. 寄存器和计数器

寄存器是用来存放数码或指令的基本部件。它具有清除数码、接收数码、存放数码和传送数码的功能。寄存器可分为数码寄存器和移位寄存器。

计数器是能记忆输入脉冲个数的部件。按计数器中的触发器是否被同时触发翻转，可分为同步计数器和异步计数器；按进位制分，有二进制计数器和 N 进制计数器两大类；按计数过程中计数器的数字的增减，可以分为加法计数器、减法计数器和可逆计数器。

常用的中规模集成计数器多是二进制计数器和十进制计数器。用集成计数器可构成任意进制的计数器，可采用清零法和置数法。当需扩大计数容量时，可用多片集成计数器级联完成。

实验项目十　集成计数器测试及应用

1）实验目的
① 学习中规模集成计数器的逻辑功能。
② 熟练掌握常用中规模集成计数器及其应用方法。

2）实验基本原理
见 11.3.2。

3）实验用仪器与设备

集成计数器测试实验设备见表 11-13。

表 11-13　集成计数器测试实验设备

序号	名称	型号与规格	数量
1	电子课程设计实验箱		1
2	4 位二进制同步计数器	74LS161	1
3	异步二-五-十进制计数器	74LS290	1
4	同步十进制可逆计数器	74LS192	1
5	双 4 输入与非门	74LS20	1

4）实验方法与步骤

① 测试 74LS161 的逻辑功能：CP 接单次脉冲，输出接发光二极管，按功能表要求依次测试，并记录结果。

② 用 74LS161 实现十进制计数器，并接入实验箱的译码显示电路，观察电路的计数、译码、显示过程。

③ 用两片 74LS161 实现二十一进制计数器，进行实验验证。

④ 测试异步二-五-十进制计数器 74LS290 的逻辑功能，并记录结果。

⑤ 用 74LS290 利用置"9"法实现七进制计数器，并接入实验箱的译码显示电路，观察电路的计数、译码、显示过程。

⑥ 测试同步十进制可逆计数器 74LS192 的逻辑功能，并记录结果。

⑦ 用 74LS192 实现十进制减法计数器，并接入实验箱的译码显示电路，观察电路的计数、译码、显示过程。

5）实验准备及预习要求

① 预习有关计数器的内容。

② 绘出各实验内容的详细电路图。

③ 拟出各实验内容所需的测试记录表格。

④ 熟悉实验所用各集成芯片的引脚排列图。

6）思考题

① 试比较异步计数器与同步计数器的优缺点。

② 计数器与分频器有何不同之处。

习题 11

11-1 已知基本 RS 触发器的 $\overline{R_D}$ 端和 $\overline{S_D}$ 端的输入波形如图 11-40 所示，试画出触发器 Q 端和 $\overline{Q}$ 端的波形图。

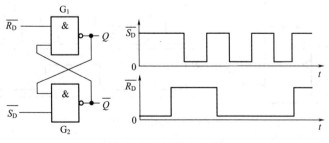

图 11-40　习题 11-1 图

11-2 图 11-41 是用或非门构成的基本 RS 触发器。已知 S_D 和 R_D 的波形，试画出输出端 Q 和 $\bar{Q}$ 的波形。

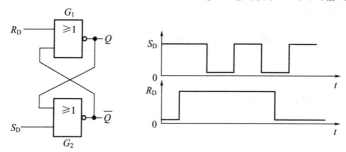

图 11-41 习题 11-2 图

11-3 已知同步 RS 触发器的输入波形如图 11-42 所示，试画出 Q 和 $\bar{Q}$ 端的输出波形。

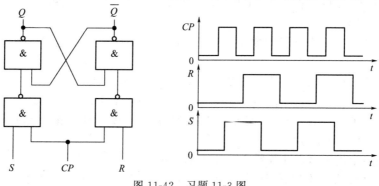

图 11-42 习题 11-3 图

11-4 已知主从 JK 触发器的输入波形如图 11-43 所示，试画出 Q 和 $\bar{Q}$ 端的输出波形。设触发器的初始状态为 0。

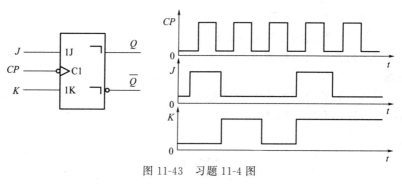

图 11-43 习题 11-4 图

11-5 边沿 D 触发器及相关波形如图 11-44 所示，试画出 Q 和 $\bar{Q}$ 端的输出波形。设触发器的初始状态为 0。

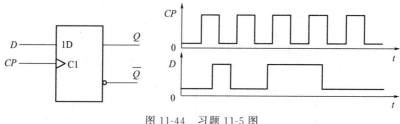

图 11-44 习题 11-5 图

11-6 设触发器初始状态为 0，试画出图 11-45 中各触发器在连续 6 个时钟脉冲（CP）作用时的输出波形。

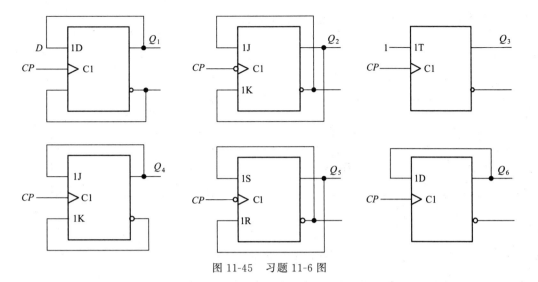

图 11-45 习题 11-6 图

11-7 如图 11-46(a) 所示电路，设触发器的初始状态为 0，已知 CP、A、B 端的输入波形如图 11-46(b) 所示，画出 Q 端的波形图。

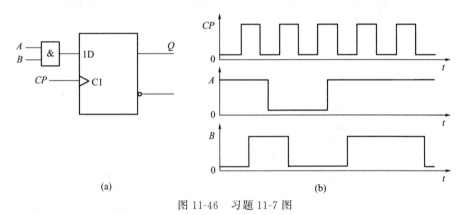

图 11-46 习题 11-7 图

11-8 电路如图 11-47 所示，设各触发器的初始状态均为 0。已知 CP 和 A 的波形，试分别画出 Q_1、Q_2 的波形。

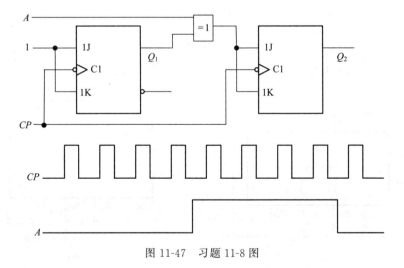

图 11-47 习题 11-8 图

11-9 试用双向移位寄存器 74LS194 芯片和门电路构成扭环形六进制计数器。

第 11 章　触发器和时序逻辑电路　**263**

11-10 分析图 11-48 所示各电路，指出各是几进制计数器。

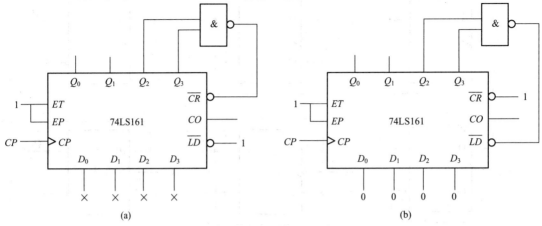

图 11-48　习题 11-10 图

11-11 试利用反馈清零法将 74LS290 芯片设计为九进制计数器电路。
11-12 试利用反馈清零法将 74LS161 芯片设计为九进制计数器电路。
11-13 试用 74LS160 的异步清零和同步置数功能构成 24 进制计数器和 180 进制计数器。
11-14 试分析图 11-49 所示电路是几进制计数器。

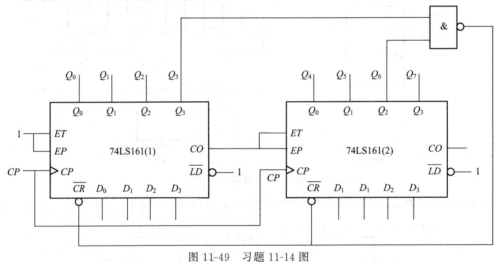

图 11-49　习题 11-14 图

11-15 分析图 11-50 所示各电路，画出它们的状态图，指出各是几进制计数器。

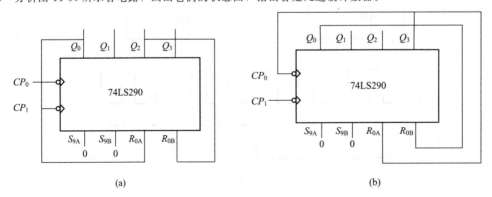

图 11-50　习题 11-15 图

11-16 由集成十进制计数器 74LS160 构成的电路如图 11-51 所示。试求：(1) 画出电路的状态转换图；(2) 分析计数器的计数功能。

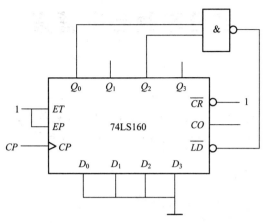

图 11-51 习题 11-16 图

11-17 电路如图 11-52 所示，试分析当 $M=0$ 和 $M=1$ 时各是多少进制计数器，画出状态转换图。

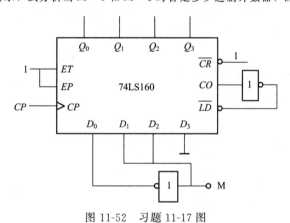

图 11-52 习题 11-17 图

部分习题参考答案

习题 1

1-1 (a) A 到 B　(b) B 到 A　(c) B 到 A　(d) B 到 A

1-2 A：$P=5$W 负载；B：$P=-5$mW 电源；C：$P=5$W 负载；
D：$U=-2$V 电源；E：$I=1$mA 负载；F：$I=2$mA 电源

1-3 3V

1-4 S 断开：-8V；S 闭合：2V

1-5 $u=-10^4 i$ V；$u=0.02\dfrac{\mathrm{d}i}{\mathrm{d}t}$V；$i=10^{-5}\dfrac{\mathrm{d}u}{\mathrm{d}t}$A

1-6 (a) 3.5Ω；(b) 5Ω

1-7 (1) $U=2$V；(2) $P_R=8$W 吸收；$P_{IS}=4$W 吸收；$P_{US}=-12$W 产生

1-8 (a) $U=-8$V；(b) $I=-2$A；(c) $U=-2$V；(d) $I=-6$A

1-9 (a) -1A；(b) 3A；(c) $I_1=-5$A，$I_2=-17$A

1-10 $U_{ab}=2$V

1-11 (a) $U=U_S-IR$；(b) $U=U_S+IR$

1-12 -5V，$\dfrac{10}{3}$Ω；66V，10

1-13 1A，7Ω；8A，5Ω

1-14 $I_1=-4$A；$I_2=3$A；$I_3=-1$A；$I_4=7$A

1-15 $I_1=1$A；$I_2=0$A；$I_3=2$A

1-16 $I_1=1$A；$I_2=0$A；$I_3=2$A

1-17 $I_U=-0.5$A；$I_V=1$A；$I_W=-0.5$A

1-18 $I_1=1$A；$I_2=0$A；$I_3=2$A

1-19 $I_2=4$A；$U_2=8$V

1-20 (a) 戴维南等效电路 10V 电压源与 4Ω 电阻串联；
　　　诺顿等效电路 2.5A 电流源与 4Ω 电阻并联
(b) 戴维南等效电路 10V 电压源与 4Ω 电阻串联；
　　　诺顿等效电路 2.5A 电流源与 4Ω 电阻并联

1-21 $I_2=4$A；$U_2=8$V

1-22 $U=2$V

1-23 $U_S=-1$V

习题 2

2-1 $\dot{U}_1=220\mathrm{e}^{\mathrm{j}30°}$V；$\dot{U}_2=110\mathrm{e}^{\mathrm{j}60°}$V

2-2 $i=10\cos(314t+30°)$A；$i=5\sqrt{2}\cos(314t+45°)$A

2-3 $I_1=10$A；$I_2=110$A；$\varphi_1=60°$；$\varphi_2=-120°$；$\varphi=180°$

2-4 (1) $R=8$Ω；$X=6$Ω；呈感性；$\varphi=36.8°$
(2) $R=3$Ω；$X=4$Ω；呈容性；$\varphi=-53.2°$

(3) $R=25\Omega$；$X=0\Omega$；呈阻性；$\varphi=0°$

(4) $R=53\Omega$；$X=53\Omega$；呈容性；$\varphi=-45°$

2-5　$R=10\Omega$；$L=1.19\text{mH}$

2-6　$3\sqrt{2}\text{A}$；3A

2-7　$20\sqrt{2}\text{V}$；50V

2-8　$1e^{53.1°}\text{A}$；$5e^{106.2°}\text{V}$；$8e^{-36.2°}\text{V}$

2-9　$\dot{I}_1=3e^{j0°}\text{A}$；$\dot{I}_2=2e^{j0°}\text{A}$；$\dot{U}=8.49e^{j45°}\text{V}$

2-10　阻性

2-11　$A_0=10\text{A}$；$V_0=100\sqrt{2}\text{V}$

2-12　$\dot{I}_L=0.18\angle-36.8°\text{A}$

2-13　$\cos\varphi=0.6$；$R=12\Omega$；$L=51\text{mH}$

2-14　45.45A；$10\text{kV}\cdot\text{A}$；8kvar

2-15　$R=20\Omega$；$X_L=51.2\Omega$；$X_C=6.6\Omega$

2-16　$R=10\Omega$；$Q=4\text{var}$

习题 3

3-1　220V；22A；22A

3-2　$\dot{I}_U=\sqrt{3}e^{-j30°}\text{A}$

3-3　$U_{UV}=73.3\text{V}$；$U_{VW}=U_{WU}=194\text{V}$

3-4　$U_{UV}=U_{VW}=220\text{V}$；$U_{WU}=380\text{V}$

3-5　(1) $38e^{j64°}\Omega$；(2) 能、17.3A、10A、10A

3-6　(1) $I_{P2}=7.6\text{A}$；$I_{L2}=13.16\text{A}$；$I_{P1}=I_{L1}=10\text{A}$；(2) 20A

3-7　(1) 10A；20A；26.5A；(2) 16.5kW

3-8　(1) $I_U=5.8\text{A}$；$I_V=10\text{A}$；$I_W=5.8\text{A}$；

(2) $I_U=0\text{A}$；$I_V=I_W=8.7\text{A}$

3-9　(1) 17.3Ω；10Ω；$0.033H$；(2) 12.72A；6.72kW

3-10　(1) 11Ω；19Ω；(2) 33Ω；57Ω

3-11　$(2.41+j4.17)\Omega$

3-12　$\dot{I}_U=22\sqrt{2}e^{-j45°}\text{A}$；$\dot{I}_V=22\sqrt{2}e^{-j165°}\text{A}$；$\dot{I}_W=22\sqrt{2}e^{j75°}\text{A}$；$14.52\text{kW}$

3-13　6873A；$7.5\times10^4\text{kvar}$；$1.25\times10^5\text{kV}\cdot\text{A}$

3-14　$2e^{j60°}\text{A}$；$2e^{-j60°}\text{A}$；2A

3-15　54.8A

习题 4

4-1　$i_S(0+)=1\text{A}$

4-2　$u_C(0+)=0$，$i_2(0+)=0$，$i(0+)=i_1(0+)=1\text{A}$，$u_L(0+)=6\text{V}$

4-3　$i_L(0+)=1\text{A}$，$u_C(0+)=6\text{V}$，$i_C(0+)=0\text{A}$，$u(0+)=1.5\text{V}$，$u_L(0+)=-4.5\text{V}$

4-4　1423V，$12000\sim20000\text{s}$

4-5　20kV

4-6　$u_C=30e^{-10^4 t}\text{V}$，$i_C=3e^{-10^4 t}\text{A}$

4-7 $i(t)=1.5\mathrm{e}^{-4\times10^4 t}\mathrm{A}$, $t\geqslant 0$; $u_L=L\dfrac{\mathrm{d}i}{\mathrm{d}t}=3\mathrm{e}^{-4\times10^4 t}\mathrm{mV}$, $t\geqslant 0$

4-8   (1) $u_C=6(1-\mathrm{e}^{-500t})$；(2) 5.19V；(3) 6～10ms

4-9 $u_C=10(1-\mathrm{e}^{-5t})\mathrm{V}$

4-10   2.26A

4-11 $u_C=(6+6\mathrm{e}^{-1000t})\mathrm{V}$

4-12   (1) $i_1=2(1-\mathrm{e}^{-100t})\mathrm{A}$；(2) $i_1=(3-\mathrm{e}^{-200t})\mathrm{A}$，$i_2=2\mathrm{e}^{-50t}\mathrm{A}$

4-13 $i_L=2(1-\mathrm{e}^{-0.5t})\mathrm{A}$，$u_C=2\mathrm{e}^{-2t}\mathrm{V}$，$i=2(1-\mathrm{e}^{-0.5t})+2\mathrm{e}^{-2t}\mathrm{A}$

4-14 $i_L=(5-2\mathrm{e}^{-2t})\mathrm{A}$

4-15   当 $u_C(0_-)=0$ 时，$u_C=3(1+\mathrm{e}^{-500t})\mathrm{V}$；当 $u_C(0_-)=3\mathrm{V}$ 时，$u_C=3\mathrm{V}$；当 $u_C(0_-)=6\mathrm{V}$ 时，$u_C=3(1-\mathrm{e}^{-500t})\mathrm{V}$

习题 5

5-1   交流铁芯线圈误接在直流电路中，线圈的直流电阻很小，线圈被烧坏；直流铁芯线圈误接到交流电源上，励磁电流小，磁通不小，铁芯热。

5-2   不能。因为变压器根据磁通交变产生感应电压，而直流电没有变化，所以变压器不能传递直流功率。

5-3   励磁电流急剧增加，变压器铁芯饱和，温升很快，直至烧毁。

5-4   输入电压比变压器额定电压高，会直接烧掉变压器。

5-5   (1) 0.158A，1.67A；(2) 2409Ω

5-6   500 只；250 只

5-7   (1) 26.09；(2) 47.83kV·A，40.66kW，25.20kvar

5-8   (1) 5A；217.4A；(2) 2.17%

5-9   5-10   略

习题 6

6-1   与旋转磁场的旋转方向有关；而旋转磁场的方向由电流的相序决定。

6-2   (1) 27.47A；(2) 15.86A；(3) 75.04N·m；(4) 0.0667；(5) 3.333Hz。

6-3   因为三相异步电动机是由定子绕组输入三相正弦交流电产生旋转磁场，在旋转磁场的作用下，转子在切割磁力线后随着旋转磁场的方向便转动起来，而当缺相时这个旋转磁场不是连续的，转子转不起来；而正在运行中的电动机，转子会跟随着剩下转磁场继续转动，但有电两相的电流会急剧增加，严重时会烧坏电机。

6-4   (1) 0.04；(2) 11.64A；(3) 36.48N·m；(4) 81.48A；(5) 80.26N·m；(6) 80.26N·m。

6-5   (1) 能；(2) 433.3A。

6-6   (1) 交流接触器线圈会烧坏，接触器无法正常工作；(2) 因为电压不够，有两种可能：一是吸不上，二是吸上后接触不良。

6-7   略。

6-8   (1) 不能正常启动，KM 常开触点与按钮串联，不能自锁；(2) 不能正常启动，KM 常闭触点与按钮串联。松开按钮，电动机停转。(3) 不能正常启动，KM 线圈与 KM 常开触点并联，松开按钮后，线圈失电。(4) 不能正常启动，常闭按钮、常开按钮与 KM 常开触点并联，常开按钮按下后，电动机不能停车。

6-9   略。

6-10 略。

6-11 按下按钮 SB_1，接触器线圈 KM_1、时间继电器线圈 KT 得电，KM_1 启动；经过设定 x 秒，时间继电器 KT 常开触点闭合，KM_2 启动；按下按钮 SB_2，KM_1 和 KM_2 同时停车。

习题 7

7-1 (a) 二极管导通；$U_O=3V$；(b) 二极管截止；$U_O=3V$；
  (c) 二极管导通；$U_O=-2V$；(d) 二极管导通；$U_O=3V$

7-2 (a) $U_O=0.7V$ (b) $U_O=-0.7V$ (c) $U_O=-4.3V$

7-3 (a) $u_i>0$ V 时，$u_o=u_i$；$u_i<0$ V 时，$u_o=0$ V
  (b) $u_i>3$ V 时，$u_o=3V$；$-3V<u_i<3$ V 时，$u_o=u_i$；$u_i<-3$ V 时，$u_o=-2V$
  (c) $u_i>3$ V 时，$u_o=3V$；$u_i<3$ V 时，$u_o=u_i$

7-4 (a) $u_i>3V$ 时，$u_o=u_i$；$u_i<3$ V 时，$u_o=3$ V
  (b) $u_i>3$ V 时，$u_o=3V$；$u_i<3$ V 时，$u_o=u_i$

7-5 (a) $U_O=1.4V$；(b) $I_L=1.4mA$

7-6 (1) S 闭合；(2) 233～700Ω

7-7 100

7-8 选第二只。因为 I_{CEO} 较小。

7-9 (a) 放大；(b) 临界饱和；(c) 放大；(d) 截止

7-10 PNP 型；锗管。①管脚是集电极，②管脚是基极，③管脚是发射极

7-11

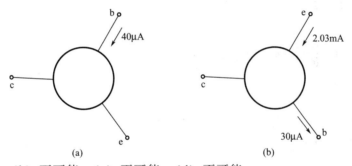

7-12 (a) 可能；(b) 不可能；(c) 不可能；(d) 不可能

习题 8

8-5 (a) 无；(b) 无

8-6 (1) 静态工作点的估算：$I_{BQ}=40\mu A$、$I_{CQ}=4mA$、$U_{CEQ}=7V$；(2) $A_u\approx-1053$、$r_i\approx0.95k\Omega$、$r_o\approx2k\Omega$

8-7 (1) 静态工作点的估算：$I_{BQ}=40\mu A$、$I_{CQ}=4mA$、$U_{CEQ}=6.3V$；(2) $A_u\approx-80$、$r_i\approx0.52k\Omega$、$r_o\approx2k\Omega$；(3) 若负载开路，则 $A_u\approx-131$

8-8 (1) 静态工作点的估算：$I_{BQ}=35.4\mu A$、$I_{CQ}=2.2mA$、$U_{CEQ}=7.7V$；(2) $A_u\approx0.99$、$r_i\approx54.1k\Omega$、$r_o\approx16.8\Omega$

8-9 (1) 静态工作点的估算：$I_{BQ}=40\mu A$、$I_{CQ}=2mA$、$U_{CEQ}=6.3V$；(2) $A_u\approx-10.2$、$r_i\approx1.3k\Omega$、$r_o\approx2k\Omega$

8-10 (1) 静态工作点的估算：$I_{BQ1}=23\mu A$、$I_{CQ1}=1.1mA$、$U_{CEQ1}=8.6V$、$I_{BQ2}=40\mu A$、$I_{CQ2}=2mA$、$U_{CEQ2}=7V$；(2) $A_{u1}\approx-5.8$、$A_{u2}\approx-39.1$、$A_u\approx227$、$r_i\approx4.4k\Omega$

$r_o \approx 3\text{k}\Omega$

习题 9

9-1 (a) R_F：并联电压负反馈；(b) R_{E1}：串联电流负反馈；
(c) R_F：并联电压负反馈；(d) R_E：串联电流负反馈；
(e) R：串联电流负反馈；(f) R_E：串联电流负反馈，R_F：并联电流负反馈

9-2 $A = 2500$，(b) $F = 0.01$

9-3 (a) 输入电阻下降，输出电阻下降，输出电压稳定性提高；
(b) 输入电阻提高，输出电阻提高，输出电流稳定性提高；
(c) 输入电阻下降，输出电阻下降，输出电压稳定性提高；
(d) 输入电阻提高，输出电阻提高，输出电流稳定性提高；
(e) 输入电阻提高，输出电阻提高，输出电流稳定性提高；
(f) 输入电阻下降，输出电阻提高，输出电流稳定性提高

9-4 $u_o = -10(u_{i1} + u_{i2})$

9-5 (a) $u_o = 6u_i$；(b) $u_o = -\dfrac{R_F}{R_1} u_i$

9-6 (a) $u_o = -0.5u_1$；(b) $u_o = -\dfrac{R_F}{R_1}(u_{i2} - u_{i1})$；(c) $u_o = -2(u_{i2} + u_{i1})$；

(d) $u_o = \dfrac{1}{2}(u_{i2} + u_{i1})$；(e) $u_o = -\dfrac{R_2}{R_1 R_3 C} \int_0^t (u_{i2} - u_{i1}) \, dt$；

(f) $u_o = -\dfrac{1}{R_2 C} \int_0^t (u_{i2} - u_{i1}) \, dt$

9-7 $u_o = u_{i1} + 1.5 u_{i2}$

9-8 (1) $u_o = 10\left(1 + \dfrac{R_2}{R_1}\right)(u_{i2} - u_{i1})$

(2) $u_o = 100\text{mV}$

9-9 略

9-10 $u_o = 10\text{V}$

9-11 $C = 0.318\mu\text{F}$；$A_{um} = -10$

9-12

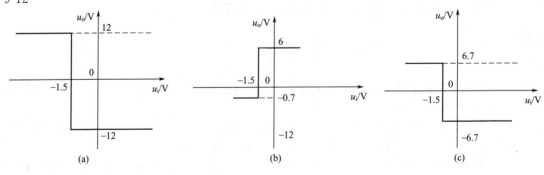

习题 10

10-1 (1) $(10111)_2$；(2) $(11000.1)_2$；(3) $(0.1001)_2$；(4) $(101110.11)_2$

10-2 (1) $(361)_{10}$；(2) $(307)_{10}$；(3) $(18.1875)_{10}$；(4) $(3.625)_{10}$

10-3 (1) $Y' = \overline{(A + \bar{B})(C + D)}$ $\bar{Y} = \overline{(\bar{A} + B)(\bar{C} + \bar{D})}$

(2) $Y' = (A+B)\overline{(C \cdot D)}$ $\overline{Y} = \overline{(\overline{A}+\overline{B})\overline{C} \cdot \overline{D}}$

(3) $Y' = (A+\overline{D})(B+C) + (\overline{C}+D) + \overline{A} + \overline{C}$ $\overline{Y} = \overline{(\overline{A}+D)(\overline{B}+\overline{C}) + (C+\overline{D}) + \overline{A} + C}$

(4) $Y' = (A+\overline{B})(B+\overline{C})(C+\overline{A}D)$ $\overline{Y} = \overline{(\overline{A}+B)(\overline{B}+C)(\overline{C}+A\overline{D})}$

10-4 (1) $Y = \overline{A}C + AB$ (2) B   (3) $Y = \overline{A} + B + C$ (4) $Y = A + B + C$

(5) 1   (6) $Y = AC + B$ (7) $Y = A + \overline{B} + CD$ (8) $Y = A + B$

(9) $Y = ABC$ (10) $Y = \overline{A} + BCD$

10-5 (1) $Y = \overline{D} + A$ (2) $Y = C$ (3) $Y = A\overline{D} + CD + \overline{B}D$

10-6 $Y = ABC + \overline{A}\overline{B}\overline{C}$ $Y = \overline{\overline{ABC} \cdot \overline{\overline{A}\overline{B}\overline{C}}}$

10-7 $Y = AB$

10-8 $M_S = A + \overline{B}C$

$M_L = B$

10-9 $Y = \overline{\overline{Y_0} \cdot \overline{Y_3} \cdot \overline{Y_6} \cdot \overline{Y_7}}$

10-10 $D_0 = D_2 = \overline{C}$, $D_1 = 1$, $D_3 = C$

10-11 设为被减数 M_i、为减数 N_i、为向低位的借位 B_{i-1}、为向高位的借位 B_i、差 D_i，则
$D_i = \overline{\overline{Y_1} \cdot \overline{Y_2} \cdot \overline{Y_4} \cdot \overline{Y_7}}$, $B_i = \overline{\overline{Y_1} \cdot \overline{Y_2} \cdot \overline{Y_3} \cdot \overline{Y_7}}$

10-12 令 $A_2 = S_1$, $A_1 = S_0$, $A_0 = A$；$D_0 = D_7 = 0$, $D_1 = D_2 = D_4 = B$, $D_3 = D_6 = 1$,
$D_5 = \overline{B}$

习题 11

11-1～11-10 略

11-11 提示：$R_0 = R_{0A} \cdot R_{0B} = Q_3 \cdot Q_0$

11-12 提示：$\overline{CR} = \overline{Q_3 Q_0}$

11-14 72 进制

11-15 五进制计数器、九进制计数器

11-16 六进制计数器

11-17 $M = 0$ 时为九进制计数器；$M = 1$ 时为四进制计数器。

271

参 考 文 献

[1]   叶挺秀，张伯尧. 电工电子学 [M]. 北京：高等教育出版社，2008.
[2]   毕淑娥. 电工与电子技术 [M]. 北京：电子工业出版社，2011.
[3]   秦曾煌. 电工学简明教程 [M]. 第 2 版. 北京：高等教育出版社，2007.
[4]   李燕民. 电路和电子技术：（下）[M]. 第 2 版. 北京：北京理工大学出版社，2010.
[5]   张明金. 电机与电气控制技术 [M]. 北京：电子工业出版社，2011.
[6]   吕国泰，吴项. 电子技术 [M]. 第 2 版. 北京：高等教育出版社，2001.
[7]   唐介. 电工学（少学时）[M]. 第 2 版. 北京：高等教育出版社，2005.
[8]   陶彩霞，田莉. 电工与电子技术 [M]. 北京：清华大学出版社，2011.
[9]   徐淑华. 电工电子技术 [M]. 第 2 版. 北京：电子工业出版社，2008.
[10] 张南. 电工学 [M]. 第 3 版. 北京：高等教育出版社，2007.
[11] 李震梅. 模拟电子技术基础 [M]. 北京：高等教育出版社，2010.